香港潮州商會社會治理功能百年變遷研究

吳巧瑜 —————— 著

中華書局

目錄

第三章 早期香港潮商崛起及其商人團體的發展與嬗變

第四章 近代香港潮州商會的自主自治及其功能

第五章 現代香港潮州商會協助治理及其功能

第六章 當代香港潮州商會合作治理模式及其功能

第七章 回歸後香港潮州商會參政議政功能凸現的現實邏輯

第八章 結論與討論

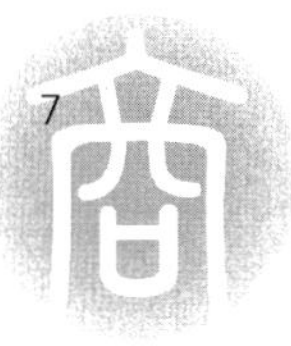

序一

十九世紀中葉，香港開埠。在一代又一代港人的辛苦努力下，香港逐步發展，至二十世紀中葉，終於從一個小漁村發展成為一個國際大都市。

香港的中心區位和地理優勢，吸引了內地的資金、設備及人才。潮州瀕臨南海，與香港一衣帶水。十九世紀末二十世紀初，潮人為尋求發展機會，紛紛闖港謀生，潮商得以逐步崛起，以「南北行」為主導的香港潮商進入了興盛時期，「來往東西洋，經營南北行」，為香港商業發展史寫下了濃墨重彩的一筆。與此同時，潮商為了「聯梓里之感情，謀商業之進步」，於 1871 年成立「聚和堂」之同鄉商業團體，1921 年又設立了旅港潮州八邑商會（即今日之香港潮州商會），締造了獨具潮州文化特色的商人社團組織，在香港商會史以及社團組織發展史上留下了彌足珍貴的一頁。

1955 年本人二十三歲，即承父命，從泰國隻身前來香港開拓海外業務，開始了一個甲子的商旅生涯。1990 年，歷經三十五載風雨，終將涉及銀行、保險、證券、投資等業務的亞洲金融集團在港成功上市，推動家族企業向多元化與全球化發展。本人在發展商務的同時，竭力服務商會等社會團體，見證了香港潮州商會的成長與發展。1980 年至 1984 年，我連任香港潮州商會第三十二屆和第三十三屆會長，任內主持了香港潮州商會六十周年慶典；更於 1981 年與東南亞潮團共同組建國際潮團聯誼年會，並於香港舉行了首屆年會。至此，香港潮州商會初步奠定了多元化、網絡化、國際化方向。

香港潮州商會作為香港一百多萬潮籍鄉親中歷史最悠久且最具代表性的工商團體，近百年來，秉承敦睦鄉誼、弘揚文化、促進工商、服務社會、興學育才、扶貧救災的宗旨，愛國愛港愛鄉，開拓奮進，不僅是凝聚

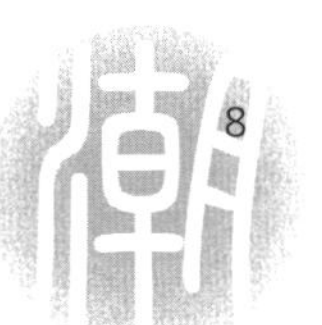

香港潮人的核心、聯絡世界各地潮團的紐帶和溝通海內外潮商的橋樑，而且在香港社會治理中，日益發揮其維護市場秩序乃至維持社會正常運作的重要功能與作用。可以説，香港潮州商會既是香港綿延壯闊的社團組織中之翹楚，也是族群商會成功史的一個縮影，它書寫了香港一百多年來潮人商幫長流不息，代代傳承與發展的傳奇，而他們的特點是基於強烈的文化認同、重視鄉梓情誼而團結在一起的。將香港潮州商會近百年的歷史積累、文化沉澱以及豐富內涵總結成書，回顧其光輝歷程，那將極具歷史意義和現實價值，其精神財富及先輩留下的優良傳統將有助凝聚和啟迪潮商後生，同時又可為其他社團的發展提供借鑒與啟示。此亦商會同人之心願。

盛世猴年，香港潮州商會九秩又五，恰逢由華南師範大學吳巧瑜教授主持的項目：《香港民間商會在社會治理中的功能研究 —— 以香港潮州商會為例》擬結題成書，此乃佳事。本書從近代紅頭船商幫闖港謀生，並隨之籌謀建立異地潮人商會的故事講起，一方面總結了香港潮州商會近百年發展變遷歷史；另一方面，透過實地調研以及深度訪談等專業研究方法，客觀地描述香港潮州商會發展的不同凡響的田野志，揭示香港獨特的中西方文化背景交融下民間商會的社會治理功能及其發展變遷規律。綜觀全書，它不但展現了初期來港的潮商們抱團取暖、團結互助、艱苦奮鬥、勇於拓荒、敢於競爭、誠信為本的獨特精神與質量，也見證了潮商在經濟崛起後借助商會弘揚文化、服務社會、參政議政、積極參與地方治理的高度社會責任感與時代擔當，具有深刻的啟發性和較強的可讀性。

是為序。

原中國僑聯副主席、

香港潮州商會永遠榮譽會長

陳有慶

GBM、GBS、JP

丙申秋日

序二

說起香港潮州商會，我和一些朋友都會肅然起敬。原因有三：一是潮州人的刻苦、誠信和敬業；二是潮州人濃烈的鄉土情和厚重的家國情懷；三是潮州人的強大凝聚力、服務社會的強大動員能力，與及對國家和社會的實質性的、巨大的貢獻。我本人不是潮州人，但有幸和許多潮籍良師益友結緣共事，從他／她們身上充分感受到潮州人的特殊氣質和魅力，實在獲益良多。

香港潮州商會正正是潮籍人士共敍鄉誼，凝聚力量推動經濟發展、致力服務社會、貢獻故里的首要平台。華南師範大學的吳巧瑜教授，經過多年的深入研究，撰寫了這冊學術水平極高的傳世之作，詳細論述了香港潮州商會逾百年的發展變遷模式，與及在不同歷史階段對社會的影響和重要貢獻；包括 1871 年初創的「聚和堂」，1921 年升級為「旅港潮州八邑商會」，與及戰後（1945 年）蓬勃發展和回歸後（1997 年）積極參政議政的「香港潮州商會」。預計這冊重要的學術著作，將會被各大學及公共圖書館珍藏，日後成為研究潮商及香港潮州商會的重要參考書籍和資料來源。

衷心感謝吳教授為完成這項極有意義的學術研究，付出了大量的辛勞，感恩不盡。

中國工程院院士
香港大學饒宗頤學術館館長
李焯芬敬撰
GBM、GBS、JP
2024 年 10 月

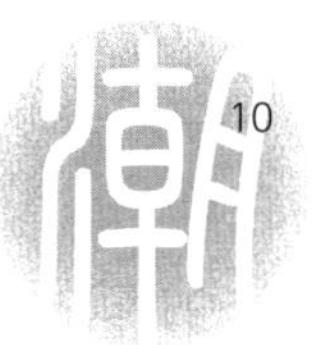

序三

收到華南師範大學吳巧瑜教授大著《香港潮州商會社會治理功能百年變遷研究》厚厚的書稿，感到十分欣喜。香港潮州商會這家百年老會，成為內地學者研究的對象，並且出版專著，由此進入學術殿堂，作為新一屆會長，欣喜之餘亦感到驕傲。

香港各種社團成百上千，商會的數目亦不少，但走過百年歷程的商會為數不多。更重要的是，過去一百多年，潮州商幫在本港工商界叱吒風雲，巨賈輩出，各領風騷，在金融、糧油、紡織、物流、地產以及教育、慈善等多個領域，有舉足輕重的地位，對經濟繁榮及社會和諧貢獻良多。回歸前後，本港潮人參政議政熱情高漲，不少潮州商會首長在商言商之餘，亦積極就香港發展和國家進步建言獻策，甚至走入建制。吳巧瑜教授以香港潮州商會作為研究對象，可謂眼光獨到。

早在十多年前我就認識巧瑜教授，當時她還是一名博士生，從內地來到香港潮州商會考察調研，為撰寫博士論文搜集資料，我成為她搜集資料的其中一名訪談對象，她到我的公司來談了好幾次，其認真細緻、專注勤奮的工作態度令我印象深刻。後來，聽到她的博士論文《民間商會社會治理功能的變遷研究——以香港潮州商會為例》答辯順利通過，獲得博士學位，我為她感到高興。這幾年，巧瑜教授繼續追蹤研究潮州商會，希望進一步充實這篇論文的內容，多次到香港，和我進行深入交流，甚至有一陣子到我的寫字樓觀察記錄我的日常工作。終於，這部大約三十萬字的專著即將出版，我先睹為快，有兩點感受。

一是獨特的研究角度。潮州商會成立於 1921 年，舊稱「旅港八邑潮州商會」，是當年一批在香港事業有成的潮籍商界領袖發起成立，商會成立的核心宗旨是敦睦鄉誼、促進工商、服務社會。過去一百多年，商會經

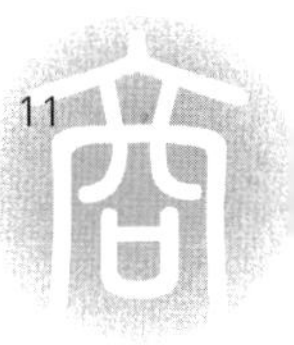

歷五十四屆會董，始終堅持以這一宗旨為核心。作者突破一般社團研究側重線性描述的平面框框，把一個具有重要影響力的民間社團放到更大的時代歷史背景，運用社會學知識，從公共管理的角度來分析潮州商會的社會治理功能和作用，揭示這家老牌商會屹立香江逾百年，不斷傳承和發揚光大的內在邏輯、內生動力和外部因素，不僅具有歷史和學術價值，而且具有很強的現實意義。

二是嚴謹的治學精神。從 2008 年首次到香港調研，到今年這本書即將出版，前後歷時長達十六年，巧瑜教授對香港潮州商會情有獨鍾，投入大量時間和精力，長期關注、追蹤研究潮州商會，這種專心致志、鍥而不捨的研究精神，令人欽佩。更難得的是，作者記錄了包括已故國學泰斗饒宗頤、老會長陳有慶和陳偉南等前輩的口述歷史，這些史料非常珍貴，他們都是德高望重的潮人楷模，為潮州商會作出重要貢獻。書中還引用大量的原始文件、檔案和信函等第一手資料。慚愧的是，作為會長，對書中講述潮州商會的歷史和背景，對商會體制和結構的變遷了解甚少，好在有巧瑜教授給我補了一課。

是為序。

香港潮州商會會長

高佩璇

全國政協委員、BBS、JP

2024 年 10 月 22 日於香港尖沙咀

第一章

緒論

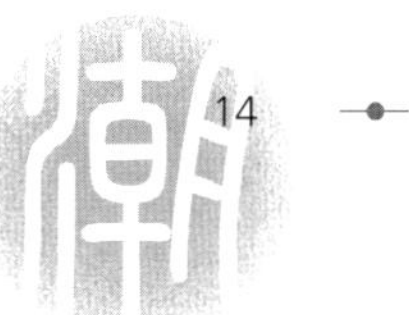

眾多特殊性使香港社會現象成為獨具研究價值的題域，其中，香港民間商會組織無疑應有一席之地。香港民間商會以其兼備英美法系和大陸法系行會組織的雙重特徵而獨具特色，其獨特的功能在香港社會治理中起到了積極的無可替代的作用。然而，對於香港社會的繁榮發展，近現代社會主流的觀點大多把它歸結為香港「行政主導＋廣泛諮詢民主」的政制、規範的法制以及自由的貿易體系等政府與市場的體制要素，甚少從社會層面，如民間商會等中間組織來挖掘其深層的體制外要素。從治理理論上講說，民間商會是社會中與政府、市場並存的第三種力量的一個重要組成部分，也是社會治理的主體之一。因此，作為香港社會治理結構中不可或缺的主體和維持香港社會正常運作的中間性代表組織，香港民間商會應取得與其重要地位相匹配的學術關懷。

第一節　研究背景與研究意義

從十九世紀末至今，歷經一百多年的發展，香港的商會組織相當發達，不僅數量眾多，而且發育較為成熟。各式各樣地緣性的、血緣性的、業緣性的以及綜合性的商會、協會牌匾林立街頭，隨處可見。可以說，民間商會已遍佈香港社會各行各業，對香港社會有着強度滲透和深度參與，林林總總的商會組織已經構成了香港社會一道靚麗而獨特的風景線。民間商會組織在香港出現並茁壯成長，一方面是香港市場經濟發展的產物；另

一方面也是其廣泛的社會合法性、寬鬆的制度空間、豐富的社會資本以及自身合理的內部治理結構等因素共同作用的必然結果。

一、研究背景

作為香港社會治理的主體之一，香港民間商會以其獨特的功能，在維護市場秩序和社會秩序的正常運作中起到了不可替代的作用，長期以來為香港的繁榮發展做出巨大的貢獻。1990 年代以來，隨着市場經濟的發展、經濟體制改革和政治體制改革的深入，內地民間商會組織也呈現出蓬勃發展之勢。但是，相對來說，與香港的民間商會相比，內地民間商會在自主性、獨立性、民間性、自律性等方面較為滯後，其在社會治理中的功能也較為單一，存在一定的缺失之處。因此，開展對香港民間商會的功能研究，對促進我國內地民間商會的健康發展及其社會治理功能的完善，有一定的借鑒與啟示作用。

當筆者到香港進行調研，首次走進香港潮州商會時，便被其辦公室、會議廳裏那一排排古樸的書架以及書架上那一冊冊珍貴的歷史文化書籍所吸引。這確是一個與眾不同的商會，商會本該是商業氣息濃郁的地方，沒想到此商會卻到處洋溢着濃厚的歷史及傳統文化氣息。驚訝之餘，筆者開始對這個具有近百年歷史、有豐富內涵、有厚實文化積澱的精英薈萃的商會團體產生了濃厚的研究興趣。

香港潮州商會從 1906 年開始醞釀，1921 年正式成立，迄今已有百年歷史。一百年來，香港潮州商會秉承「敦睦鄉誼、弘揚文化、促進工商、服務社會、興學育才、扶貧救災」的宗旨，開拓奮進，繼往開來，使其成為凝聚香港潮人的核心以及聯絡世界各地潮團的紐帶和溝通海內外潮商的橋樑。今天，香港潮州商會不僅是香港一百多萬潮籍鄉親的一個最大和最具影響力的社團組織，而且也是世界範圍內頗具代表性的集政經文化工商各界精英所組成的地緣性商會組織之一。正如香港前港督衛奕信

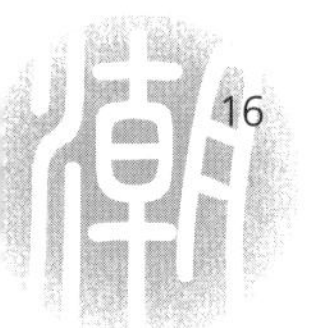

曾說：「貴會的成就，在很多方面可以說是香港發展過程的寫照。」[1] 時任全國政協主席俞正聲 2016 年 12 月在北京會見香港潮州商會參訪團全體成員時也指出，香港潮州商會是「百年老會」，始終堅持愛國愛港立場，為促進香港繁榮穩定和內地改革發展，為中華民族解放和復興作出了積極貢獻。[2] 可以說，香港潮州商會作為一個民間商會組織，其發揮的功能與作用顯著，長期以來為香港和祖國的繁榮與發展做出重要貢獻。

近年來，隨着民間組織在社會治理中的功能及其社會作用的日益凸顯，香港民間組織開始獲得相應的學術關照。例如，香港中華總商會、東華三院、香港廠商聯合會等民間組織的相關理論研究正如火如荼地進行着，並逐漸形成一系列頗具影響力的學術成果，如《益善行導——東華三院 135 周年紀念專題文集》、《香港中華總商會 100 年》、《繼往開來——香港中華廠商會 75 年》等等。然而，通過對香港有關商會研究現狀的梳理，我們發現，至今為止，作為香港社會治理中不可或缺的主體以及維持香港社會正常運作的代表性民間商會組織之一，香港潮州商會有關的學術研究成果尚付闕如，只限於史學視角的著述以及一些概要性史話、商會自辦的會訊、紀念特刊等，而多學科視角的論著與學術性論文極為鮮見。

基於此，本書擬從公共管理學、社會學、政治學和史學等多元與交叉的學科視角出發，選擇「香港潮州商會社會治理功能百年發展變遷研究」作為題目，一方面，通過追溯自 1921 年至今，香港潮州商會百年的發展變遷歷史，客觀地描述香港潮州商會由一般的地緣性商人團體演變為當今香港凸顯社會治理功能的商會組織的不同凡響過程的田野志；另一方面，將研究對象即香港潮州商會作為觀察政府與社會的新視角，通過考察商會存在的合法性、商會的內部治理結構、商會的社會網絡體系以及商會的外

1 衛奕信勳爵：〈港督衛奕信勳爵在香港潮州商會七十周年紀念大會上致辭〉（1991 年 4 月 23 日），載《香港潮州商會七十周年紀念特刊》，第 96 頁。

2 《香港潮州商會會訊》，香港潮州商會出版，2017 年第 111 期，第 10－11 頁。

部制度環境等要素在不同時期的狀況與特點，力圖揭示香港潮州商會在社會治理中功能的發展變遷規律，拋磚引玉，以探索香港社會獨特的運行模式與行動邏輯。

二、研究意義

從政治社會學、公共管理學、歷史學、經濟學等學科視角來對香港潮州商會這一具有百年歷史、有厚實文化積澱、有豐富內涵以及社會影響力的精英薈萃的商人團體進行理論研究，無疑具有突出的理論價值和現實意義。

首先，從理論價值來看。一是把獨特社會背景下的香港潮州商會與世界其他商會組織進行比較，總結其獨特的既不同於西方又有異於東方的發展變遷規律，並力圖與西方主流社團組織理論進行對話，這有利於進一步深化民間商會等社會組織的學理、機理的理論研究；二是有利於深化香港社會治理結構和範式的理論研究，通過本書的討論，揭示在香港顯性治理模式（以政府、市場作為社會治理主體）之外還存在着一種隱性治理模式，即以社團組織為主體的社會治理結構及其機制，正是它一定程度上緩解了社會的緊張與衝突，保持了香港長期的繁榮與發展；三是有利於推動香港商會研究向多領域、跨學科深入研究的新嘗試，本書從政治社會學、公共管理學、經濟學、歷史學等跨學科的視角來探討香港潮州商會在社會治理中的功能發展變遷規律，有利於推動香港社會科學理論研究的進一步發展；四是有助於促進我國內地商會組織民間化改革及其社會管理體制改革理論的進一步發展，本書對特定社會背景下依然秉承中華文化傳統的潮州商人團體進行個案研究，通過對其中西兼備的自主自治辦會模式的總結，揭示了在香港以華人文化為核心的華人社團與西方社團一樣可以發展成為具有很強獨立性與民間性的自主自治組織，並且與政府、市場並列成為維護香港社會正常運作的社會治理主體。可以說，其發展模式內在的運作邏輯，辦會的基礎和機理，一定程度上折射了香港社會發展的內部規律。這將對我國內地民間商會及其管理體制的改革發展以及多元社會治理

結構的理論構建具有十分重要的參考價值和借鑒意義。

其次，從現實意義來看。總結香港潮州商會一百年來獨特的辦會模式，一是通過本研究，旨在論證因受合法性、內部治理結構、社會網絡體系以及外部制度環境等因素的影響，其社會治理功能在不同發展時期呈現出不同的特點，在實踐層面上，為民間商會更有效地發揮社會治理功能提供借鑒和參考。二是通過本研究，一方面揭示了潮汕文化的特點以及潮商精神的特質，另一方面揭示了對潮汕文化的認同不僅是潮人族群團結的緣由，也是香港潮州商會存在和運作的根基，從而弘揚了潮汕文化，推動與深化對中國傳統文化的研究。三是通過本研究，力圖挖掘香港潮州商會在新時期發展過程中存在的問題及其面臨的挑戰，居安思危，促進商會的健康和可持續發展；同時，以前瞻的、全球化的眼光來進一步討論香港民間商會未來的發展路徑。四是有助於進一步完善香港社會管理體制，促進香港社會的長期繁榮與穩定。香港回歸以來，隨着「一國兩制」、「港人治港」、「高度自治」政策的推行，其社會治理環境與治理主體產生根本性的轉變。社會內部結構的變動、社會關係的調整與社會力量的消長逐漸凸現，新時期香港社會治理面臨着新的變革與挑戰。本書以香港潮州商會作為體制外觀察香港社會治理的切入點，通過歷史考察與現實分析，力圖討論並揭示在香港行政體制之外還存在着一種以民間組織為主體的社會治理結構和機制，正是它一定程度上消解和減弱了社會的矛盾與衝突，保持了香港長期的繁榮與穩定。

可見，在香港特殊和複雜的社會背景下，探討香港潮州商會在社會治理中的功能表現及其限度，對於推動香港民間商會等社團組織的良性發展以及構建更加符合香港歷史傳統和本土現實需要的社會管理體制具有重要的現實價值。

第二節　國內外相關研究綜述

一、國外研究動態

民間商會[3]是資本主義商品生產與商品交換發展的必然結果，是近代資本主義生產力與生產關係相互作用的必然產物。[4]現代民間商會是市場經濟發展到一定階段的產物，其存在與發展對行業發展秩序、市場秩序乃至社會秩序的構建和維護起到了不可或缺的作用。1980 年代以來，民間組織、非政府組織蓬勃發展，作為這一領域研究的權威，美國著名學者薩拉蒙教授（Lester M. Salamon）更是驚呼「一場全球性的『社團革命』正在悄然興起」。[5]他進一步指出，「如果説代議制政府是十八世紀的偉大社會發明，而官僚政治是十九世紀的偉大發明，那麼，可以説那個有組織的私人自願性活動即大量的市民社會組織代表了二十世紀最偉大的社會創新」。[6]這些民間社會組織不僅深刻改變了當代世界，促進了社會的多元化、民主化發展，也在很大程度上推動了治理理論的形成，使其成為當代社會科學研究中一個引人注目的分析概念和主流理論。學術界對民間商會的研究也開始從以往對其生成機制、組織結構、運作機制、地位作用、角色功能、與政府的關係、發展路徑等方面轉移到對民間商會如何參與社會治理這一新的研究視角上來。從 1990 年代至今，治理理論已經成為討論各社會主體參與公共事務管理的一種新的分析框架。有關民間商會參與社會治理的有效性研究也就成為當代學術研究的一個熱門話題。

3　這裏的商會是個廣義的概念，它包括行業協會、行業商會、同業公（商）會、跨行業綜合性商會以及宗親、地緣性商會等各種自律性中間組織。

4　引自《大不列顛百科全書》（國際中文版），第 4 卷，北京：中國大百科全書出版社，1999 年，第 366 頁。

5　Lester M. Salamon, Helmut K. Anheier, *Global Society Dimensions of the Nonprofit Sector*, John Hopkins University, 1999, p. 197.

6　［美］萊斯特 M. 薩拉蒙：〈走向公民社會：全球結社革命和解決公共問題的新時代〉，載趙黎青主編:《非營利部門與中國發展》，香港:香港社會科學出版社，2001 年，第 58 頁。

事實上，西方國家的學者對民間商會的治理功能的研究正是建立在對治理的概念界定基礎之上的。聯合國全球治理委員會於 1995 年在題為《我們的全球夥伴關係》的研究報告中對治理作出了如下界定：「治理是個人和公共或私人機構管理其公共事務的諸多方式的總和。它是使相互衝突的或不同的利益得以調和並且採取聯合行動的持續的過程。它既包括有權迫使人們服從的正式制度和規則，也包括人民和機構同意的或以為符合其利益的各種非正式的制度安排。」[7] 該定義的表述具有很大的代表性和權威性。眾多研究治理理論的學者都是基於這一定義而紛紛提出某一領域或某一角度的個人主張。治理理論的主要創始人之一羅西瑙（J. N. Rosenau）在其代表作《沒有政府統治的治理》和〈21 世紀的治理〉等文章中，將治理定義為一系列活動領域裏的管理機制，它們雖未得到正式授權，卻能有效發揮作用。他認為與統治不同，治理指的是一種由共同的目標支持的活動，這些管理活動的主體未必是政府，也無須依靠國家的強制力量來實現。[8]

羅茨（R. Rhodes）在《新的治理》中認為：「作為社會控制體系的治理，它指的是政府與民間、公共部門與私人部門之間的合作與互動。」[9] 研究治理理論的另一位權威格里·斯托克（Gerry Stoker）在〈作為理論的治理：五個論點〉一文對目前流行的各種治理概念做了一番梳理之後，提出五種主要的觀點，他指出：1. 治理意味着一系列來自政府，但又不限於政府的社會公共機構和行為者。2. 治理意味着在為社會和經濟問題尋求解決方案的過程中存在着界限和責任方面的模糊性。3. 治理明確肯定了在涉及集體行為的各個社會公共機構之間存在着權力依賴。4. 治理意味着參與者最終將形成一個自主的網絡。5. 治理意味着辦好事情的能力並不僅限

---

7 全球治理委員會：《我們的全球夥伴關係》，牛津大學出版社，1995 年，第 23 頁。

8 ［美］羅西瑙：《沒有政府統治的治理》，劍橋大學出版社，1995 年，第 5 頁；〈21 世紀的治理〉，《全球治理》，1995 年第 1 期，第 8 頁。

9 ［英］羅茨：〈新的治理〉，《政治學研究》，1996 年第 154 期，第 4 頁。

於政府的權力，不限於政府的發號施令或運用權威。[10] 通過概念的界定，西方學者將治理與傳統的統治、管理區別開來，這就從理論上否定了政府在地方治理上的壟斷性與主體唯一性，從側面論證了民間商會參與地方治理的可行性。在民間商會的具體治理功能的研究方面，西方國家主要側重於四種不同的學科研究視角，一是政治學的研究視角，二是經濟學的研究視角，三是社會學的研究視角，四是公共管理學的研究視角。

1. 政治學的研究視角

從政治學上研究商會組織，西方學者多從公民社會理論、社團組織理論、法團主義理論、第三域理論及治理理論等視角來研究和揭示商會的功能、作用、地位、角色扮演以及商會與政府的關係、商會的政治參與等。

第一，公民社會角度。公民社會的邏輯前提是國家與社會的二元劃分，即承認存在着國家與社會、政治和經濟的分離、公共領域和私人領域的對立，以此捍衛公民權利免受國家權力之侵害。現代公民社會顯然更為重視民間團體的因素。如 1990 年代初，戈登．懷特（Gordon White）在〈公民社會、民主化和發展：廓清分析的範圍〉中從公民社會理論的角度，對中國浙江蕭山市的各種社團進行了實證的研究，認為伴隨着改革開放的影響，在國家與經濟行動者之間出現了社會空間。[11] 在其中，一種非官方的，非正式的民間經濟和組織正在茁壯成長，並在與國家的博弈中實現自身的利益訴求。

第二，治理理論角度。治理理論是政治學研究非政府組織的重要範式，在國家與社會的關係上，西方學者一般認為，商會作為一種組織化的力量，承擔着愈來愈多原先由國家承擔的責任，是社會治理結構的重要

---

10 ［英］格里．斯托克：〈作為理論的治理：五個論點〉，《國家社會科學》（中文版），1999 年第 2 期，第 9 頁。

11 ［英］戈登．懷特著，何增科譯：〈公民社會、民主化和發展：廓清分析的範圍〉，載《公民社會與第三部門》，北京：社會科學文獻出版社，2000 年，第 76 頁。

主體，體現國家權力向社會的回歸。治理理論的權威學者格里・斯托克在其代表作〈作為理論的治理：五個論點〉提出，治理意味着一系列來自政府，但又不限於政府的社會公共機構和行為者，國家正在把原先由它獨自承擔的責任轉移給公民社會各種私人部門和公民自願性團體。[12] 吉登斯在《第三條道路：社會民主主義的復興》也認為，一個強大的市民社會對有效的民主政府和良性運轉的市場體系都是必要的，只要政府、市場和市民社會三者中任何一者居於支配地位，社會秩序、民主和正義就不可能發展起來。吉登斯這一論點在西方國家具有很大的影響力，它引發了後來的學者從民主現代化和政治參與角度來深入研究民間商會的相關政治功能。[13]

第三，法團主義角度。市民社會理論對社會治理結構的解釋是多元主義的，即強調權力的分散、非單一集團控制，通過民間團體之間權力的平衡，實現善治。法團主義則對這一假設提出了質疑，其中最有影響力的學者是菲利普・施密特（Pilippe C. Schmitter），他認為法團主義是一個利益代表系統，是一個特指的觀念、模式或制度安排類型，其作用是將市民社會中的組織化利益整合到國家的決策結構中。「這個利益代表系統由一些組織化的功能單位構成，它們被組合進一個有明確責任（義務）的、數量限定的、非競爭性的，有層級秩序的、功能分化的結構安排之中。這些團體由國家認可並被賦予在其同行中的壟斷代表權，以此為交換，國家對其領導人選擇、需求和支持的表達實行一定程度的控制。」[14] 可見，法團主義是針對多元主義而生的一個概念。二者之間的分歧，主要在於處理國家與社會關係的問題上。

12 [英]格里・斯托克：〈作為理論的治理：五個論點〉，第 9 頁。

13 [英]安東尼・吉登斯：《第三條道路：社會民主主義的復興》，北京：北京大學出版社，2000 年，第 53 頁。

14 Pilippe C. Schmitter, "Still the Century of Corporatism," *Review of Politics*, Vol. 36. 1974, p. 1.

2. 經濟學的研究視角

從經濟學上研究商會組織，西方學者主要集中在對商會的生成機理、性質定位及其有效性等問題的分析研究上。在商會的生成機理方面，比較有影響的主要有「市場失靈」理論、「政府失靈」理論、「契約失靈」理論以及「第三者政府」理論等。其中關於「市場失靈」有三種不同觀點。第一種觀點是信息不對稱導致商會組織的產生。亨利．漢斯蒙（Henry Hansmann）指出非營利組織的出現是由於營利性生產者與消費者之間出現的信任中斷。[15] 第二種觀點是集體行動的邏輯導致了商會等非營利組織的產生。第三種觀點是供需矛盾所引起的「市場失靈」導致了非政府組織的大量產生。伯頓．威斯布羅德（Burton Weisbrod）從公共物品的角度提出了「政府－市場雙重失靈」理論，他指出人們對公共物品或準公共物品在質和量方面有偏好之分，而政府在提供公共物品時旨在滿足大部分人的需要，這使得政府在提供公共物品方面具有只滿足中間需求的局限，從而一部分人的特殊需求、過度需求將得不到滿足。此時，民間商會等非營利組織則應運而生，提供公共物品或準公共物品以彌補政府失靈。[16]

亨利．漢斯蒙提出的「契約失靈」理論指出，在某些領域，盈利性企業可能利用消費者缺少足夠信息而欺騙消費者以謀求利益的最大化。這樣，一般的契約機制無法監督這些企業的行為，從而出現「契約失靈」。[17] 民間商會等組織則由於其所獨具的不分配盈餘的特性，欺騙消費者的可能性小，容易得到公眾的信任，發揮出其獨有的作用。

另外，萊斯特．薩拉蒙（Lester M. Salamon）則在其〈非營利部門的興起〉一文中從民間商會的積極作用方面提出了「第三者政府」理論，即

15 Hansmann, Henry B., "The Role of Nonprofit Enterprise," *The Yale Law Journal*, 89, no. 5 (1980): 835 - 901.

16 Burton Weisbrod, Toward a Theory of the Voluntary Nonprofit Sector in a Three-Sector Economy" in E. Phelps ed. *Altruism Morality and Economic Theory.* New York: Russel Sage, 1974, p. 3.

17 Hansmann, Henry B., "The Role of Nonprofit Enterprise," *The Yale Law Journal*, 89, no. 5 (1980): 835 - 901.

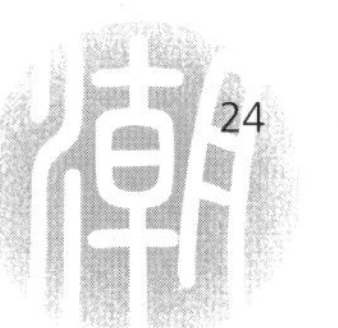

「志願失靈」理論，該理論把民間商會等非政府組織提到了與政府、市場平衡的地位，認為民間商會的產生是通過第三者政府形成的組織來增加政府提供福利服務的角色與功能。[18]

在商會的性質定位上，當代以來影響較大的有本傑明·吉軍（Benjamin Gidron）、克萊莫（Kramer）及薩拉蒙等人提出的「四模式」理論和「三模式」理論。該理論認為民間商會可以分為政府主導模式、民間商會主導模式、並存模式和合作模式四種。由於「四模式」理論沒有揭示出其背後的理論邏輯，丹尼斯·楊（Dennis R. Young）又從經濟學的理性選擇模型出發，將四模式簡化為三模式：補餘模式，即民間組織主要滿足政府不能滿足的公共品需求；合作模式，在此模式下，民間組織被看作政府的合作夥伴，幫助政府提供主要由政府資助的公共品；衝突模式，即民間組織起着推動政府公共改革的作用，政府通過對民間組織的管制及其對其倡導行動的回應，從而保證政府能夠對公眾負責。[19]

以上各理論從經濟學的不同角度論述了民間商會的生成機制以及性質、地位，各有所長，但也都有一些不能解釋的領域。如市場失靈與政府失靈理論並不能有效地解釋某些特殊的私人物品和準公共物品既有市場在提供，也有民間組織在提供。

3. 社會學的研究視角

第三種研究視角集中在社會學研究方面。西方學者主要從社會組織、角色理論、社會資本等不同角度來研究和分析商會的性質、功能及其地位作用等。

社會組織理論的研究為非營利組織的生存和發展貢獻了許多有益的見

---

18 ［美］萊斯特 M. 薩拉蒙著，何增科譯：〈非營利部門的興起〉，載何增科主編：《公民社會與第三部門》，北京：社會科學文獻出版社，2000 年，第 243 頁。

19 Young, D. R. (2000). "Alternative Models of Government-Nonprofit Sector Relations: Theoretical and International Perspectives," *Nonprofit and Voluntary Sector Quarterly*, 29(1), 149-172.

解。社會組織理論認為組織可以獲取的資源直接關係其生存狀況，傑弗里·菲佛（JP feffer）和薩蘭基克（G. R. Salancik）在《組織的外部控制：對組織資源依賴的分析》中，把組織看作環境關係中積極的參與者，資源對組織形式產生強烈的誘導作用。[20] 薩拉蒙在對全球非營利組織的研究中，也對這個問題賦予了充分的關注。熊彼得（Schumpeter）等學者則提出了另外一條理論路線，認為直接決定組織績效的是組織自身的能力。在這種觀點下展開的非營利組織的研究則主要關注於組織內部的建設。[21]

美國學者克拉莫（Kramer）從角色理論出發，分析了商會等非政府組織的特點、目標和績效，認為非政府組織擔當了四種角色：一是開拓與創新的角色，即由於其公益性、自願性和自主性的特徵，這類組織對大眾需求敏感，能迅速提出解決社會問題的新方案，並根據實際情況加以推廣；二是改革與倡導者的角色，即這類組織能從廣泛的實踐中發現問題和需求，通過討論和遊説促進社會觀念的改變和政策法規的制訂修改，並肩負起對政府的監督和批評；三是價值維護者的角色，即通過開展公益活動激勵公眾對社會事務的關心、參與，並提升公眾的人格，維護正確的價值觀；四是服務提供者角色，即通過多樣、靈活的服務傳輸，彌補政府由於資金和價值有限順序限制而無法充分履行社會福利功能的缺陷。[22]

赫爾（Hall）認為，民間商會的作用體現在三個方面：執行國家委派的公共任務；提供國家和營利組織都不願提供的社會需求公共服務；影響國家、營利組織或其他非政府組織的政策方向。密勒弗斯基（Milofsky）認為民間商會的功能包括促進社會公正、整合社會資源和滿足人類最高層次的需求等。赫爾還從政府、營利組織和非政府組織的互動角度概括了非

---

20 ［美］傑弗里·菲佛、傑勒爾德·R·薩蘭基克：《組織的外部控制：對組織資源依賴的分析》，北京：東方出版社，2006 年，第 3 頁。

21 轉引自葉燕斐、黃琳等編譯：《商會管理》，成都：四川人民出版社，2007 年，第 62 頁。

22 Gidron, B., Kramer, R. M., and Salmon, L. "Government and the third sector in comparative perspective: Allies or adversaries?" in Gidron, B., Kramer, R. M., and Salmon, L., *Government and the third sector: Emerging Relationships in Welfare States,* San Francisco: Jossey-Bass, 1992, p. 34.

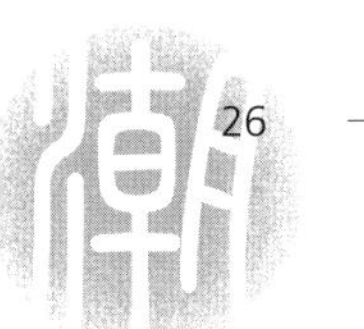

政府組織的補充性功能。不過赫爾的觀點沒有反映出非政府組織在發展領域所表現出的積極主動性。[23]

史密斯（Smith）則將民間商會的功能歸結為十個方面：提供社會創新的實驗場所；彌補社會道德的不足；提供娛樂的場所；提高社會整合的水準；社會緩衝器的作用；提倡志願精神；為個人潛能的發揮提供機會；監督社會整體結構的發展；對經濟體系的支持；為社會發展儲備能量。[24] 史密斯理論的缺陷在於他對非政府組織的功能的分析是從社區層面進行的，沒有反映出非政府組織在較高層次的功能。

邁克爾·愛德華茲（Michael Edwards）在其〈公民社會與全球治理〉一文中則從經濟功能、社會功能和治理功能三個方面比較全面地對非政府組織的功能進行了概括。他認為非政府組織的經濟功能主要在於保障窮人的生活，為市場不發達的地方提供服務以及培育在經濟活動中所需要的社會資本；其社會功能主要表現在它是合作、關愛、文化生活和創新的彙聚地；非政府組織的治理功能則促進了其經濟、社會功能的發揮，特別是在那些公民權沒有很好確立的地方。[25]

科隆（Koren）則認為非營利組織在不同的階段，其戰略、組織形式以及工作重點都不相同。他認為目前非營利組織已經走過三個階段，正進入第四個階段，也就是試圖通過與其他非營利組織結成在全國範圍和世界範圍的聯盟促進制度和結構變革的階段。[26]

當代西方學界對商會組織研究比較新的方向是引入了社會資本的理論視角，對於社會資本概念第一個系統表述，是由法國社會學家皮埃爾·布爾迪厄（P. Bourdieu）於 1980 年發表的題為〈社會資本隨筆〉一文中

---

23 轉引自何增科主編：《公民社會與第三部門》，第 266 頁。

24 轉引自何增科主編：《公民社會與第三部門》，第 147 頁。

25 [美]邁克爾·愛德華茲：〈公民社會與全球治理〉，《國際政治》，2002 年第 10 期，第 4 頁。

26 轉引自何增科主編：《公民社會與第三部門》，第 189 頁。

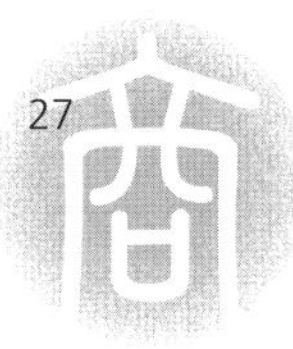

提出。他認為社會資本是一個社會或群體所具有的現實或潛在的資源集合體，它主要由確定社會或群體成員身份的關係網絡構成。[27] 之後，在1988 年發表〈社會資本在人力資本創造中的作用〉一文的詹姆斯·科爾曼（James Coleman）以及 1993 年聞名於世的名著《使民主運轉起來》的作者羅布特·帕特南（Robert Putnam）等，使這個概念和分析方法得到進一步完善。在他們的闡釋下，社會資本變成一個更加明確的概念，指涉及所有有利於增進一個社會或群體共同受益並促成集體行動的社會規範和社會網絡關係。[28] 在 2004 年，Eikenberry 和 Kluver 等學者提出，實現小範圍的社會自我治理是人們的本能，這就需要社會資本，即人們之間的相互信任、合作的能力、社會紐帶的發育。[29]

4. 公共管理學的研究視角

在民間商會服務經濟和推動公共管理社會化功能的研究上，新公共管理學派的觀點是這一研究的主流。1980 年代西方興起的新公共管理運動提倡「重塑政府」，以作為市場失靈和政府失靈的矯正機制的第三部門來替代強勢政府的部分職能，建構政府、市場和第三部門構成的三元社會結構。「新公共管理」一個最重要的思路是把政府從原來的控制者變成一個協調者和服務者。雖然這種模式不可能解決所有問題，也不意味着政府一定就能變得廉潔高效，但它提出了怎樣重新認識並組織公共生活的新思路。在政府轉型的同時，民間社會力量在充分發展，構成了社會長期穩定的重要基石。

具體而言，新公共管理學派認為在市場經濟中，民間商會的行為方式

27 ［法］皮埃爾·布爾迪厄：〈社會資本隨筆〉，《社會科學研究》，1980 年第 1 期，第 9 頁。

28 ［美］詹姆斯·科爾曼：〈社會資本在人力資本創造中的作用〉，《美國社會學》，1988 年第 1 期，第 7 頁；［美］羅布特·帕特南：《使民主運轉起來》，南昌：江西人民出版社，2001 年，第 3 頁。

29 Eikenberry, Angela M. & Jodie Drapal Kluver, "The Marketization of the Nonprofit Sector: Civil Society at Risk," *Public Administration Review,* Vol. 64, No. 2, 2004, p. 134.

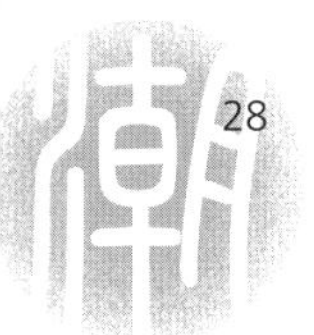

主要是通過訂立集體性和約和形成一種結構性的對話機制，使企業界定一組公共利益並避免爭論而達成全體一致，實現經濟增進的組織化效應。[30]在此基礎上，新公共管理學派進一步闡明，隨着民間商會的壯大及其經驗的豐富，將其引入公共管理，能夠實現管理主體的多元化和國家與社會的良性互動。庫伊曼、范·弗利埃特在其〈治理與公共管理〉一文指出：「它（民間商會組織）所要創造的結構或秩序不能由外部強加；它之所以發揮作用，是要依靠多種進行統治以及相互發生影響的行為者的互動。」[31]這樣就實現了公共管理的單向度管理方式向雙向度管理方式的轉變，建立起基於民間商會參與地方治理的新的管理模式。

最後，需要指出的是，近年來西方政治學界對民間商會治理功能的研究比較欠缺，不如社會學等學科的研究深入：艾奇佛瑞－根特（Echeverri-Gent）就認為，發展政治學文獻沒有給為什麼會產生非政府組織的問題提供多少線索；在愛德華（Edwards）與哈爾默（Hulme）看來，更根本的問題在於人們普遍預測到，非政府組織在政治過程民主化和提供福利服務方面將會起到相當大的作用，但很少有文獻研究非政府組織怎樣實現這一過程。[32]美國學者馬奇（March）和奧爾森（Olson）對此作出一個重要解釋，即政治學文獻的反組織偏見。[33]

二、內地相關研究動態

我國內地有關民間商會的相關研究在民國期間就存在於學術討論範疇中，然而新中國成立之後，歷經多番「改造」運動，傳統的商會組織在中國社會基本消失，一直到改革開放之後，隨着市場經濟的發展，商會組織

---

30 Streeck, Wolfgang & Schlitter, Philippe C., *Private interest government: beyond market and state*, SAGE publication Ltd ,1985, p. 223.

31 ［美］庫伊曼、范·弗利埃特：〈治理與公共管理〉，轉引自俞可平主編：《治理與善治》，北京：社會科學文獻出版社，2000 年，第 3 頁。

32 轉引自俞可平主編：《治理與善治》，第 297 頁。

33 轉引自俞可平主編：《治理與善治》，第 299 頁。

才再次出現在中國的歷史舞台。追溯當代學術界對商會組織的相關研究，應當是從歷史學開始，接着拓展到經濟學、政治學、社會學、公共管理學以及法學等學科的研究範疇之中；而從參與社會治理的視角或者說從如何發揮有效治理功能的角度來研究民間商會，則應該是學界近年來最為關注的熱點問題。

1. 歷史學的學科角度

早期中國商會的研究主要是在史學角度，作為辛亥革命研究的一個新興領域被開拓的。在當代較早進行商會研究的要數章開沅、邵循正等學者。1980 年初，章開沅提出：「過去，我們對資產階級的研究，往往側重於個別企業主的經濟活動，這自然是必要的，卻又是不夠的。應該擴大我們的科學視野，要從這個階級的整體着眼，認真考察他們社會生活的各個方面。比如商會，我們一向研究甚少，其實這是從整體上考察資產階級不可或缺的重要課題。」[34] 在 1983 年 8 月上海復旦大學召開的「近代中國資產階級研究學術討論會」上，章開沅教授再次強調了商會一類社會集團作為個體與整體之間的紐帶，具有重要的研究意義。在章開沅的推動下，商會重新出現在學術研究的舞台之上。1980 年代末，國內商會研究的主題開始從階級鬥爭、反帝鬥爭的主線向社會發展的主線轉變，「現代化」的分析框架開始在中國商會史研究者中興起，虞和平從「商會與資產階級自身現代化」以及「商會在早期現代化中的作用」兩個層面，對商會與中國早期現代化的關係進行了較為全面的闡析，實現了商會史的研究從意識形態向制度經濟學、政治學、社會學等現實研究的轉變。[35]

隨着學術理論研究的進一步開放以及西方理論的引入，史學對商會的研究逐漸突破了階級理論的範疇，與經濟和社會理論相結合，拓展到了商會的結構和功能、商會的經濟和政治作用、中外商會比較、地方商會研究

---

34 章開沅：《章開沅演講訪談錄》，上海：華中師範大學出版社，2009 年，第 5 頁。

35 虞和平：《商會與中國早期現代化》，上海：上海人民出版社，1993 年，第 1 頁。

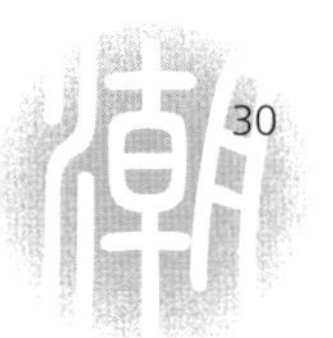

等領域。這一時期，史學依據「商人—商幫—商會」這一發展路徑，以徽商、晉商等具有地區代表意義的商人團體為研究對象進行研究，形成了一系列學術成果，如以唐力行的《商人與中國近世社會》、《商人與文化的雙重變奏——徽商與宗族社會的歷史考察》、《江南儒商與江南社會》等代表作。另一方面，不同學科間的融合也為歷史學對商會的研究提供了新的視野。進入1990年代末以來，「市民社會」或「公共領域」的概念也被引入到商會研究之中，如朱英在其《轉型時期的社會與國家——以近代中國商會為主體的歷史透視》一書中，以近代商會為切入口研究商會與中國市民社會的成長，認為商會在一定意義上可以被看作是中國公共領域和市民社會初步形成的標誌。馬敏也以市民社會與國家的關係對商會與政府的關係進行了考察，認為中國早期市民社會是以民治輔助官治，晚清時期，一種潛在的地方性「自治政府」正在悄然形成，當時的市民社會雛形與封建國家之間是一種既相互依賴，又相互摩擦的複雜關係，其中，新興資產階級紳商階層佔據了社會經濟和政治的中心地位。馬敏的研究成果有《官商之間：社會巨變中的近代紳商》等著作。從1990年代末開始，也有學者試圖從歷史學的角度對商會的治理功能進行定位。如張志東在其〈近代中國商會與政府關係的研究：角度、模式與問題的再探討〉一文中，通過考察商會組織與政府之間關係的歷史變遷，為當今民間商會與政府之間的關係提供比較和借鑒意義，從而在釐定商會與政府關係的基礎上明確商會的治理邊界。[36]

進入二十一世紀以來，史學對商會的研究從集中滬、津、蘇等大城市逐漸拓展到內地各中小城市以及海外商會，豐富了中國商會的歷史研究。

2. 經濟學的學科角度

隨着中國經濟體制的轉變，當代商會、行業協會亦開始成為經濟學家

36 張志東：《近代中國商會與政府關係的研究：角度、模式與問題的再探討》，天津：天津社會科學出版社，1998年，第4頁。

研究的重要題域。在經濟學領域，國內出現了以下幾個有代表性的成果。余暉在 1999 年〈尋找自我：轉型期自治性行業組織的生發機制〉一文中運用交易費用理論和西方對協會的相關研究，闡述了行業組織的優勢，認為行業組織能降低交易成本，提高資源配置的效率。2002 年，他在《行業協會在中國的發展：理論與案例》中通過制度動力學原理對行業協會組織進行研究，論述了自律型行業組織的功能及其生成機制，認為行業協會作為一種組織化的「私序」出現，與政府建立的「公序」形成相對的力量，是對「公序」進行補充、對「公序」產生影響甚至在一定條件下轉化為「公序」。余暉從制度動力學角度研究行業協會的生成和運作，是國內從經濟學角度研究商會的早期力作。余暉的研究啟發了國內不少學者。秦詩立、常敏從降低交易費用的角度闡述了商會、行業協會作為市場第三方治理組織的功能和必要性，進而認為應當淡化我國商會的官方色彩，通過政府向商會授權來治理市場。賈西津也在其《轉型時期的行業協會 —— 角色、功能與管理體制》一書中指出：「行業協會從功能本質上與企業一樣，均是減少交易成本的產物；行業管理模式的實現，必須放諸於國家與社會關係的變遷趨勢之中。」[37] 鄭慧從現代企業契約理論出發，討論了商會的存在空間。他首先批判了古典經濟學對企業的盈利最大化假設，認為企業具有私人產品、公共產品、俱樂部產品、政治產品等由低向高、四個層次的需求。當企業需要俱樂部產品 —— 如組織認同時，商會就有了動力機制。[38] 李建琴借助於博弈理論分析商會的治理功能。在其學術成果〈民間商會與地方政府：權力博弈、互動機制與現實局限〉一文中，其表述的主要觀點是 ：第一，在地方治理框架中，民間商會與地方政府之間是一種博弈關係，是兩種並存的不同治理主體，也是兩種相互依賴的權力和利益

37 賈西津：《轉型時期的行業協會 —— 角色、功能與管理體制》，北京：社會科學文獻出版社，2004 年，第 30 頁。

38 鄭慧：〈企業的需求與商會的俱樂部產品供給分析〉，《溫州大學學報》，2006 年第 6 期，第 20 頁。

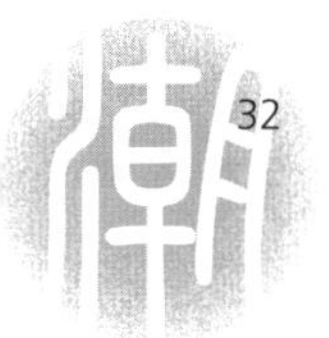

主體；第二，要使地方治理最終成為一種現實的制度安排，需要民間商會與地方政府甚至與中央政府之間不斷進行權力博弈，最終由初始的非合作博弈走向合作博弈；第三，民間商會與地方政府應形成一種包括信息溝通機制、合作機制和監督機制相對穩定而有效的互動機制。[39] 張捷、徐林清在《商會治理與市場經濟 —— 經濟轉型期中國產業中間組織研究》一書中則根據產品的外部性程度，通過構建最優規模（組織邊界）模型來探究民間商會治理功能的經濟學依據，指出商會治理和組織邊界的模型主要基於內生變量，但在現實中，若干重要的外生變量以及商會自身的組織能力也會對商會的功能和規模有着重要影響。[40]

3. 政治學的學科角度

作為市民社會的組成部分，民間商會的研究是中國政治學界一直以來甚為重視的研究題域之一，學界已經做了大量的理論和經驗研究。政治學對商會的研究主要涉及市民社會與國家的關係、商會與地方政府的關係、商會與其他社會組織的關係以及商會的合法性、角色與功能作用等方面的問題。其中以商會和政府之間的關係尤為受關注，因此，也是政治學對商會、行業協會研究的主要着眼點。

首先，市民社會的理論視角。政治學界對市民社會的高度關注，始於1990 年代，轉型期間的現實狀況使中國的市民社會論者既沒有成為完全西方式的自由主義鬥士，也沒有高舉國家主義的旗幟，而是建立了第三種理論模式，即市民社會與國家的良性互動說。這一觀點由鄧正來、景躍進在《建構中國的市民社會》及《國家與社會 —— 中國市民社會研究》等文中提出後，獲得不少學者的認同，並發展成為了國內市民社會研究的主

---

39 李建琴、王詩宗：〈民間商會與地方政府：權力博弈、互動機制與現實局限〉，《中共浙江省委黨校學報》，2005 年第 5 期，第 11 頁。

40 張捷、徐林清：《商會治理與市場經濟 —— 經濟轉型期中國產業中間組織研究》，北京：經濟科學出版社，2010 年，第 310－311 頁。

流觀點。這一時期，政治學界也開始從市民社會的視角來研究商會、行業協會與政府的關係。徐永光與康曉光等學者就設立了「中國第三部門研究項目」，對包括商會、行業協會在內的第三部門進行了專題研究，形成了《政府與企業以外的現代化 —— 中西公益事業史比較研究》、《事業共同體 —— 第三部門激勵機制個案研究》、《自律與他律 —— 第三部門監督機制個案研究》、《權力的轉移 —— 轉型時期中國權力格局的變遷》等一系列理論成果。值得一提的是，在《權力的轉移 —— 轉型時期中國權力格局的變遷》一書中，康曉光把市民社會理論提出的三元分析框架運用到當代中國國家與社會關係的研究之中，認為中國正經歷「權力多極化」的過程，而這一過程的發展將出現國家合作主義模式 — 準國家合作主義模式 — 社會合作主義模式的轉變，他的研究對未來我國商會等社團組織的發展路徑做出了富有啟示意義的展望。[41] 1998 年，清華大學的王名、賈西津等學者成立了「清華大學 NGO 研究中心」，並出版了《中國社團改革 —— 從政府選擇到社會選擇》等一系列 NGO 叢書。從政府理論、非營利組織理論等視野出發，對政府選擇模式與社會選擇模式進行了機理上的分析，認為未來中國的市民社會將形成政府部門、市場部門和非營利部門為基本的三個體系，社團與政府、企業將實現廣泛、深度的合作，從而形成一個多元化、豐富和民主的社會。此後，市民社會的範例研究逐漸得到學者的重視，如 2000 年鄧正來的《市民社會與國家知識治理制度的重構——民間傳播機制的生長與作用》和 2004 年郁建興《以行業協會民間商會的自主治理及其限度 —— 以溫州商會為研究對象》。

其次，是從利益集團理論的視角來考察中國社團和商會、行業協會的發展現狀，許多學者認為行業性的社團是在經濟生活中成長出來的。李景鵬在〈中國現階段社會團體狀況簡析〉一文中認為，商會等行業性團體具有利益表達的原始動力，但中國一元性的政治結構不能為行業性社團的

41 康曉光：《權力的轉移 —— 轉型時期中國權力格局的變遷》，杭州：浙江人民出版社，1999 年，第 274 頁。

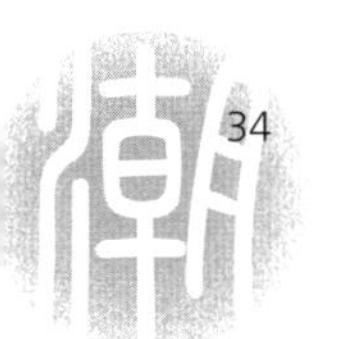

利益表達提供足夠暢通的渠道。因此，中國要進行政治體制改革，為行業性社團發展提供良好的利益表達渠道和進一步發展的空間。從以上分析可看出，1990 年代政治學研究視野主要着眼於宏觀層面「國家與社會關係」範式下社團發展模式的選擇研究，相對來説比較少從微觀上進行具體的商會、行業協會等社團組織的研究。

第三，治理理論的視角。隨着國內對 NGO 研究的持續深入，也有學者從治理的角度對商會等民間組織作為第三方力量，參與地方治理的題域進行研究。在中國，研究地方治理的開山力作當屬俞可平主編的《治理與善治》一書。俞可平在本書中提出「善治」的概念，並認為「善治」實際上是國家的權力向社會的回歸，「善治」的過程就是一個還政於民的過程。他認為以民間形式出現的市民社會組織對社會公共管理和民主政治具有重大的意義。[42] 這就為從理論上研究地方多元治理釋放了廣闊的空間。陳剩勇、馬斌通過對溫州異地商會的個案調查，認為溫州的民營企業家階層基於群體的共同需要自發組建商會，以民主的方法選舉產生商會領導並且管理組織的內部事務，進而以商會為主體「參政、議政」，影響地方公共政策議程，有效地彌補了政府的理性不及和個人的勢單力薄。商會作為政府與市場之間的第三方力量開始嶄露頭角，逐漸成為地方治理的重要主體。[43] 郁建興、沈永東在〈調試性合作：十八大以來中國政府與社會組織關係的策略性變革〉中認為商會採取策略性活動，以自身的服務能力彌補行政體系服務功能的不足，影響政策制定並推動合作政策有效執行，借助政府資源實現合作發展。[44] 趙珊認為商會不僅是實現低成本治理的制度中介，還是緩和企業與政府之間潛在矛盾的彈性空間。對於政黨國家而

42 俞可平主編：《治理與善治》，第 8 頁。

43 陳剩勇、馬斌：〈民間商會與地方治理：功能及其限度 —— 溫州異地商會的個案研究〉，《社會科學》，2007 年第 4 期，第 69 頁。

44 郁建興、沈永東：〈調適性合作：十八大以來中國政府與社會組織關係的策略性變革〉，《政治學研究》，2017 年第 3 期，第 37 頁。

言，放權賦能予商會能夠在一定程度上精簡工商業行政管理體系的運作負擔。[45]

第四，法團主義的視角。張靜的著作《法團主義》是目前國內最為全面、系統介紹法團主義理論的學術成果。法團主義主張政府權威和社會團體、民間組織進行制度性合作，達到雙方受益：「一方面，社會中分散的利益按照功能分化的原則組織起來，有序地參與到政策形成的過程中去；另一方面，從這種制度化的參與機制之中，國家權力獲得了穩定的支持來源（合法性）和控制權。」[46] 法團主義的引入，為政治學研究國家與社會關係提供了獨特的視野。顧昕在《從國家主義到法團主義——中國市場轉型過程中國家與專業團體關係的演變》中就運用法團主義這一分析框架探討國家與社會的關係，提出了在市場轉型過程中各種行業性團體與國家的關係應該從國家主義向法團主義轉變。此後，也有學者從法團主義的視角來探討民間商會組織的角色、功能與作用。例如吳巧瑜的〈轉型期民間商會組織的角色和功能 —— 從合作主義的理論視角分析〉及徐傳凱的〈以國際獅子會為個案研究在華的國際非政府組織 —— 一項基於法團主義視角的解釋和分析〉等論文。還有學者從法團主義角度來探討民間商會的代表性和影響機制，如江華、張建民的《民間商會的代表性及其影響因素分析 —— 以溫州行業協會為例》等。總之，法團主義作為一種結構變遷理論體系，為我們在構建和諧社會中塑造民間商會組織的重要角色，發揮民間商會組織的功能提供了獨特的視野。

4. 社會學及公共管理學的學科角度

當代政治社會學及公共管理學領域多將民間商會、行業協會納入第三部門、非營利組織或中間組織的範疇，側重運用個案分析等定性研究的方

---

45 趙珊：〈中國商會的過去、現在與未來：理論反思與實踐路徑〉，《開放時代》，2023 年第 4 期，第 219 頁。

46 張靜：《法團主義》，北京：中國社會科學出版社，1998 年，第 26 頁。

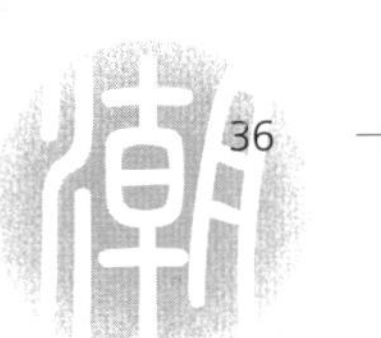

法來探討商會內部治理結構及其運行機制、商會組織與政府的關係、商會組織參與地方治理的有效性以及商會治理功能的缺陷與完善等問題。

二十一世紀以來，對商會組織進行個案研究最突出的成果莫過於國內一些學者對溫州商會的研究。陳剩勇主編的《組織化、自主治理與民主 —— 浙江溫州民間商會研究》以及郁建興主編的《民間商會與地方政府 —— 基於浙江省溫州市的研究》可謂是這一範例的力作，前者通過對溫州民間商會和行業協會的個案研究，深入探討民間商會組織興起和發展的內在邏輯，分析我國沿海地區工業化、市場化進程中社會自治組織的生發機制，揭示了民間商會自主治理機制形成的制度基礎及其發展過程中的困境，這將有助於增進我們對於國家與社會良性互動之理想模式的思考，尤其對如何從治理的視角來培育適應中國國情的社會自主治理組織具有啟示作用。[47] 後者在大量的案例研究基礎上認為，溫州商會的興起預示着國家—市場—市民社會這一新的權力格局正在形成，凸顯了以往溫州模式研究的局限性。[48] 溫州模式研究亟需從經濟學研究範式向政治社會學研究範式轉型。我國的市民社會理論正逐步從範式研究轉向範例研究，溫州商會正是這領域的典型對象。運用「國家與社會關係」範式來分析溫州商會、政府、企業間的互動模式，可以為我國現代化進程建構新型的國家與社會關係提供借鑒。

在溫州商會治理功能的相關研究上，近年來，學界也湧現出相關的一系列的學術成果，主要有楊光飛〈從「關係合約」到「制度化合作」民間商會內部合作機制的演進路徑 —— 以溫州商會為例〉(2007 年）一文，作者從研究民間商會內部合作機制的演進路徑上考察商會內部治理問題，認為作為一種自下而上型的民間商會，溫州商會內部在初始階段的合作機制

47 陳剩勇：《組織化、自主治理與民主 —— 浙江溫州民間商會研究》，北京：中國社會科學出版社，2004 年，第 9 頁。

48 郁建興：《民間商會與地方政府 —— 基於浙江省溫州市的研究》，北京：經濟科學出版社，2006 年，第 178 頁。

主要是體現為人際關係「嵌入性」的關係合約，而不是一種正式規則，商會會員對於相互之間的合作收益和未來預期也是基於一種人際信任而不是組織信任或制度信任。隨着商會的發展，商會功能發生了重大改變，以往這種合作機制更需要一種以商會內部章程、會則、宗旨等為表現形式的正式的、規範化的制度援助。[49] 江華〈民間組織的選擇性培育與中國公民社會建構 —— 基於溫州商會的研究〉(2008 年）一文從考察溫州商會內部治理的角度來研究其治理功能缺陷問題，認為中國社團的官民二重性特徵提升了商會的政治合法性，但降低其社會合法性，這一定程度上限制或降低商會的自主治理能力，從而影響民間商會在地方治理中的功能及其作用的有效發揮。[50]

與此同時，深圳作為我國改革開放的前沿陣地，也是我國市場經濟最為發達的地區之一，民間商會這種組織形式和社會治理模式也得以在當代的深圳應運而生，並在當地地方治理中扮演着愈來愈重要的角色，成為當地不可缺少的社會治理主體。這種嶄新的制度安排形式在社會治理中所表現出來的強大影響力和號召力同樣引起了學界的關注，學者們開始從不同視角、運用不同分析工具對深圳商會這一新興的特殊現象進行了考察與探討，並產生了相應的研究成果。例如，陶慶運用田野工作法展開對深圳民間商會組織的研究，並於 2007 年形成了《福街的現代「商人部落」—— 走出轉型期社會重建的合法化危機》一書，作者以深圳華強北商會這一草根商會為研究對象，從政治人類學的視角，以民族志的方式描述了在非法狀態下生存和發展的福街商會由民間自治組織到合法商會的曲折成長過程的田野志，揭示了民間草根商會自治組織是中國社會轉型過程中社會力量與國家權威博弈的結果，深刻地闡釋了中國當代國家與社會由合一到分離

---

49 楊光飛：〈從「關係合約」到「制度化合作」民間商會內部合作機制的演進路徑 —— 以溫州商會為例〉，《中國行政管理》，2007 年第 8 期。

50 江華：〈民間組織的選擇性培育與中國公民社會建構 —— 基於溫州商會的研究〉，《馬克思主義與現實》，2008 年第 1 期。

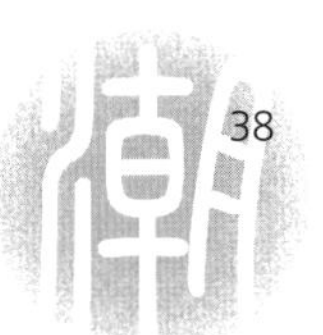

再到互動的過程。[51]「粵港民間商會組織社會治理功能比較研究」課題組在對深圳民間商會實地考察的基礎上也形成了一系列研究成果，如 2007 年的〈民間商會組織的社會治理功能透視 —— 深圳「銀商之爭」的經驗觀察〉一文以及 2010 年的〈民間商會參與地方治理的有效性研究 —— 基於深圳市寶安區沙井商會的個案分析〉一文，前者以深圳「銀商之爭」為分析個案，力圖證明在我國市場經濟較為發達的地區，要有效地化解日益突出的社會矛盾、形成政府和民間社會構建和諧社會的合力，需要積極發揮民間商會組織這一重要社會角色的功能作用。民間商會作為社會的「保險閥」、「平衡器」，其崛起對地方經濟、政治和社會生活各個領域產生積極作用和影響，尤其是作為與政府、企業並列的第三種社會力量，它具有獨特的社會治理功能。[52] 後者以深圳市寶安區沙井商會為個案，通過觀察沙井商會在沙井鎮經濟發展中的角色扮演和功能發揮，分析特定區域內民間商會的基本狀態及其活動規律，力圖證明，沙井商會參與地方治理在實際功能發揮上與市場主體的心理預期達成一致，具有廣泛的行業代表性，同時需要與政府在職能上形成合理分工，與政府保持良好的溝通合作關係，建立合理的自主運行機制。即是說，民間商會在政府和企業之間尋求一種良好的合作秩序，一方面保證其在地方治理中的合法地位，同時積極獲取社會資源，維護和促進其存在的價值。[53]

5. 法學的學科角度

健全中國商會法律制度已引起各界共鳴，在國內以商會法律制度為內容的著作有：陳清泰於 1995 年出版的《商會發展與制度規範》，該書認

---

51 陶慶：《福街的現代「商人部落」—— 走出轉型期社會重建的合法化危機》，北京：社會科學文獻出版社，2007 年。

52 吳巧瑜、董尚朝：〈民間商會組織的社會治理功能透視 —— 深圳「銀商之爭」的經驗觀察〉，《華南師範大學學報》，2009 年第 4 期。

53 吳巧瑜、董尚朝、楊愛平：〈民間商會參與地方治理的有效性研究 —— 基於深圳市寶安區沙井商會的個案分析〉，《學術研究》，2010 年第 12 期。

為中國政府應該加緊制定有中國特色的《商會法》，以明確規定商會的宗旨、職能、組織機構、與各類行業協會的關係。2003 年金曉晨的《商會與行業協會法律制度研究》、2008 年中華全國工商業聯合會主編的《中外商會運作規範比較》一書，都主要側重於對商會法律制度的介紹上。

法學界對商會、行業協會理論的研究也碩果頗多。如 2002 年黎軍的《行業組織的行政法問題研究》從行政法的視角，系統考察了行業組織的諸多問題，指出行業組織既代表或協助政府實現對社會的管理以維持公共秩序，又作為社會成員的利益代表對政府形成一定的監督制約力量；[54] 2003 年魯籬博士的《行業協會經濟自治權研究》則從經濟法的視角，展開了對行業協會自治的憲法基礎的論述和闡釋，剖析和解釋行業協會自治的實現條件以及我國行業協會自治的現狀，並從反壟斷法的視角論述了行業協會自治的限度。[55] 陳曉軍則呼籲民法界加強研究，並綜合公法、私法領域，分析商會的特殊性質，他認為商會這一法人的設立目的是既非營利性，也非公益性，其設立和運行均體現出自治的私法原則，因而互益性的法人在本質上應當屬私法人。因而，政府應加強對互益性法人違法行為的監管力度，以保證互益性法人的健康有序發展。與此同時，郁建興等也從社會合法性、法律合法性、政治合法性及行政合法性等層面來探討溫州商會存在的基礎與權力的來源，提出商會發展應該去政治化，要盡快制定行業協會法和商會法，確立其法律地位，實現政府—民間商會—企業間的良好合作。[56] 浦文昌等的著作也討論了民間商會發展過程中遇到的問題，並提出要從法制建設、政治改革、經濟立法等方面來加以解決。[57] 張啟耀、黃紅蓮從司法層面討論商會的糾紛解決，認為晚清商會調理經濟糾紛

54 黎軍：《行業組織的行政法問題研究》，北京：北京大學出版社，2002 年，第 5 頁。

55 魯籬：《行業協會經濟自治權研究》，北京：法律出版社，2003 年，第 7 頁。

56 郁建興：《民間商會與地方政府 —— 基於浙江省溫州市的研究》，180－181 頁。

57 浦文昌：〈政府行政體制改革和行業組織發展 —— 民間商會論壇 2006 年年會專家觀點綜述〉，《中國改革》，2006 年第 10 期。

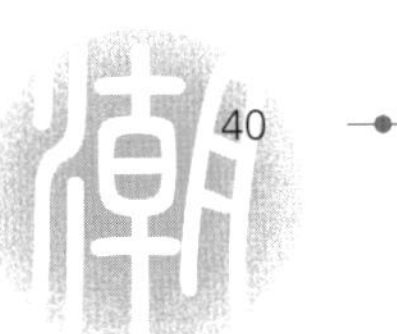

具備程序性、專業性等特點。儘管商會對經濟案件的調理行為受到限制，但與民間調處和司法審判相比較，仍可確定其準司法行為的性質。[58]

以上不同學科的研究領域和方法為考察民間商會組織提供了多重視野。由此看來，當前有關商會、行業協會的研究不僅是關係國家政治、經濟、社會體制的改革，也是空間廣闊的學術領域。當代各學科的交叉研究不僅展示了各具匠心的學術視角，也凸顯了民間商會豐富的組織內涵，這些對於拓展本研究的視野具有重要的啟示作用。

三、香港地區研究動態

港澳地區商會組織十分發達，特別是香港特別行政區，一直以來商人在香港政治和社會都起着舉足輕重的作用，形成了以香港中華總商會、香港工業總會、香港總商會、香港中華廠商聯合會四大商會為代表而構築起來的一個龐大商圈。由商人、商會組織組成的這一龐大商圈除了在經濟事務上發揮影響力之外，在香港社會、政治都起着特殊的功能與作用。然而，對這一成熟而且特殊的商會組織體系，無論是香港本地還是內地以及西方學界都關注不多。

與內地學界研究商會組織一樣，香港的商會組織研究也是從史學開始。以大型研討會為例，1994 年 8 月香港科技大學人文學部舉辦商人與地方文化學術討論會，隨後在 1996 年、1998 年、2000 年，香港大學亞洲研究中心先後舉辦了三屆中國商業史會議，從歷史的角度對地方商會，包括香港商會的發展歷史進行了討論與研究。通過對歷史的追述，重申了當代中國民間商會治理功能的現實意義。在 2000 年舉辦的第三屆中國商業史大會上，香港中文大學歷史系何佩然副教授在〈地方經濟力量的興起與衰落 —— 香港新界沙田商會的個案研究〉中，利用大量的口述歷史資料及沙田文獻，對 1959 年成立、1980 年結束的香港新界沙田商會，進行了

58 張啟耀、黃紅蓮：〈晚清商會經濟糾紛調理權再探討〉，《求是學刊》，2008 年第 3 期，第 136 頁。

個案研究，探討了地方經濟力量的興起與衰落。[59] 與此同時，香港大學亞洲研究中心的李培德博士在〈香港華商總會選舉的政治風潮〉中以 1940 年的香港華商總會為分析對象，研究了當時中國共產黨與國民黨的政治博弈；[60] 其後發表的兩篇論文〈福建商人的香港網絡 —— 兼論旅港福建商會、福建同鄉會〉及〈香港的福建商會和福建商人網絡〉，都以福建商會為研究對象，前者主要討論了香港福建商會特殊的組織網絡結構；後者則側重於探討二次大戰前香港福建社團包括旅港福建商會和旅港福建同鄉會在締結中國內地、東南亞和香港的福建商人網絡中所發揮的作用及其角色的變化。其他有關香港商會組織或中介組織的研究論文，還有魏文享的〈大陸當代及海外華商會研究之述評〉，文中對香港商會的研究歷史做了充分的論述。

在著作方面，張曉輝於 1998 年出版的專著《香港華商史》討論了香港華商歷史，其中也涉及到香港各大商會的發展狀況；林濟於 2008 年出版的《潮商史略》也從史學角度梳理和闡述了香港潮籍商人及其在港潮商組織的興起與壯大的奮鬥史。[61] 由周佳榮、鍾寶賢、黃文江所著的《香港中華總商會百年史》也是研究香港商會史的代表作之一，通過對香港中華總商會相關歷史資料、文獻、會刊的參考與整理，研究了香港中華總商會百年歷史的滄桑變化。[62] 另外，在香港商會各自出版的刊物中，也有相當多的文章對各自商會發展的歷程進行了描述和探討，如曹血儒編《香港華商總商會之沿革》、東華三院於 2006 年編撰的系列會史，如《益善行導 —— 東華三院 135 周年紀念專題文集》以及香港亞洲研究中心李培德的《繼往開來 —— 香港中華廠商會七十五周年》等。

---

59 何佩然：〈地方經濟力量的興起與衰落 —— 香港新界沙田商會的個案〉，《華中師範大學學報》（人文社會科學版），2009 年第 3 期。

60 李培德：〈香港華商總會選舉的政治風潮〉，載《商會與近現代中國國際學術討論會》，2004 年第 9 期，第 4 頁。

61 林濟：《潮商史略》，北京：華文出版社，2008 年，第 5 頁。

62 周佳榮、鍾寶賢、黃文江：《香港中華總商會百年史》，香港：香港中華總商會，2002 年。

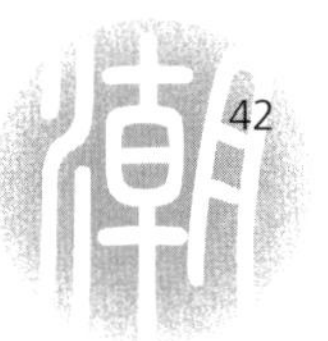

二十一世紀以來，也有學者對香港商會的功能與作用進行了相關的研究，如曾任香港工業總會珠三角協會秘書長張潤冰在《市場經濟中不可替代的獨特角色》一書中，就對香港商會在社會中的功能、作用、地位進行了全面的分析與描述，總結了香港商會在經濟、社會、政治三方面的功能，在此基礎上與深圳總商會進行了對比，對深圳總商會的改革提出了相應的思路與對策。另一方面，對香港商會的研究也涉及到其功能以及行業的對比，如方敏生在〈香港非政府機構在防治濫藥工作的發展與挑戰〉中就對香港非政府機構的功能以及未來發展作了一定論述，王敍文在〈從香港保聯運作看國內保險行業協會建設〉一文中就把香港的社團體制與大陸體制進行了對比研究，並提出相應的改革建議。

然而，通過對中西方以及香港地區民間商會組織相關文獻資料的梳理，我們發現：到目前為止，與香港潮州商會相關的學術研究成果非常匱乏，只限於史略或概要性會刊，論著及學術性論文極為鮮見。現時，能夠查閱到的相關文獻資料寥寥無幾，僅有屈指可數的探討香港潮州商會發展歷史的書籍和少量介紹性文章，例如香港潮州商會會董趙克進所著的《香港潮商簡史》一書，該書概述了香港自開埠以來潮商所從事的各行業的發展歷程；[63] 由周佳榮著的《香港潮州商會九十年發展史》一書也從史學角度闡述和總結了香港潮州商會九十年來從早期奠基立業到戰火與淪陷、復興與建設、發展與鞏固、溝通與開拓以及由本地到全球不同時期的奮鬥史。[64] 除此之外，是由香港潮州商會主辦的各期會訊、特刊，如《旅港潮州商會三十周年紀念特刊》至《香港潮州商會八十周年紀念特刊》等各期特刊以及《潮學研究》期刊資料對香港潮州商會進行了相關記載和論述。

因此，可以說，在香港潮州商會百年的發展歷程中，中外學術界主要集中從史學的角度總結其發展歷史以及辦會模式，較少從其他學科，例如政治學、經濟學、社會學、公共管理學等不同的、交叉的或多元的學科視

63 趙克進：《香港潮商簡史》，香港：香港潮州商會出版，2001 年，第 1 頁。

64 周佳榮：《香港潮州商會九十年發展史》，香港：中華書局，2012 年。

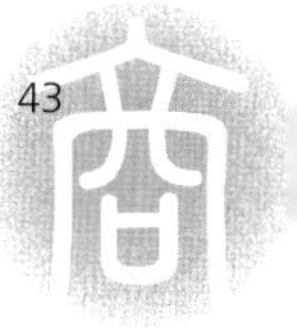

角，來對如此一個在香港頗具代表性的集政經文化工商各界之精英所組成的地緣性商會組織進行較全面的、較系統的理論研究；同樣地，從多學科視角來探討香港潮州商會創會的緣由與合法性、自主自治內部結構、社會網絡體系、凸顯的社會治理功能等來揭示其運行模式及其發展變遷規律的理論成果更是付之闕如。

綜上所述，通過對中西方學界關於民間商會功能相關研究的梳理，可以發現其成就主要集中在研究視角日趨多元，研究內容不斷豐富，研究方法不斷創新。但是，研究總體上也存在明顯的缺陷，具體表現：一是各學科相關研究的視域不夠全面和深入，如西方社會學對民間商會的功能分析主要是從社區層面進行，沒有反映出非政府組織在較高層次或宏觀層面的功能；而香港學界多從史學角度來對近現代香港民間商會的歷史進行追述，難以凸現其當代的社會治理功能。二是對民間商會功能的動態研究不足，目前中外學界對影響民間商會功能發揮的若干因素或變量的研究甚少，因此，對商會在不同社會背景下功能的變遷研究存在較大的缺失。三是研究方法單一，多採用文獻研究法來獲取相關資料，而由現場觀察、直接參與、深度訪談等田野工作法所獲取的一手資料缺乏。

概言之，以往的學術成果對香港社會治理中不可或缺的主體以及維持香港社會正常運作的中間組織代表之一的民間商會的相關研究沒有取得與其重要地位相匹配的學術關懷。所以，本書旨在透過「香港潮州商會」的個案研究，從社會學、政治學、公共管理學等不同的學科視角來描述和闡釋個案由一般的地緣性商人團體演變為香港頗具影響力和代表性的商會組織的不同凡響過程的田野志；同時，在此基礎上，力圖揭示香港民間商會在社會治理中功能的發展變遷規律。因此，本書要探究的是：在香港特殊的社會背景和地域之下，在以商業為主的香港社會裏，影響香港潮州商會功能發揮的因素是什麼？作為一個秉承中華文化傳統又受西方文明影響的華人社團，香港潮州商會是否具備西方民間商會所擁有的獨立性與自治性？在百年的不同發展時期中，香港潮州商會在社會治理中的功能有哪些具體的表現？如何總結一百年來香港潮州商會在社會治理中功能的變遷邏

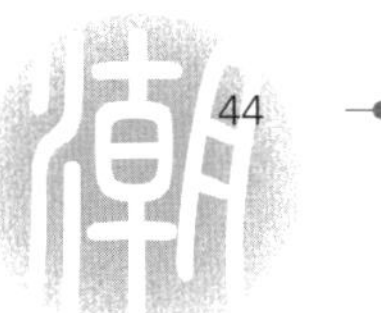

輯？是否能一定程度上揭示民間商會在香港社會的繁榮穩定中所處的地位與作用？這是本書關注的問題，也是本書的研究起點。

第三節　理論準備

1980 年代以來，伴隨着經濟全球化、政治民主化進程的不斷加快以及信息技術革命的迅猛發展，世界各國都在加速推進政府再造和治理變革，而治理概念被引入社會公共管理的直接原因正是市場失效和政府失效。從某種意義上說，治理理論是公共管理最新發展的理論範式，它打破了社會科學中長期存在的兩分法傳統思維方式，即市場與計劃、公共部門與私人部門、政治國家與市民社會、民族國家與國際社會等，它強調管理就是合作，認為政府不是合法權力的惟一源泉，市民社會也同樣是合法權力的來源之一，並且把治理看作是當代民主的一種新的實現形式。1990 年代以後，治理理論已經成為西方學術界最流行的理論之一。

一、理論工具

本研究以治理理論作為理論工具。治理理論在 1980 年代中期的西方國家出現，並被作為傳統的政府統治理論和市場模式理論的替代，有着特定的社會根源和時代背景。

西方福利國家出現管理危機是治理理論興起的根本原因。二戰後，在民族國家內部，政府被視為「超級保姆」，職能擴張、機構臃腫、服務低劣、效率低下、財政危機遍佈全國，社會分裂與文化分裂同時出現。政府愈來愈失去與市民社會的聯繫，公民無法對公共管理過程實施有效的監督，而政府對社會的需求也無法及時做出回應，以致國家權威徒有其表，政府難以預測自己的行為後果，政府的信任危機頻頻出現。正是由於政府統治在原先的政治社會格局中存在了不可治理性，也正是這種不可治理性所帶來的在社會資源配置中的市場失效和政府失效，使得治理理論作為傳

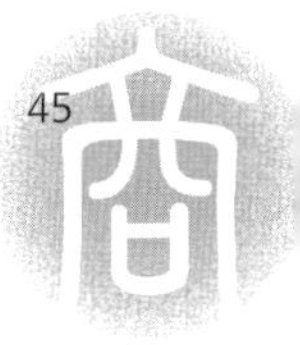

統政府統治理論的補充，而成為當代各國政府改革中興起的新公共管理的核心內容。因此，可以說，治理理論的興起既是對 1980 年代以來，世界環境變化以及各國社會危機的有效回應，同時也是對二十世紀七八十年代社會科學領域出現的某些範式危機的回應。

治理（governance）一詞源於拉丁文和古希臘語，原意是控制、引導和操縱。[65] 到十四世紀末，英格蘭國王亨利四世使用它來用以表明上帝之法對國王的統治之權。長期以來它與統治（government）一詞交叉使用，並且主要用於與國家的公共事務相關的管理活動和政治活動中，但是，自從 1990 年代以來，西方政治學家和經濟學家賦予治理以新的含義，它不只局限於政治學領域，還被廣泛應用於社會經濟領域。

治理理論的主要創始人之一羅西瑙（J. N. Rosenau）在 1995 年其代表作《沒有政府統治的治理》和〈21 世紀的治理〉等文章中，將治理定義為一系列活動領域裏的管理機制，它們雖未得到正式授權，卻能有效發揮作用。與統治不同，治理指的是一種由共同的目標支持的活動，這些管理活動的主體未必是政府，也無須依靠國家的強制力量來實現。[66]

研究治理理論的另一位權威格里 · 斯托克（Gerry Stoker）對流行的各種治理概念作了一番梳理後指出，到目前為止，各國學者們對作為一種理論的治理已經提出了五種主要的觀點。這五種觀點分別是：1. 治理意味着一系列來自政府但又不限於政府的社會公共機構和行為者。2. 治理意味着在為社會和經濟問題尋求解決方案的過程中存在着界限和責任方面的模糊性。3. 治理明確肯定了在涉及集體行為的各個社會公共機構之間存在着權力依賴。4. 治理意味着參與者最終將形成一個自主的網絡。5. 治理意味着辦好事情的能力並不僅限於政府的權力，不限於政府的發號施令或運用

65　俞可平：《治理與善治》，第 1 頁。

66　［美］羅西瑙（J. N. Rosenau）：《沒有政府統治的治理》，劍橋大學出版社，1995 年版，第 5 頁；〈21 世紀的治理〉，《全球治理》，1995 年創刊號，第 8 頁。

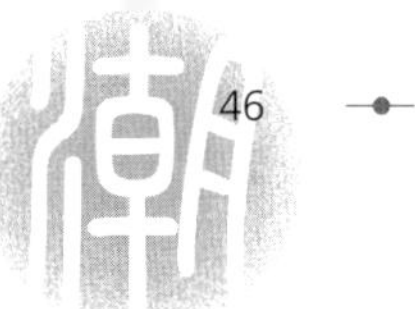

權威。[67] 俞可平教授則認為，「治理一詞的基本含義是指官方的或民間的公共管理組織在一個既定的範圍內運用公共權威維持秩序，滿足公眾的需要。治理的目的是在各種不同的制度關係中運用權力去引導、控制和規範公民的各種活動，以最大限度地增進公共利益。所以，治理是一種公共管理活動和公共管理過程，它包括必要的公共權威、管理規則、治理機制和治理方式。」[68]

如前所述，在眾多關於治理的定義中，聯合國全球治理委員會的定義具有很大的代表性和權威性。概言之，我們對治理的含義可以做這樣的理解：治理不是一整套規則，也不是一種活動，而是一個過程；治理過程的基礎不是控制，而是協調；治理既涉及公共部門，也包括私人部門；治理不是一種正式的制度，而是持續的互動。

由此可見，1990 年代以來發展起來的治理理念和實踐，已經不是傳統意義上的統治或政府的含義了，它成為一種新的社會控制「範式」。[69] 可以說，治理與傳統政府統治的理念之間的根本區別表現在：第一，治理強調政府組織、社會組織和公民在共同的目標下共享資源，相互作用，參與式地決定公共政策和提供公共服務；而傳統統治強調以政府組織為本位建構的單一化的權威統治中心。第二，治理認為在公共管理中政府並不是唯一的主體，公民個人、私營部門、民間組織等同樣是公共服務管理的主體，它們共同承擔着公共事務治理的責任；而傳統統治將政府視為公共事務管理的唯一主體和中心。第三，基於公共事務治理主體多元化的理念，治理在參與社會公共事務管理的過程中，更強調和依賴於各個主體間的協調和溝通，即治理依賴的是平行發展的、互動的多樣化社會網絡體系。傳統政府統治主要依賴於層級節制的科層制來實施控制，即運用政府的政治

---

67 [英]格里·斯托克（Gerry Stoker）：〈作為理論的治理：五個論點〉，《國家社會科學》（中文版），1999 年第 2 期。

68 俞可平：〈全球治理引論〉，《政治學》，2002 年第 3 期，第 32 頁。

69 孫柏瑛：《當代地方治理》，北京：中國人民大學出版社，2004 年，第 25 頁。

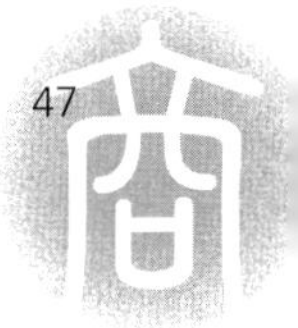

權威，通過發號施令，對社會公共事務實行單一向度的管理。第四，治理所涉及的範圍更加寬泛，既可以是特定領土界限內的民族國家，也可以是超越國家領土界限的國際領域，即全球治理。而傳統政府統治所涉及的範圍是以領土為界的民族國家。

關於治理理論基本內容的問題上，目前學界主要從治理的主體、治理的客體、治理的手段、治理的目標四個方面來闡釋治理的內容。

第一，治理的主體。治理的主體除了包括國家的政府以外，還包括其他各種公共組織、民間商會組織、非營利組織、私人組織、科研學術團體和社會個人等等。治理理論提出，事實上，由於政府職能、程序和地區劃分的不同標準，現代的政府體制異常複雜，政府內部管理權和服務權的不合理劃分，以及私營和志願性機構愈來愈多地參與戰略性決策和服務提供，現實中的政府既非按照憲法體制規定的那樣運作，也非「孤獨地」，即與廣大社會機構沒有關係的機構。所謂公共決策，大部分是由眾多有勢力的機構和個人共同作出。在某些領域，非政府組織和個人甚至比政府擁有更大的優勢。公共行政的參與者由包括政府、但又不限於政府的一套社會公共機構和行為者組成。

第二，治理的對象或客體。對於治理來說，由於主體的界定不同，其作用的範圍帶有很大的不確定性，它既可以是一個學校、一個公司所屬的人、財、物等，也可以是一個民族國家甚至是世界範圍的事務。為了有效地達成組織目標，維持必要的秩序，就不能沒有治理，治理可以說滲透到人們生活的各個領域。

第三，治理的手段方式。治理理論中的管理手段除了國家的手段和方法外，更多的是強調各種機構之間的自願平等合作，這是「治理」範式與傳統公共行政的區別所在。美國治理研究的權威庫伊曼和范．弗利埃特指出，傳統的公共行政只將關注的焦點放在政府這個單一中心上，將管理視野僅僅停留在政府如何控制社會的單項緯度上。而「治理的概念是，它所要創造的社會結構或秩序不能由外部強加；它之所發揮作用，是要依靠多種相互發生影響的行為者的互動。這種行動是由參與者共同的目標支撐

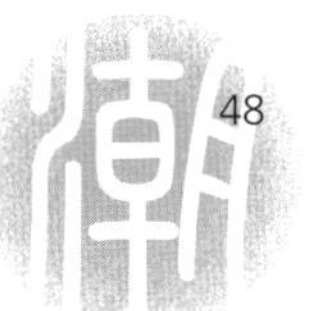

的」。[70]

第四，治理的目標。治理的目標是在各種不同的制度關係中運用權力去引導、控制和規範公民的各種活動，以最大限度地增進公共利益。換句話説，「治理旨在尋找一條有效平衡各種價值，提高地方戰略管理能力，促進地方可持續發展的治理道路。」[71]

綜上所述，治理理論包括以下五個方面的基本特徵：

第一，治理主體的多元化。治理理論通常又被稱為多元治理、分權治理，治理的主體包括政府，但又不限於政府。只要各種公共部門和私營部門行使的權力得到公眾的認可，這些部門就可能成為不同層面上的權力中心。

第二，主體間責任界限的模糊性。治理理論認為，治理主體間的責任界限存在一定的模糊性，問題的關鍵在於國家把原先由它獨立承擔的責任轉移給私營部門和第三部門的同時，必須將相應的權力等量移交。近年來，非政府組織在社會中的作用和影響日趨擴大，其能夠滿足多方需要、解決社會問題而又無須運用政府的資源和權威的優勢日益彰顯，治理理論要求社會承認它們的貢獻和作用，這就意味着承認它們對那些傳統上是由政府來管理的部分事務的管理權，這也意味着將那些由法律和體制所規定的部分政府責任交由非政府組織和個人來承擔。

第三，主體間權力的互相依賴性。所謂權力依賴，是指參與公共活動的各個組織，無論其為公營還是私營，都不擁有充足的能力和資源來獨自解決一切問題。由於存在權力依賴關係，治理過程便成為一個互動的過程，政府與其他社會組織在這種過程中建立了各種各樣的合作夥伴關係。

第四，自主自治的網絡體系的建立。多元化的治理主體之間的權力依賴與合作夥伴關係，表現在運行機制上，最終必然形成一種自主自治的網絡。這一網絡要求各種治理主體，都要放棄自己的部分權利，依靠各自

70 孫柏瑛：《當代地方治理》，第 21 頁。

71 郁建興：《民間商會與地方政府 —— 基於浙江省溫州市的研究》，第 12 頁。

的優勢和資源，通過對話來增進理解，最終建立一種公共事務的管理聯合體。

第五，政府作用範圍及方式的重新界定。治理理論認為，目前公共行政的性質已經不適應時代發展的要求，必須改革政府，實現某種程度上的治理，重新界定政府的作用範圍和作用方式。

二、核心概念界定

民間商會是資本主義商品生產與商品交換發展的必然結果，而現代民間商會是市場經濟發展的必然產物，在當代，民間組織是社會中與政府、企業並存的第三種力量，在社會治理的框架中，民間商會作為民間組織的重要組成部分，也應是社會多元的治理主體之一。

1. 民間商會的涵義

民間商會萌芽於歐洲封建社會的商人行會，即商人基爾特。法國是世界上最早成立民間商會的國家，是近代民間商會的發源地。對於什麼是民間商會，至今為止，並沒有一個為人們普遍接受的定義，在不同時期、不同國家、不同意境下其涵義也有所不同。

從狹義上看，民間商會是指具有某種共同特徵的企業之間的一種協作組織，它旨在規範團體秩序、協調本團體與其他團體、團體與政府之間的關係，促進團體的整體發展。從這一層面看，商會是類似於經濟性功能團體的一個總稱，根據團體涉及範圍不同有不同的名稱。如團體涉及的是某一行業，則這一協作組織一般被稱為行業協會；如團體涉及的是某一特定地域內有某種共同特徵的企業及其經濟行為人，則一般稱為商會（Chamber of Commerce）。因此，民間商會與行業協會這兩個概念在使用時既有相互交叉，又有相互指代，甚至有時行業協會的概念會被包含在商會概念中。在學術研究中，一般統一使用「民間商會」這一概念來泛指不同形式的企業和商人的聯合體。與此同時，由於本書的個案研究對象 —— 香港潮州商會 —— 地處我國香港地區，因此，文中對於民間商會

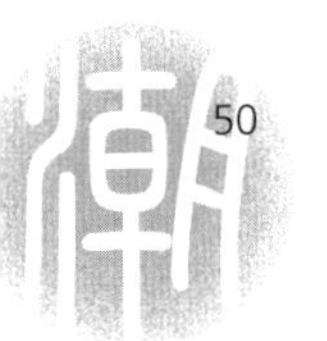

這一概念的界定還應當結合香港具體的社會背景，即要從香港特定的意境下來理解民間商會的內在涵義。

香港《社團條例》第 151 章對各種民間行業協會、商會的成立、註冊、申請作了比較寬鬆的規定，可以是法團，也可以是一人以上的合夥。[72] 其註冊可以通過兩個途徑，其一，是按照社團註冊法，遵循統一的章程，到警務處註冊，一般以行業和專業人士社交為成立的目的，無需交費；其二，是按照有限公司的法規，以公司組織形式自定章程，報政府的註冊處批准註冊。[73] 但條例也明確，不論協會、商會的性質和宗旨如何，都必須按照相應行業的法規執行。從歷史上看，香港的民間商會包括兩種典型類型：一種是行業協會，即由同一行業的企業法人、相關的事業法人和其他組織依法自願組成的、不以營利為目的的社會團體。其宗旨是加強同行業企業間的聯繫，溝通本行業企業與政府間的關係，協調同行業利益，維護會員企業的合法權益，促進行業發展；另一種是地域性的，通常由來自某一特定區域的商人所經營的企業、公司及其經濟行為人、熱心公益的公民所自願組成的組織。

綜上所述，本書從廣義的角度上來界定民間商會的定義，即民間商會指的是具有同一、相近或相似市場地位的部門及其經濟行為人自願組織起來的，以維護會員合法權益、促進工商業繁榮為宗旨的社會團體法人。基於此，自願性、民間性、獨立性、自治性、互益性、非營利性、公益性等是民間商會的主要特徵。

2. 社會治理的涵義

本書運用治理理論作為理論工具，所以，社會治理也是以當代治理理

72 現時《香港法例》第 151 章《社團條例》規定：任何會社、公司、三人及以上的合夥或組織，不論性質或宗旨為何都可到香港警務處進行社團註冊。

73 香港現存的成文法法例編匯《香港法例》第 32 章《公司法例》規定，民間商會等民間團體只要依照香港《公司法例》在港府公司註冊署註冊便可以成為合法的法人團體。

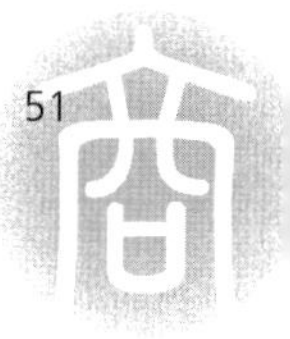

論的理念為基礎和核心的，並將治理思想貫穿於社會公共事物管理模式再造的發展過程。

關於「社會治理」這一概念，目前學術界並沒有太多的相關討論。由治理理念引申出來最多的概念是「地方治理」，對此學術界有諸多的說法，其中比較有代表性的表述是：地方治理是指在一定的貼近公民生活的多層次複合的地理空間內，依託於政府組織、民營組織、社會組織和民間公民組織等多種組織化的網絡體系，應對地方的共同問題，共同完成和實現公共服務和社會事務管理的改革與發展過程。其目的在於：達成以公民發展為中心，面向公民需要的，積極回應外部環境變化的、促使地方富有發展活力的新型社會與公共事務管理體系。[74]

那麼，相對於「地方治理」，「社會治理」與之有何差異呢？在闡釋「社會治理」概念的涵義之前，我們首先需要釐清「社會」這一概念的內涵。本研究認同丁元竹對「社會」所下的定義：社會實際上是居住在同一個社區或不同的社區，來自同一文化或不同文化、同一制度或不同制度、同一組織或不同組織的個體成員組成的群體，他們以共同利益和共同價值為基礎，通過社會組織、政府機構來處理社會事務、提供社會公共服務。[75]

從上述「社會」概念可知，社會治理與地方治理最大的區別在於兩者所管理的空間範圍不同，社會治理涉及的範圍更加寬廣，既可以是同一制度下的某一特定的社區、地區或區域，抑或是領土界限內的整個民族國家；也可以是不同制度下跨區域的，甚至超越國家領土界限的國際領域，即全球治理。而地方治理所涉及的範圍是指多層次複合的地理空間內，一般指以領土為界的民族國家地域內。

---

74 孫柏瑛：《當代地方治理》，第 33 頁。

75 丁元竹：〈社會體制改革的切入點：公共領域的投資體制〉，《社會保障研究》，2008 年第 1 期，第 12－22 頁。

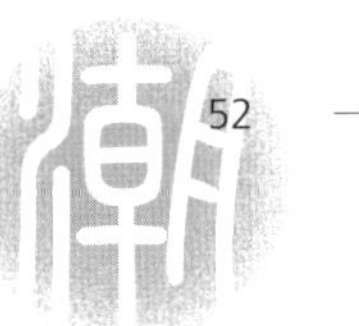

因此，文中的社會治理是指在一定共同價值的基礎上，在同一制度下或不同制度下的某一特定的社區、地區、區域，抑或是領土界限內的整個民族國家，甚至是超越國家領土界限的國際領域中，依託於政府組織、民營組織、社會組織以及民間的市民組織，甚至包括私人部門等各種組織的網絡體系，來共同消除或減少社會問題的發生，維護市場秩序和社會秩序，促進社會公平和社會公正，以完成和實現公共服務及社會事務管理的各種活動的方式和過程。

從社會治理的內涵來看，社會治理具有如下六個方面的特徵：即社會治理建立在共同價值的基礎上；社會治理範圍有可能超越不同社會制度或主權國家領土的界限；社會治理的責任邊界模糊；社會治理一定程度上依賴傳統文化、道德、慣例等非正式制度；社會治理組織載體呈網絡體系形態；各種社會治理主體之間存在權力依賴關係。

3. 民間商會在社會治理中的功能

民間商會作為現代市場經濟中聯結企業與政府、企業與社會的中間組織，在社會治理的框架中，作為社會治理的主體之一，民間商會在維護行業發展秩序、市場秩序乃至社會秩序的正常運作中起到了不可或缺的作用，長期以來，其發揮的社會治理功能顯著，為保持社會的繁榮與穩定發展做出應有的貢獻。

一般來說，功能是指具有特定結構的事物或系統在其內部和外部的聯繫和關係中所表現出來的特性、能力和作用。那麼，民間商會在社會治理中的功能，顧名思義指的就是民間商會在參與各種社會治理活動或過程中所表現出來的特性、能力和作用。具體來說，民間商會在社會治理中的功能是指民間商會通過內部治理結構實施自主自治的同時，在與企業、政府、社會組織以及公眾等各種組織和個體的互動中，或者說在提供公共產品、公共服務以及從事社會事務管理的活動和過程中所表現出來的各種特性、能力和作用。因此，民間商會在社會治理中的功能既包括內部的自主自治功能、服務功能、聯誼功能和維權功能等，也包括對外參與各種社會

事務活動所體現的功能，例如中介功能、社會保障功能、文化與教育功能、慈善功能、社會公共事務管理功能、影響政府政策制定功能以及包括政治動員、政治整合與政治維穩在內的政治功能等。

第四節　分析框架與研究方法

一、分析框架

香港民間商會在參與社會治理的各種社會活動與社會事務中，究竟能發揮或凸顯什麼作用與功能？其功能和作用的有效發揮受何變量影響？即是說，香港民間商會功能發揮的程度及其參與社會治理表現出來的成效受何條件制約？要確切回答上述這些問題，需要對影響民間商會社會治理功能的因素進行剖析，並在動態的發展過程中以及不同的發展階段中來把握其各自的特點。研究假設，影響民間商會在社會治理中的功能表現或者說促使民間商會社會治理功能的演變主要有商會的合法性、商會的治理結構、商會的社會網絡以及商會的外部制度環境等四個因素，這四個因素的發展程度與商會在社會治理中的功能發揮及其變化呈正相關關係。本書的主體部分正是以上述四個方面的因素為分析框架，通過考察它們在不同時期的狀況與特點，探討香港潮州商會在這四個不同因素的共同作用下其社會治理功能的變遷邏輯。

第一，商會的合法性。

把合法性作為一種社會學現象來加以研究的首推馬克斯・韋伯（Max Weber）。可以說，「合法性」這一概念在韋伯的政治社會學中佔據着十分重要的位置，他通過對社會史的研究發現，由命令和服從構成的每一個社會活動系統的存在，都取決於它是否有能力建立和培養對其存在意義的普遍信念，這種信念就是其存在的合法性。

按照韋伯的觀點，合法秩序就是由道德、宗教、習慣、慣例和法律等構成的，而合法性就是指符合某些規則，而法律只是其中一種比較特殊的

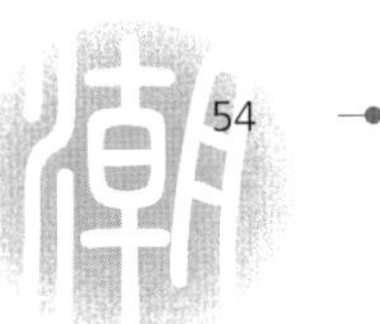

規則，此外的社會規則還有規章、標準、原則、典範以及價值觀、邏輯等等。因此，一個組織是否具有合法性，那就取決於它是否能夠定位於某種合法秩序，具體地說，就是能否經受某種合法秩序所包含的有效規則的檢驗。可見，韋伯是從狹義的角度來理解國家的統治類型或政治秩序的，在他看來，所謂合法性就是促使人們服從某種命令的動機，它不過是既定政治系統的穩定性，亦即人們對享有權威者地位的確認和對其命令的服從。而廣義的合法性概念涉及法律、政治等更廣泛的社會領域。

根據上述韋伯有關合法性概念的闡釋，本書從狹義的角度即從社會合法性的視角來概括商會的合法性，認為民間商會的合法性就是指與既定的文化傳統、慣例、規章、原則或章程等規則相一致，而被會員所支持的、願意服從該團體領導並根據該團體領導系統的相應命令來行動的可能性。可以說，商會合法性表示的就是與特定規範相一致的屬性，換言之，也即是指商會權威具有被會員服從、被社會廣泛承認、被法律認可、被政府接受的特性和基礎，至於具體基礎是什麼，是某種文化傳統、某種慣例抑或某種法律，則要視實際情景而定。

與此同時，需要指出的是，合法性的獲得過程是一個合法化的過程，對於一個統治系統或政治秩序來說，合法性程度的高低影響着其功能的發揮。因此，民間商會合法性程度的高低同樣制約着商會治理功能的發揮。

第二，商會的內部治理結構。

聯合國開發計劃署將治理結構定義為「對組織、社區、社團和國家的成員、公民或居民的行為行使的管轄權、控制權、管理權和支配權。管轄權、控制權、管理權和支配權都是複雜的機制過程、關係和制度。通過這些複雜的機制、過程、關係和制度，公民和社會團體表達他們的利益願望、履行他們的權利和義務，調和他們之間的利益衝突。有效的治理結構致力於資源分配和管理、解決社會面臨的共同問題。在這裏，權力的運用包括集權與分權，是從上至下的管制型治理結構框架與從下至上的參與型

治理結構框架的有機結合」。[76]

治理結構是組織中利益制衡機制的制度安排，是對組織實施治理的基礎。治理結構的基本框架由組織內部機構設置和組織機構運行規範兩方面構成。內部治理機構包括權力機構、決策機構、執行管理機構以及監察機構；組織機構運行規範主要指機構之間形成的權責明確、相互制約、運作協調和決策科學的統一機制。

首先，商會的組織內部機構設置。商會的組織內部機構，以會員大會（會員代表大會）、理事會（常務理事會）和秘書處分別作為權力機構、決策機構和執行機構，行使最終控制權、經營決策權和經營執行權。從具體實踐上看，民間商會的監督機構並不是所有國家和地區法定必須設立的，其設立與否視各國各地區的法律、法規以及民間商會自身的章程而定。應該強調的是，由於民間商會的非營利性質，所以其治理結構不能借助利益驅動機制，而應由理事會和秘書處共同擔負起治理的任務。在董（理）事會與秘書處之間的關係問題上，民間商會在強調理事會權威的同時，更尋求理事會與秘書處之間的協調關係。

其次，商會組織機構運行規範。組織機構運行規範作為治理結構的動態功能亦稱商會的治理機制，它包括決策機制、激勵機制、約束機制和監督機制。

決策機制是指決策權在內部利益相關者之間的分配格局。作為一種權利分配機制，商會的決策機制屬層級制決策，但實行的是會員權利平等、「一人一票」的決策原則，在通過決議或表決時，商會採取投票多數表決制度。因此，民間商會治理屬一種民主治理。當然，出於某些情況或原因，有時或有些民間商會也會一定程度上實行既民主又協商的治理方式。激勵機制是指對組織成員實施的增強動力的制度安排，以保證成員能夠高質量實現組織的目標。商會作為互益性的、非營利性的中間組織，其財務

76 中國（海南）改革發展研究院《反貧困研究》課題組：《中國反貧困治理結構》，北京：中國經濟出版社，2002 年，第 45 頁。

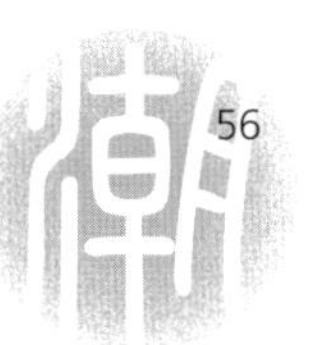

盈餘不能用來作為提成和分紅。因此，商會的激勵機制更多地側重於精神激勵和社會聲譽激勵為主。關於約束機制，民間商會主要採取軟性的、非正式的、自我執行的非強制性執行的機制，如通過慣例、行約行規、道德習俗等多邊聲譽機制來規範會員的行為。監督機制是促進和保障其他治理機制有效運行的制約性機制，由於所有者缺位所導致的監督主體缺失，在民間商會內部監督方面，其監督機制往往較為弱化。[77]

概言之，民間商會在社會治理中的功能受到來自其自身內部治理結構合理程度或者說商會內部自主自治能力高低的影響。而民間商會內部治理結構的合理程度又會受到商會內部機構設置、治理機制、自治規則以及領導者或精英人物的個人魅力與領導才能等方面的制約。

第三，商會的社會網絡。

社會網絡指的是鑲嵌於社會結構之中的人與人、團體與團體等之間的關係構成的複雜網絡。社會資本的研究始於社會網絡分析，也就是說，社會網絡分析的中心問題與社會資本研究所關注的問題在很大程度上是交叉的。在社會網絡分析中，社會資本被理解為是從人與人之間的關係和社會結構中衍生出來的一種資源，同時也是人們或組織獲取有利的人際關係網絡的途徑。[78]

商會本身是一種行業或商人的網絡組織，帶有強烈的自我組織特徵。商會在實現行業及會員的共同利益上具有獨到的優勢，商會存在的合理性和合法性不僅在於依賴組織的規模效應，節約了政府與企業、企業與企業、企業與社會之間的交易成本，更在於它有效地解決了行業、企業以及會員集體行動中的搭便車問題，提高了集體行動的成功勝數。埃莉諾・奧斯特羅姆也指出，一群利益相關的個體通過自籌資金與自主治理合約，有利於克服搭便車、回避責任或機會主義誘惑，解決「囚徒困境」和「公地

77 張捷等：《商會治理與市場經濟 —— 經濟轉型期中國產業中間組織研究》，北京：經濟科學出版社，2010 年，第 160－164 頁。

78 周紅雲：《社會資本與社會治理》，北京：中國社會出版社，2010 年，第 13 頁。

災難」，實現持久性的共同利益。[79]

商會在很大程度上能夠克服搭便車問題，成功組織集體行動，除了治理結構等正式的制度安排以外，更重要的是商會內部是否存在信任、互惠規範、相互監督機制和聲譽機制等非正式的制度安排，即商會內是否積聚了深厚的社會資本。可以説，商會的優勢正在於它善於利用社會資本來彌補物資資本和正式規則的不足。正如帕特南所指出，一個成員積極參與的、團結合作、運作規範的市民社會可以將一種制度的績效發揮至極大；相反，一個缺乏凝聚力、缺乏規範、勾心鬥角、混亂無序的市民社會則會將相同制度的績效降低至最低。對於那些以協同治理為特徵的社會組織來説，社會資本對其的重要性甚至超過治理結構等正式的制度安排。根據帕特南的理論，商會作為一種建立在關係網絡基礎上的社團組織，其成員行為總體上是傾向於合作而非背叛的。[80]

第四，商會治理的外部環境。

從商會外部環境來看，對商會社會治理功能影響較大的外部因素主要包括制度環境即商會與政府的關係、法律法規和其他利益相關者三個方面。

首先，商會的制度環境主要受制於關於國家和社會權利關係的制度安排。從世界範圍內的經驗來看，不同的經濟基礎、政治制度和人文精神必然造就民間商會與政府的不同關係模式。在治理理論產生之前，在處理國家與社會關係的問題上，學術界主要存在多元主義和法團主義兩種不同的分析視角，多元主義模式強調兩者的分離以保障民間商會的自主性與獨立性，主張「社會中心」，立足於社會自治，鼓勵社會不同力量、不同組織通過平等競爭，相互制衡，然後把這種運作延續到與國家體制的交流中，

---

79 奧斯特羅姆著，余遜達、陳旭東譯：《公共事物的治理之道：集體行動制度的演進》，上海：上海三聯書店，2000 年。

80 引自張捷等：《商會治理與市場經濟 —— 經濟轉型期中國產業中間組織研究》，第 160－164 頁。

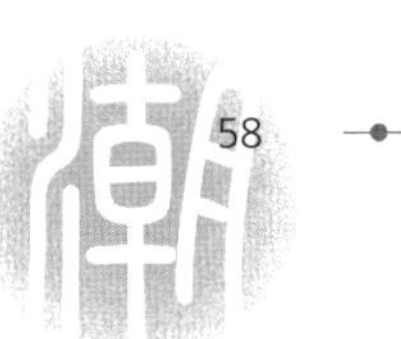

使得每個個體都有通過參與不同組織獲得影響公共政策的機會，強調國家與社會之間的明確邊界並限制政府權力，以建立「強社會，弱國家」的政治模式。而法團主義模式則主張政府權威和社會團體、民間組織進行制度性合作，達到雙方受益：「一方面，社會中分散的利益按照功能分化的原則組織起來，有序地參與到政策形成的過程中去；另一方面，從這種制度化的參與機制之中，國家權力獲得了穩定的支持來源（合法性）和控制權」。[81] 自 1980 年代以來，在治理理論衝擊下，各國普遍推行政府再造和治理變革，強調社會治理的實現取決於國家、市場、公民社會三者之間權力結構和權力關係的重新調整與塑造。治理作為新的制度安排，是多個治理主體之間基於權力配置和運作產生的持續互動過程，即是說，社會治理就是不同治理主體不斷博弈最終走向合作的過程。因此，從這個意義上說，商會等民間組織與政府之間更多的是互相依賴與互相合作的關係。

其次，商會作為社會治理結構的有機組成部分，不僅需要大力扶持、發展和培育自身的自主自治能力，更需要有明確的法律地位，完善的相關配套政策來保障其發展的法制化、規範化。因此，良好的法律、法規與政策環境是民間商會得以正常發展的制度保證，也是民間商會在社會治理中的功能得以有效發揮的影響因素。

再次，民間商會作為社會治理中的主體之一，必然要承擔相應的社會公共事務管理職能，而在其參與各種社會事務和處理社會問題時必定要與其他社會組織、團體、機構、社會公眾等眾多利益相關者產生聯繫和互動，並且更需要得到來自他們的支持和監督。

由此可見，民間商會外部環境是否寬鬆，也就是說，其制度空間或者說與政府的關係、法律法規以及利益相關者等方面的變化，都會對民間商會在社會治理中的功能發揮產生影響。

81　張靜：《法團主義 —— 及其與多元主義的主要分歧》，第 47、29 頁。

二、研究方法

人類自身的特殊性要求我們對社會現象和人類行為的研究，採用特定的方法和視角。

1. 定性實證研究方法：個案研究法

本書主要應用實證研究中的定性研究方法，即個案研究方法，在分析方法上力圖民族志觀察和民族志理解相結合。旨在通過對香港潮州商會這一社會現象整體的描述和闡釋，把實地研究獲得的經驗材料進行分析、歸納，並與現有的理論成果進行對話，最終得出本書的結論即具有理論特性的命題和闡釋框架。

本書的定性個案研究法又稱「田野工作法」，其較大程度上屬社會學領域中的「家鄉民族志」即「本文化」的研究方法，但與此同時又兼有「異文化」研究的色彩。

人類學作為一門研究差異的學科，選擇具有文化差異的社會現象作為田野調查的對象是社會人類學的傳統，或者說，早期社會人類學家強調對「異文化」的研究，通過研究其他社會、研究「異文化」以增加對其他社會和文化的了解，進而在研究「異文化」的過程中，能夠以「他者的目光」來反觀自己，最終達到對異族及其文化的理解和包涵，並重新反思與審視自己。針對上述問題，李培林認為：「早期人類學的研究，是基於當時西方列強推行殖民文化的需要，集中於對殖民地土著民族的無文字社會的調查。」[82] 我們知道，人類學是一門發端於「西方」的學問，而且是以研究「非西方」為主旨的學問，在 1930 年代以前，幾乎沒有人對此提出疑問。但是，隨着後來世界政治經濟格局的變化，也正是在「西方」對「非西方」一再的啟蒙和滲透下，出現了出身於「非西方」的人類學者對「非

82　李培林：〈20 世紀上半葉社會學的「中國學派」〉，《社會科學戰線》，2008 年第 12 期。

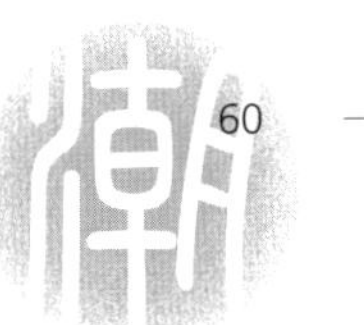

西方」的「本土」進行研究的情形。[83] 尤其，從 1930 年代以來，中國人類學界開始出現了研究「本文化」的現象並取得了一系列蜚聲中外的學術成果。例如，1939 年，費孝通於英國出版的著作《江村經濟》，首開中國家鄉社會人類學研究之先河，成為我國社會人類學的代表性人物。其導師馬林諾斯基對該書評價說：「如果說有關自我的知識是最難得的，那麼對本民族所做的人類學研究也就是最艱難的，但也是一個田野工作者最有價值的成就。」[84] 師從吳文藻的中國文化人類學代表性人物林耀華，於 1940 年代完成的小說體民族志《金翼》，也是中國「家鄉研究」中極具代表性的作品，其時國際著名經濟人類學家雷蒙德．費斯（Raymond Firth）為《金翼》作序，並對其學術價值給予極高的評價。[85] 而楊懋春於 1945 年在美國出版的《一個中國村莊：山東台頭》著作，近年來更是備受學界關注，該作品也被譽為「家鄉研究」的經典之作。他的導師，人類學史中的集大成者林頓在該書序言中說:「可以肯定地預言，對社會科學最有價值的貢獻，將來自那些由於雙重文化參與，從而能無偏頗地獲得事實和理論體系的科學家。」[86] 林頓的評論常常被中國人類學界認為預言了一個社區研究之本土人類學時代的到來。可見，「本文化」研究或者說「家鄉研究」是中國人類學的特色領域，費孝通、林耀華與楊懋春等人的貢獻，就是把西方的人類學理論與中國的田野調查相結合，開闢了一塊很有中國文化特色的研究領域。[87]

綜上所述，對社會人類學研究者來說，不管是「異文化」研究，還

83 巴戰龍：〈人類學家鄉研究的反思與辯護 —— 基於兩項教育民族志的研究〉，《北方民族大學學報》，2009 年第 2 期。

84 轉引自馬里薩．G．S．佩拉諾（Mariza G. S. Peirano）著，梁宏玲譯：《家園人類學：一個學科的不同場景》，載莊孔韶主編：《人類學經典導讀》，北京：中國人民大學出版社，2008 年，第 689 頁。

85 李培林：〈20 世紀上半葉社會學的「中國學派」〉，《社會科學戰線》，2008 年第 12 期。

86 楊懋春：《一個中國村莊：山東台頭》，南京：江蘇人民出版社，2001 年，第 3 頁。

87 李培林：〈20 世紀上半葉社會學的「中國學派」〉。

是「本文化」的研究，關鍵的問題是通過對人類文化現象的客觀描述和解釋，以揭示出人類行為的邏輯以及人類文化變遷的一般規律。這正如朱炳祥在《社會人類學》一書中所說的：「從一個絕對意義上說，無論在任何情況下，人類學的研究對象都是所有人類社會文化而不單單是『原始社會』或『原始文化』…… 當代人類學家不只關注『原始』的社會文化，對發達社會也做了大量的研究。就具體研究領域而言，社會人類學者經常將研究領域擴大到現代的鄉村社會和城市社區 …… 人類學家在哪裏研究並不重要，重要的是他在研究什麼。」[88] 也就是說，社會人類學者選擇研究對象的關鍵是看其是否具研究的學術意義與現實價值，而並非是研究地點的異地或本土問題。

本書對於香港潮州商會在社會治理中的功能研究側重於「本文化」研究或「家鄉民族志」的研究，但從某種意義上說，本書又兼有「異文化」研究的成分。這樣界定緣於兩個方面的原因：第一，由於筆者本身是一位潮州人，因此，對香港潮州商會這樣一個具有相同文化背景的潮籍商人團體進行研究，很大程度上應當屬「本文化」或「家鄉研究」的範疇；第二，由於本書的研究對象 —— 香港潮州商會是 1921 年由離開潮汕地區並旅居香港的潮籍商人，在「非本土」的香港自願組織起來的異地商人團體，因此，儘管對潮汕文化的認同，至今為止仍然是本書研究對象即香港潮州商會存在與運作的根基和合法化的基礎，但是，香港潮州商會在香港百年的發展歷史中，無可避免會受到來自英國西方文明的浸染和影響，在其身上必定會留下西方文化的某些痕跡或特點。例如商會的內部結構與運作機制等都一定程度上兼有西方的特色。

由此可見，對特殊社會背景和特殊地域下生成的既受中國傳統文化薰陶又受西方現代文明影響的香港潮州商會進行田野研究，無疑也會獨具特色。可以說，本書的田野研究一方面具有濃厚的「家鄉研究」的中國人類

88 朱炳祥：《社會人類學》，武漢：武漢大學出版社，2009 年，第 8—9 頁。

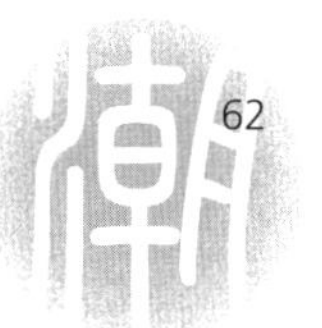

學的特色；另一方面又一定程度上兼有西方人類學所強調的「異文化」的特色。

基於此，為了能夠客觀地描述香港潮州商會由一般地域性商人團體成長為當今香港頗具社會治理功能的自主自治中間組織的不同凡響過程的田野志，在對香港潮州商會的研究過程中，筆者唯有時刻告誡自己，要以局外人的身份來對待研究對象，要以超越自我的境界，「進得去、出得來」，時刻忠於人類學的專業精神。

2. 在具體的研究方式上，本書主要採用田野工作法和文獻研究法

首先，本書強調通過直接體驗、參與觀察與深度訪談三種方式的有機結合來對研究對象展開田野研究，以獲取比較全面和珍貴的一手資料。自2010年2月起，筆者以及後來課題組的其他成員先後多次專程赴香港對個案研究對象——香港潮州商會進行實地考察、現場調研和人物訪談。在這期間，首先，筆者有機會直接體驗香港潮州商會開展的各種相關活動，比如對內為會員提供各種商務信息、組織會員出外考察訪問、清明節到潮州義山掃墓、邀請名流舉辦專題演講、設宴慶賀授勳鄉彥以及對香港公益事業有突出貢獻的潮籍精英人士、籌備和舉辦商會會董會換屆和就職儀式等等；對外協助社區籌辦潮劇演出、為粵東四市高級管理人員開辦培訓班、助災區籌集賑災善款、為學校優秀學生提供獎學金等。其次，參與觀察香港潮州商會開展的各種會務活動，例如列席每月一次的會董會和常務會董會、參加其主辦的慶祝祖國國慶酒會、旁聽由其組織的國際潮團聯誼年會的秘書長、團長會議等等。再者，通過深度訪談，與商會若干具有代表性的名譽會長、名譽顧問、會長、副會長、常務會董、會董、資深會員、秘書處工作人員以及與香港潮州商會有關的其他社會人士進行交流和對話，以獲取珍貴的第一手資料，從而能夠更加全面和客觀地解讀商會。除此之外，在一手資料和文獻資料獲取方面，筆者還利用2010年2月至8月到香港大學做訪問學者的半年時間裏，專門到香港潮州商會進行了相關田野研究和文獻資料搜集工作，為本書積累了前期的基礎資料。

其次，本書還運用文獻研究法。文獻研究法主要指搜集、鑒別、整理文獻，並通過對文獻的研究形成對事實的科學認識的方法。由於本書的研究對象是一個具有百年滄桑歷史，有豐富內涵以及文化積澱的商會團體，不論是對其歷史的了解還是現狀的把握，不可能全部通過觀察與調查，還需要借助與其相關的各種文獻做出分析。因此，本書在側重運用田野研究法的同時，也一定程度上運用了文獻研究法。具體來説，筆者通過多種途徑，搜集與研究對象相關的文獻資料來作為本研究的輔助材料。第一，通過香港潮州商會的協助，獲取了來自於正式渠道的相對比較完整的相關資料，包括香港潮州商會自身收藏的相關文獻資料以及各時期的檔案資料，如商會的出版物、特刊、會訊、會議議程、會議記錄、收文、發文、請柬、活動通知、訪問旅遊、新聞稿、講辭、報紙、登報廣告等；第二，通過到香港大學圖書館、香港大學饒宗頤學術館、汕頭潮汕歷史文化研究中心、潮州韓山師範學院、潮州饒宗頤學術館等處進行相關文獻資料搜集，獲取了豐富的相關文獻資料。

第五節　研究對象簡介

香港潮州商會是指二十世紀初離開潮汕本土、旅居香港的潮汕商人在異地香港自願組織起來的地緣性工商團體。香港潮州商會從 1906 年開始醞釀，1921 年正式成立，迄今已逾一百年的歷史，是香港一百多萬潮籍鄉親中歷史最悠久且最具代表性的民間商會組織。

一百年來，香港潮州商會秉承敦睦鄉誼、弘揚文化、促進工商、服務社會、興學育才、扶貧救災的宗旨，開拓奮進，使其成就為凝聚香港潮人的核心、聯絡世界各地潮團的紐帶和溝通海內外聯繫的橋樑。目前，商會約有會員 3,000 多人，會董共有 140 人，下設 15 個部及若干委員會（具體包括總務部、財務部、商務部、組織部、福利部、交際部、調查部、稽核部、教育部、公民事務委員會、社會事務委員會、內地事務委員會、文化

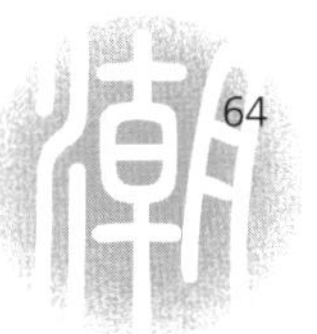

事務委員會、婦女委員會、青年委員會），肩負着商會各項會務工作及服務社會。香港潮州商會會員均是來自香港各行各業的潮籍精英。

1923 年香港潮州商會為解決潮人子弟的上學問題，着手籌辦了附屬小學——香港潮商學校。1929 年又擴充中學部，並在此基礎上建立潮州會館中學。經歷百年的發展，今日，香港潮商學校和潮州會館中學兩個學校均成為擁有現代化教學設備和先進教育理念的學校。1924 年，香港潮州商會為使潮籍先友在港逝世葬身有地，特創辦潮州義山，每年清明時節，商會都會組織會員舉辦清明掃墓拜祭潮州先友活動。抗日戰爭爆發，香港潮州商會領導人積極參加抗戰工作，募集寒衣、款項支持抗戰；中華人民共和國成立，香港潮州商會名譽會長莊世平先生在香港南洋商業銀行掛起了第一面五星紅旗。1971 年，在時任商會會長廖烈文的領導下，建成了位於德輔道西路的香港潮州會館大廈，從此，使香港潮人有了屬於自己的會館。1978 年，改革開放初期，中央決定在廣東的深圳、珠海、汕頭籌辦經濟特區。香港潮州商會名譽會長莊世平先生為創辦經濟特區，不斷奔走於香港至廣州、汕頭之間，並提供全世界各個自由貿易區、邊界工業區、出口加工區的各種條例、資料供政府參考，積極參與經濟特區條例的制訂，並身體力行，廣泛聯絡海內外潮籍僑胞，招商引資，名副其實被譽為「特區先驅」。在籌辦汕頭經濟特區的同時，香港潮州商會名譽會長李嘉誠先生慷慨捐資，擔負起創辦汕頭大學的歷史重任，終於使潮汕地區實現了歷史突破，結束了粵東地區沒有綜合性大學的歷史。

1980 年代初，全球一體化逐漸成為現代化國際發展的主要趨勢。在此背景下，1981 年，時任香港潮州商會會長陳有慶先生帶領該會與東南亞各同鄉團體聯合創辦「國際潮團聯誼年會」，並在香港主辦了首屆年會，使潮籍鄉親從地區性合作走向國際性合作。為延續年輕一代潮人的凝聚力，增強商會的活力，商會積極吸收年輕一輩加入，於 1992 年成立香港潮州商會青年委員會，於 1999 年主辦首屆「國際潮青聯誼年會」，並發起創辦「國際潮青聯合會」；多年來香港潮州商會協助「國際潮團聯誼年會」（後更名為「國際潮團總會」）常設秘書處及「國際潮青聯合會」

秘書處的工作；為弘揚潮汕文化，商會除收集、編印潮州古籍外，還積極贊助開展潮學國際研討活動，從 1993 年至今，已先後舉辦了十三屆國際潮學研討會；為協調在港潮屬社團工作，彙聚鄉親力量，表達潮人心聲，支持香港特區政府依法施政，經香港潮州商會首長積極倡議，於 2001 年 10 月正式成立香港潮屬社團總會。

1997 年，香港回歸祖國的過渡期，香港潮州商會運用多種方式，闡明對香港《基本法》和對港府依法施政的支持，表明堅定的政治立場，呼籲早日解決中英爭議；支持設立臨時立法會，確保香港繁榮穩定與平穩過渡。與此同時，在事關國家主權領土等原則問題上，立場鮮明，態度堅決。除了潮汕地區，香港潮州商會的溝通聯繫範圍還遍及全國各地乃至世界五大洲。從潮州商會的會務綜述資料中，我們可以看到，商會或單獨組團，或合作組團，多次到北京、上海、廣州、澳門、西安等地拜訪領導、出席慶典、參觀考察、投資洽談，受到國家領導人的熱情接見和各地的熱烈歡迎。如前所述，時任中共中央政治局常委、全國政協主席俞正聲於 2016 年 12 月在釣魚台國賓館會見了香港潮州商會參訪團全體成員。俞正聲指出，香港潮州商會始終堅持愛國愛港立場，為促進香港繁榮穩定和內地改革發展，為中華民族解放和復興作出了積極的貢獻，並對香港潮州商會提出三點希望：一是希望堅持愛國愛港的傳統；二是希望為香港發展多做貢獻。要支持特區政府依法行政，千方百計第促進香港經濟繁榮。三是希望繼續更好地參與內地的發展建設。要抓住內地供給側結構性改革的機遇，在促進會員事業發展的同時，促進內地的發展建設。[89]

當代香港潮州商會積極參與各項社會公共事務活動，推動公益及慈善事業，建立及資助各種文教基金，多次捐贈鉅款支援各地賑災，動員會員鄉親支持香港特區政府依法施政，密切和內地及海外工商團體的聯繫。在國內老少邊遠地區捐辦多間光彩學校，在潮汕家鄉及其他地方捐資助建各

89 《香港潮州商會會訊》，2017 年第 111 期，第 10－11 頁。

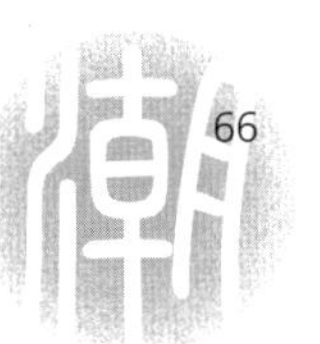

種文教體育、醫療衛生等大型項目建設。

百年來，香港潮州商會不斷朝着專業化、網絡化、年青化及國際化的方向發展會務。第 53 屆會董會在保持商會優良傳統的同時，積極貫徹商會與時俱進的新作風，將以「潮商潮創，邁向百年」為主題，引領創新科技發展，支持和參與國家及香港在「一帶一路」與「粵港澳大灣區」的建設，加強推動世界各地潮商及其團體一道參與國際商貿交流與合作。

由此可見，本書研究對象是一個有百年歷史、有豐富內涵、有厚實文化積澱、精英薈萃的商會團體，對這樣一個代表當今香港主流上層社會的精英群體進行田野研究，和以往社會人類學關注對邊緣或下層社會文化現象進行研究的傳統並不相左。

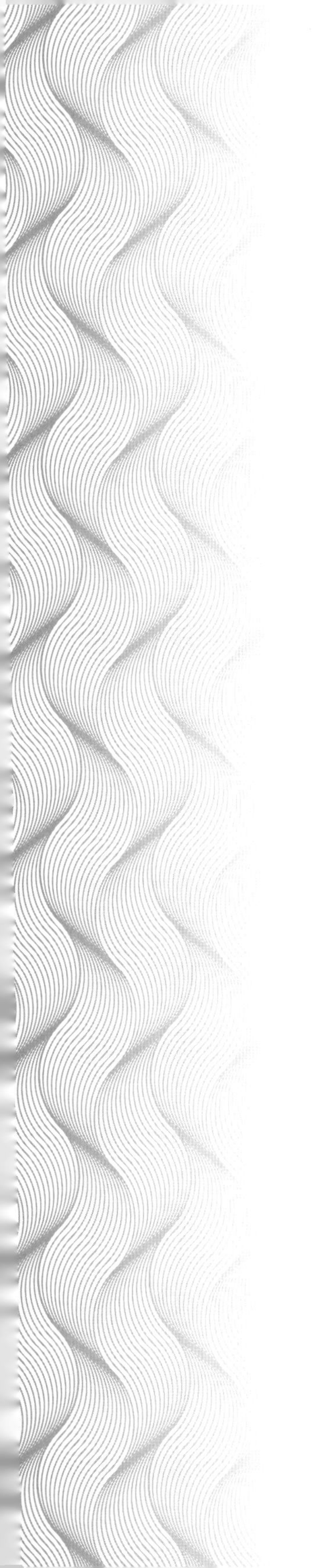

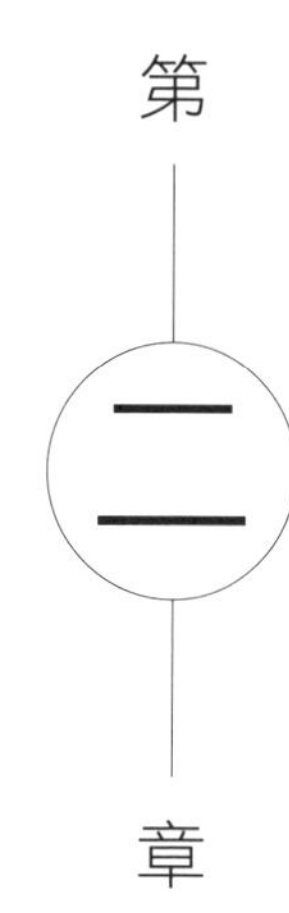

香港民間商會組織發展的概況

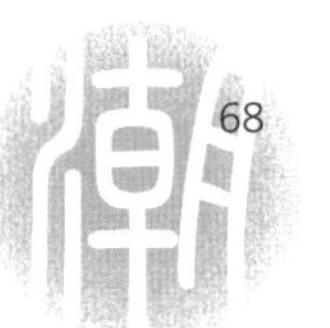

第一節　十九世紀末香港的社會背景

從十九世紀末到二十世紀四十年代，儘管香港的民間組織日益增多，但是，在港英政府註冊的商會組織還比較有限。隨着二戰的結束，二十世紀五六十年代，香港經濟正處於戰後恢復和快速發展的階段，各新興產業為了同業本身的利益，紛紛組織工商行業團體。與此同時，不少在戰前逃離香港的華商也重返香港，出於維護自身利益和團結愛國的需要，也紛紛成立各種行業協會或商會組織。到了 1960 年，向香港政府註冊的商會已發展到 136 個，其中以華商名義登記的商會已過半。到了 1970 年代，伴隨着香港工業發展的高潮，在香港工業署與貿易署有記錄的商會已增至 270 個，華人商會已經佔據了多數。

在碧波蕩漾的南海之濱，寬闊的珠江口東側，屹立着著名的「東方之珠」——香港，它由香港島、九龍半島及其附近海域星羅棋佈的兩百多個島嶼共同組成。我國多年的考古發掘表明，大約六千年前，中華民族的先民就在這塊風景秀麗的土地上繁衍生息，當年人類生活的遺址，目前在香港尚保存有一百多處。而其出土的大量新石器時代和青銅器時代文物説明，香港地區和廣東大陸的古文化同屬一個文化系統，並與中原地區有密切的聯繫。早在兩千多年前的秦漢時期，中央政府已對香港地區進行了有效的行政管理。從那時起，該地區曾先後隸屬番禺縣、寶安縣、東莞縣和新安縣管轄，元、明、清三朝政府曾先後在這裏設置過屯門巡檢司和官富巡檢司。巡檢司的設置標誌着中央政權對本地區管理的加強。

香港作為出入中國內地的南大門，自古以來備受關注。史學家羅香

林指出，「香港、九龍、新界等地之所以被世人重視，乃因扼海上交通要衝，而有其適宜之地理環境與人文偉跡故也」。[1] 香港島的發展較遲，九龍半島與新界地區則自唐（618－907）、宋（960－1279）以來，已為中外交通動脈所在，其中如新界青山的屯門灣，「即為唐宋時代之廣州外港，中外海舶，多經行或下碇其處。蓋以其接連廣州海港，而前有大嶼山為其屏障，宜於避風。香港島則在其東南，亦儼然為海門拱衛。唯外舶入華與粵舶出海，皆須取道於此」。[2]

1840 年 6 月，英國對中國發動了鴉片戰爭，強迫戰敗的清政府於 1842 年 8 月割讓香港島，西方列強瓜分中國領土由此發端。1843 年 6 月，香港這座新建的城市被命名為維多利亞城（Victoria City）。接着，1860 年 10 月英國又強佔了九龍半島南部，並於 1898 年 6 月強租九龍半島北部至深圳河的大片土地和 200 多個島嶼，稱作「新界」。

從 1842 年佔領香港到十九世紀末期，英國便逐漸建立其對香港的一整套殖民統治。概括來說，就是政治上建立起港督專制的殖民管治模式，經濟上實行自由貿易制度，在社會上逐步形成以英國殖民者和「高等華人」為主宰的社會結構體系，並開始締造種族隔離與中西文化共存的獨特社會人文景觀。值得指出的是，早期的港英政府無意在香港建立社會保障制度或推行社會福利政策，因此，近代港英政府社會保障和社會福利政策的缺失成為早期香港民間商會等社團自發生成的主要緣由。

一、政治上建立港督專制的殖民管制模式

在華人佔居民絕大多數的香港，英國政府採用了權力集中、控制嚴密的直轄殖民地制度。1843 年 4 月 5 日，維多利亞女皇頒佈了《英皇制誥》，宣佈設置「香港殖民地」，確定了此後 150 多年香港的地位和政權性質。

---

1 羅香林：《1842 年以前之香港及其對外交通 —— 香港前代史》，香港：中國學社，1959 年，第 1 頁。

2 羅香林：《香港與中西文化交流》，香港：中國學社，1961 年，第 3－4 頁。

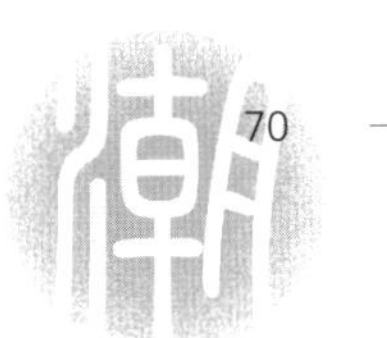

《英皇制誥》規定派駐香港總督，責成全港官員和平民服從港督，港督服從英皇；同時規定英國政府保留一切最終權力。《皇室訓令》是 1843 年 4 月 6 日以英皇名義頒發給第一任港督璞鼎查的指示，主要涉及行政局和立法局的組成、權力和運作程序，以及港督在兩局的地位和作用、議員的任免、如何作出決議和制定法律等。

1843 年，璞鼎查擔任第一任香港總督，從璞鼎查到彭定康，港英時代共有二十八任總督。《英皇制誥》授予港督廣泛的統治權力。英國學者邁樂文在《香港的政府與政治》一書中曾說：「港督的法定權力達到這樣的程度：如果他願意行使自己的全部權力的話，他可以使自己成為一個小小的獨裁者。」行政局和立法局是香港總督的高級諮詢機構，1844 年開始進行工作。行政局的主要任務是就各種重大決策向港督提供意見。立法局的任務是協助港督制訂法律和管理政府的財政開支。至此，英國對香港的殖民統治完全確立，英國統治香港 150 多年來，除了「三年零八個月」日佔時期外，根據《英皇制誥》和《皇室訓令》確立的香港政治制度基本上保持不變，其政治架構除了局部的調整與變化外，也基本上維持一貫，直至 1997 年 6 月 30 日撤出香港為止。

如上所述，行政、立法兩局在 1843 年成立後，就作為港督諮詢機構而存在。港督在其統治香港的過程中，執行的政策、條例須諮詢兩局意見，但最終的決定權仍在港督。由於兩局中成員重疊，且以官守議員佔多數，作為政府官員是不能提出反對政府政策及措施的意見的。在 1884 年立法局議事規程中就做了明確規定：立法局官守議員不得在局內反對政府的政策及措施。如此一來，港督的政策、措施在行政局中通過後，在立法局中也勢必被通過。由此可見，行政、立法兩局均沒有實際權力，只是行政局的作用比立法局大一些。港督的決策須與行政局商量，儘管最後決定權仍在港督手上，但他要否定行政局決定，還須向英外交及聯邦事務大臣申述理由。立法局在表決法案程序中，港督實際上有兩次投票權，一次是在正反兩種意見人數相等時，投決定性的一票；另外，最後立法局通過的法案仍須由總督同意才可成為法律。在行政、立法兩局的發展過程中，曾

有人提出改變其職能的建議。如 1894 年，一些英國人以香港居民身份上書英政府，要求允許香港自治，建議將立法局的非官守議員改為自由選舉產生，且其成員在立法局中要超過官守議員成員。同時還要求非官守議員在立法局會議上享有言論與表決的絕對自由，立法局有權支配地方全部行政經費，有權管理香港地方一切事務…… 以上的建議均遭到英國政府拒絕。英國政府之所以不願使香港行政、立法兩局職能有所擴大，原因正如 1894 年 8 月 23 日，英殖民地部大臣李邦（Ripon）在給當時提出自治要求的香港英人的批覆件中所指出的：「香港不能捨棄英國殖民地位，因為華人佔多數，在目前情況下，應維持原有政治制度。」[3]

因此，行政局成立後的 83 年間，佔香港人口絕大多數的華人一直被拒於大門之外，直到省港大罷工期間，港督金文泰為了「緩和中國的反英情緒及鼓勵香港華人效忠」，才於 1926 年第一次提名英籍華人周壽臣擔任行政局非官守議員。同樣，華人長期亦被排斥在立法局大門之外。1880 年 1 月，香港立法局才有了第一位華人非官守議員伍廷芳。

二、經濟上實行自由貿易制度

香港早期經濟發展主要分為兩個階段，即 1841 年至 1860 年以轉口鴉片貿易為主的第一階段和 1861 年至 1900 年以國際商品轉口貿易為主的第二階段。

英國佔領香港島後，於 1841 年宣佈香港為自由港。但在英國統治香港初期，英國商人很少從事正當的經濟活動，主要是從事轉口鴉片貿易，從 1841 年至 1860 年使香港成為遠東最大的鴉片走私總站。據香港庫務司馬丁 1844 年 7 月 24 日的報告所述，當時香港主要的洋行，如怡和洋行、顛地洋行等皆從事鴉片貿易，鴉片轉口貿易是它們主要的貿易方式。另外，據香港助理巡理府米徹爾 1850 年的備忘錄載，1845 年至 1849 年，

3 李宏：《香港大事記》，北京：人民日報出版社，1997 年，第 48 頁。

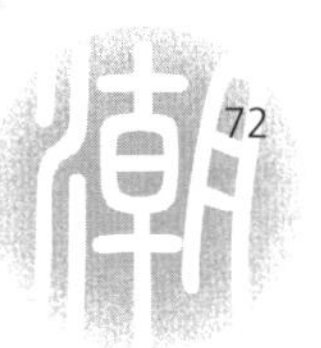

從印度運往中國的鴉片，有四分之三經香港轉銷。

1860 年，九龍半島割讓給英國之後，九龍至港島之間約 17 平方英里的水域便全部為英國佔領。這個水域是世界上少有的天然深水港之一。1861 年 4 月 1 日港英政府正式將這一水域命名為維多利亞港。有了得天獨厚的維多利亞港，香港航運和商品轉口貿易無疑有了進一步發展的優越條件。從總體上説，一方面由於香港是世界上少有的天然深水港之一，自然條件優越，同時作為自由港，享有自由貿易的優惠政策；另一方面，由於當時歐美主要資本主義國家陸續完成產業革命，加上蘇伊士運河通航和歐亞海底電線的鋪設，使西方對中國的商品輸出迅猛增長。上述綜合因素使地理條件優越的香港逐步發展成為一個以商品轉口貿易為主的國際貿易港。

與此同時，十八世紀後期世界航運業的迅猛發展為香港國際貿易港的形成奠定了最堅實的基礎，這時期的航運業有三大特點：第一，遠洋運輸取得了很大發展，遠洋運輸已基本實現汽船化，載重量大大增加。1881 年，進入香港的遠洋輪約 3,200 艘，載重量近 300 萬噸。同時期帆船約 20,000 多艘，但載重量僅及遠洋輪的一半左右。此時期遠洋運輸之所以取得較大發展，除了遠洋運輸中汽船的逐漸普及外，還包括 1869 年蘇伊士運河的正式開通，此運河使西歐到香港航程縮短了 5,000 公里以上。第二，香港與中國內地的航運取得了很大發展。除了華洋航運界不斷開闢和增強香港與內地沿海港口城市的航運外，還包括 1895 年廣東西江的開放，西江的開放使汽輪可從香港直駛江門和廣西梧州，於是香港與珠江流域的聯繫再不需通過廣州，航程被大大縮短，這就為區域商品經濟流通創造了有利條件，推動了香港與華南地區航運及貿易的發展。第三，中國內地經香港轉口貿易迅速增長，1890 年，中國進口貨物有 55%、出口貨物 37% 是經香港轉口的。1891 年至 1900 年由香港轉口內地的貨物達到香港開埠以來最高水平，佔內地進出口貿易額 43%。其中 1898 年，香港對華貿易總值 1.5 億元，佔香港當年貿易總額的三分之一。這種狀況從根本上改變香港十九世紀四五十年代作為鴉片運輸港的地位，初步奠定香港轉口

港的地位。[4]

除此之外，促成香港經濟繁榮還有另一個因素，是十九世紀中葉開始，中國對外輸出了大量的移民。西方資本主義的發展，以及殖民主義和帝國主義的擴張，造成大量人力資源上的需求。東南亞各地的農場，古巴、秘魯和西印度群島的棉花、甘蔗農場，美國、加拿大、澳洲莊園的開墾以及鐵路的建造……尤其是 1847 年美國加利福尼亞金礦的發現以及四年之後澳洲金礦的發現，引起了淘金的熱潮，上述這些國家和地區都需要大量的勞動力，這一方面吸引了大規模中國移民漂洋過海謀生；另一方面也極大刺激了香港的苦力貿易的發展。在巨額利潤的驅使下，西方殖民者在中國內地拐騙勞動者，強迫其簽訂契約，然後運到外國充當苦力。1851 年至 1872 年，經香港轉運到世界各地的中國苦力竟達 32 萬人之多。[5] 根據另一項資料，從 1851 年到 1900 年半個世紀當中，有兩百萬以上的廣東人和福建人，經由香港移民海外。[6] 苦力貿易，一定程度上推動了香港商業的發展。苦力經由香港中轉，之後才移民海外，其在港的吃、穿、住、行必定為港商帶來商機，而且移民到海外，他們仍然保持着原來衣食住行的習慣，所以，香港得以大量供應海外華僑的衣物與日常用品。由此，到十九世紀末葉，香港對外貿易更加興盛起來了。

香港開埠初期洋商幾乎壟斷了港島的商業貿易，但是，從 1860 年代開始，華商逐步崛起。以 1858 年為例，整個香港島僅有居民 75,000 餘人，但華人開辦的店舖就有 2,000 餘家。到 1870 年代後期、1880 年代前期，香港華商已經發展成為一股不容忽視的社會力量。

可以說，在香港轉口貿易發展過程之中，香港華商實力逐漸增長，各行業中的華商人數日益增加。自從 1850 年代以後，香港已逐漸取代廣州

4 余繩武、劉存寬：《19 世紀的香港》，北京：中國社會科學出版社，2007 年，第 111 頁。

5 新華通訊社、香港聯合出版（集團）有限公司編輯策劃：《香港・Hong Kong》，北京：新華出版社，1997 年，第 43 頁。

6 蔡榮芳：《香港人之香港史》，香港：牛津大學出版社，2000 年，第 28 頁。

的地位，成為中外貿易的轉運港口。1866 年，香港與中國大陸的貿易，已擴展到全國各地，包括廣州、汕頭、廈門、福州、台灣、寧波、上海、九江、漢口、天津等。[7] 金山莊、南洋莊與南北行的業務，日益興盛。特別是 1868 年，南北行公所同業組織的成立，標誌着華商在香港的轉口貿易勢力日趨成長和壯大。

正如 1881 年 6 月 3 日港督軒尼詩曾對立法局議員說：香港稅收，「華人所輸，十居其九」。另據統計資料顯示，1876 年香港納稅最多的 20 人中間，有 12 名歐洲人，納稅 62,523 元，人均 5,210 元；有 8 名華人，納稅 28,267 元：人均 3,533 元。到 1881 年，香港納稅最多的 20 人中，僅有 3 名歐洲人；納稅 16,038 元，人均 5,346 元；華人增加到 17 人，納稅 99,110 元，人均 5,830 元。[8]

總的來說，經過 1861 年至 1900 年近四十年的發展，歐美與中國的貿易貨物，已有近一半經香港轉運。1900 年，香港進出貿易額達到 2,000 萬噸。為適應商業利益的需要，美國、俄國、德國、法國、意大利、比利時、丹麥、荷蘭、西班牙、葡萄牙、暹羅等都在香港設立了領事館。至此，香港作為國際轉口貿易港的地位已基本確立。

三、社會上形成以英國殖民者和紳商為主宰的治理結構

十九世紀末的香港居民大部分是外來移民，大體上可分為西方殖民者和華人兩大群體，俗稱「洋人」社會和華人社會。

香港發展早期是一個英國管治下的殖民社會，位居顯要的是以港督為首的英國官吏，而擁有財富最多的則是英國商人。初期香港政府的所有高級職務，幾乎全由英國人擔任，他們大多出身於英國中產階級，並無顯赫家史，所受教育也較為有限。英國維多利亞女王統治時期對外擴張的赫赫聲威，使他們懷有強烈的種族優越感，趾高氣揚，自命不凡。他們執掌

---

7 霍啟昌：《香港與近代中國》，香港：商務印書館，1992 年，第 88 頁。

8 新華通訊社、香港聯合出版（集團）有限公司編輯策劃：《香港．Hong Kong》，第 46 頁。

香港的真正權力和資源，凌駕於華人社會之上，是英國殖民政策的忠實執行者和維護者，也是洋人社會的核心。當時來香港投資的西方商人以英商為多，他們憑藉港英當局的統治和特權，在競爭中處於有利地位，成為香港最大的投資者和受益者。十九世紀末，英資財團已控制了香港的經濟命脈，其中怡和洋行和滙豐銀行的實力尤為雄厚，其活動範圍遠及中國內地和世界各地。[9]

香港各大英國洋行、銀行是港英當局的重要支柱。1850 年至 1900 年由港督先後任命的立法局全部 43 名非官守議員中，有 35 人即 80% 是英國洋行的經理或大股東，包括怡和洋行 9 人，仁記洋行 4 人。1896 年行政局首次設立非官守議員，共 2 名，均為英國巨賈。另外，由港督任命的太平紳士，英商也佔多數。如 1883 年 12 月委任的 79 名太平紳士中有 62 名是英國血統，並且他們大多來自商界和銀行界。[10]

華人社會方面，隨着以維多利亞城為中心的商品經濟的發展，港島原有的以自然經濟為基礎的社會形態和經濟結構逐漸解體。到 1840 年代末，以商人、買辦、魚販、工匠和苦力為主體的城市型華人社會已略具雛形。1850 年代，從事進出口委託和販賣業務的南北行與金山莊崛起，成為華商的中堅力量。同時，為適應洋人擴大對華貿易的需要，買辦和掮客的人數劇增，他們在不太長的時間內積累了驚人的財富，成為香港貿易經濟的重要支柱。此外，經營大米、花紗、茶葉、洋貨及鴉片的華商也大量增加，在當地市場十分活躍。華人商業經濟的興起，促進了香港的城市化和近代化，加速了華人社會的分化。到 1870 年代，已形成了由潮州紅頭船商幫壟斷的南北行與金山莊大商家、大承建商、大鴉片商和大買辦組成的華人富裕階層。他們人數很少，但財力雄厚。如名盛一時的「元發行」高滿華家族、乾泰隆行的陳煥榮家族、和興行金山莊李升家族、怡和洋行

9 劉蜀永：《簡明香港史》，香港：三聯書店，2009 年，第 93 頁。

10 劉蜀永：《簡明香港史》，第 93 頁。

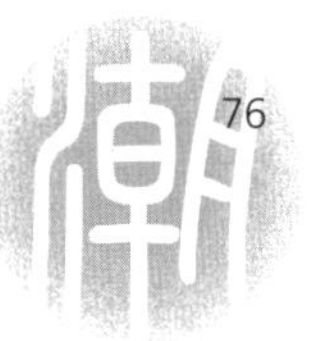

買辦何東家族、渣打銀行買辦容良家族、太古洋行買辦莫仕揚家族，他們都曾富甲一方。

當時富裕的華商（即紳商，意指亦紳亦商，紳士商人之意）在香港華人社會中居於領導地位。正如晚清中國大陸的紳士階級一樣，香港的紳商運用傳統的儒家教義，來行使對下層民眾的統治。他們通過任職文武廟及各廟宇值理，管理華人社會公益事業；通過主持街坊公所，擔任華人社會糾紛的仲裁者，如 1868 年南北行公所的設立，標誌着華人社會的進一步成長，該所成立的宗旨在於協調商務以及促進華人社會的治安與福利，其創建值理（如招雨田、陳春泉、馮平山、蔡士傑等）都是當時華人社會的領導階層；與此同時，紳商也充當香港華人與港府之間的中間人，一方面，紳商與港英政府協力合作，注重維護社會秩序的穩定，以保證其既得利益的延續與擴展；另一方面，提供社會服務、排解華人社會紛爭，並代表民眾向港府申訴民願，以贏得民眾的順服。可以説，港英政府也視紳商為香港社會安定和經濟繁榮的基本因素，從 1870 年代起，對其中的代表人物採取籠絡政策，優禮有加，陸續委任他們為太平紳士、立法局議員、潔淨局和團防局局紳，直至勸誘他們「歸化」入籍，宣誓效忠英國女王，「在香港分享英國臣民享有的一切權利」。他們往往身兼數職，彼此聯繫密切，成為華人社會的領袖人物。

處於社會底層的中國工人和其他勞動者，人數眾多，是華人社會的主要成分。他們大部分由來自廣東的破產農民、城鄉手工業者和近海的船民組成，流動性大，受教育程度低，技術工人與熟練工人所佔比重小。他們與內地工人、農民有天然的聯繫，並具有相同或相似的特點。

香港中國工人受英國殖民統治，社會地位低下。為維護僱主利益，港英當局早在 1843 年就已制定法律，將僕役的各種「違約」行為如無正當理由缺勤、對僱主舉止粗野等，均以刑事罪論處，由警察將其押解巡理府究辦。在此後半個多世紀裏，中國僕役都受此項法律的約束。港英政府甚至在 1902 年第 45 號法例中，將這種刑事制裁擴大適用於許多行業的所有年逾 16 歲的僱員（包括製造業工人、技工和工匠在內），直到 1932 年

這項法例才被廢除。在洋人經營的香港黃埔船塢公司、香港九龍碼頭及貨倉公司、中華火車糖局、太古糖房等企業，中國工人受歐籍監工、領班監視；有些工廠門禁森嚴，有武裝的印籍保安人員把守，工人出入，常受搜身之辱。

由於僱主貪得無厭和勞動力市場經常供大於求，香港中國工人工資菲薄，並且常受招工經紀人、包工頭的克扣，他們工作時間長，勞動條件差，勞動強度大。工人為求得溫飽，常超負荷工作，尤以苦力工人為最。香港中國工人身受港英當局的壓迫與歧視，又受中西僱主的剝削，生活艱難。為改善處境，他們曾舉行多次罷工。據統計，從 1844 年至 1895 年，香港重要的罷工有 10 次。碼頭搬運工、艇夫、轎夫、人力車夫和苦力，是歷次罷工的主力。[11] 其中，1858 年、1884 年反對外國侵華的兩次政治性罷工，具有鮮明的愛國主義性質；其餘罷工主要目的是要求當局保障工作和生活權利。

四、文化上營造「中西傳統共存」的獨特人文景觀

英國佔領香港之後，港英政府奉行的是種族歧視的隔離主義。總體上說，在十九世紀和二十世紀初的香港，種族歧視十分嚴重，香港華人在社會生活的很多方面都受到不公平的對待。許多法例明文規定，按照種族劃分居住區域。例如，1888 年香港的法例規定，堅道以上只准興建歐式建築。1902 年的法例又劃定，尖沙嘴至九龍城地區為歐洲人居住區。至於環境幽靜的山頂區，則只准英國人建房居住。而對觸犯法律的不同種族的人，處罰也不一樣，對華人極為歧視。為了鎮壓香港華人反抗殖民壓迫的鬥爭，1842 年 10 月，港英當局宣佈，禁止華人晚上 11 點後上街。1844 年再度宣佈，華人晚上 11 點以前出門，要提一個有店舖或自己名字的燈籠。宵禁在香港延續了五十多年之久，直到 1897 年 6 月才宣告廢止。[12]

---

11 徐日彪：〈早期香港工人階級狀況〉，《暨南學報（哲學社會科學版）》，1993 年第 4 期。

12 新華通訊社、香港聯合出版（集團）有限公司編輯策劃：《香港 · Hong Kong》，第 47 頁。

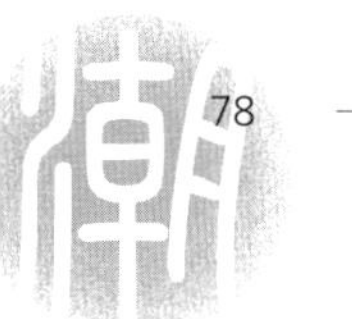

港英政府早期實行的種族歧視的隔離主義，使香港形成了互不相關的華人社會與洋人社會。但是，當時的港英政府並無採取同化政策，而是任由華人按照自己的生活方式、風俗習慣去謀生度日；於是在華商的領導下，華人成立各種職業團體、行會協會、各地同鄉會以及形式多樣的文化社團等民間組織，形成了一個與洋人完全不同的華人社會。

在移居香港的華人當中，以講廣州話的廣府人最多，也有四邑人（來自開平、恩平、新會和台山）、潮州人、客家人、福佬人與艇家（疍民）等等。他們各有自己的風俗、習慣和方言。水上居民的艇家，有其獨特的生活方式與忌諱。艇家又有講廣州話、福佬話、客家話與四邑話之分；其中以講廣州話的最多。他們講廣州話有些獨特的口音，別具風格的語調，與陸上居民的廣州話略有不同。他們的習俗與迷信，反映出他們的水上生活方式。比方說，他們吃魚的習慣，小心翼翼，吃了一面、避免翻身吃另一面，惟恐折斷魚骨。他們喝酒時，禁忌乾杯，因為它預兆翻船。艇家主要以捕魚、運貨與渡海載客謀生，在當時是個非常令人矚目的族群，他們生活刻苦勤勞，晝夜居住在船上，在大浪中顛簸漂蕩，忍受各種不安和危險的折磨，其對香港經濟有重要貢獻，但倍受陸上居民卑視欺辱，稱之為賤民。[13]

在多族群的香港華人社會裏，雖然不同方言的族群之間，為了工作機會和自然資源的分配，有時會出現衝突與競爭。但是，在英國殖民統治之下，由於面臨着共同的困難和問題，他們須要互助合作，才能克服困難和解決問題。於是，在各族群商人的領導下，他們慢慢地組成超越族群界限的街坊和寺廟委員會，來維護地方治安和共同的宗教信仰。因此，不同方言族群之間的衝突與競爭，並不排除相互之間的攜手合作，何況他們還有着較多共同的文化和宗教信仰。

13 ［日］可兒弘明：《香港艇家的研究》，香港：香港中文大學新亞書院研究所，1967 年，第 9－10、12－14 頁。

第二節　香港民間商會產生的動因

香港華人各族群，儘管在語言、風俗習慣、文化傳統和宗教信仰上存在差異，但在那時卻有着共同的願望：祈求眾神保佑，俾得社會安寧，人和吉祥，商務隆盛。他們皆供奉天后（媽祖）、洪聖、觀音、福德公與關帝。位於西營盤的土地公廟供奉福德公，傳説福德公是個稟性寬大的地神，能治百病，有求必應，關懷照顧每一個華人，並不歧視任何族群。因此頗享盛名，吸引來自全港各處的善男信女。但主要由陸上的街坊華商常任值事，並舉辦盂蘭盛會及各種祭典。

位於荷李活道的文武廟，崇祀文昌帝與關帝。1851 年在港各鄉籍、各方言族群的華商店主，共同出資，整修擴充廟宇。其中，盧亞貴（艇家出身的商人）、譚吊才（開平人）與何阿錫（順德人）等華人富商，在該次廟宇修整中扮演着重要的角色。此後，廟宇值理由各區街坊組成。1857 年，太平山、西營盤、上環與中環等四區（總稱「四環」）之街坊，聯合組成盂蘭盛會，以備舉辦宗教祭式、作樂、演戲等慶祝活動。文武廟內，有鑾輿兩座，乃各行商於 1862 年與 1885 年聯合獻送者，每歲神誕慶典，用以奉請神像出巡街道。[14] 文武廟儼然成為香港華人社會的文化中心。

綜上所述，香港雖然是英國殖民管治地區，但卻保留着濃厚的中國傳統文化與習俗。在異族的統治下，中國傳統文化發揮了重要的社會整合與道德教化功能，使華人社會得以凝聚和團結，並與洋人劃分界限，營造了在英國種族隔離政策下，中國傳統文化習俗在近代香港得以傳承並發揚光大，以及各類民間組織得以在早期香港產生與發展的獨特人文和社會景觀。

民間商會組織在香港出現並蓬勃發展，一方面是香港市場經濟發展的產物；另一方面也是香港特殊的殖民政制的結果，即香港特殊的社會結構

14 《香港文武廟事略》小冊子，香港：三聯書店，1980 年，第 2 頁。

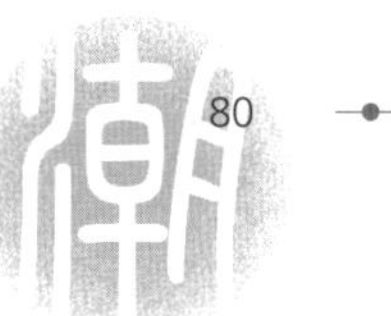

的必然結果。民間商會是香港社會發展過程中一個十分重要的部分，特別是在以商業為主的香港，民間商會全面滲透到香港居民的日常生活之中，在香港的經貿活動、社會福利與慈善事業、維護商人正當權益、加強香港與內地經貿活動等方面都發揮了重要的作用與功能。

一、英治時期香港社會結構的特殊性

1841 年以前的香港島，只是一個小漁村，人口稀少、居住分散，除了赤柱設有善安公所處理當地公眾事務之外，並無其他社群團體。鴉片戰爭以後，大量華人從內陸遷往香港島，他們內無本國政府做後盾，外受西方殖民者的歧視和壓迫，勢單力薄、生活艱難。在這種形勢下，他們按照傳統的中國觀念，以親緣、業緣或地緣為紐帶，自發組成各種組織，如宗親會、同鄉會、同業公會、行會等，通過這些組織承擔起保護自身利益的職能。然而，由於香港特殊的社會環境和政治體制，大部分華人社團的領袖人物都是商人，具有商會性質的社團也佔當時華人社團中的多數。

香港從開埠之初就是一個商業為主、經濟主導的城市，商業發達、貿易興旺，直接從事經濟活動的華人在人口中佔很大的比重。據統計，在 1860 年代，海外華人中有四分之一在香港從事商業活動，[15] 為了保護自身的利益，凝聚力量，與當時在商業上佔主導地位的洋商進行抗衡，同時協調華商內部的利益矛盾，以行業原則縱向組成的各類行業商會、同業公會，成為了華人社會民間組織的主要類型。因此，民間商會的出現是香港社會結構特殊性的必然結果。

二、港英政府社會福利政策的缺失

從香港 1842 年開埠至 1960 年代初期，港英政府對香港的社會保障基本上是放任不管的，政府沒有設立專門的社會福利機構，也沒有制定專門

15 王賡武主編：《香港史新編》，上冊，香港：三聯書店，1997 年，第 96 頁。

的社會福利政策。彼時香港，唯有華人社會的慈善團體和教會興辦救濟性質的福利機構。事實上，香港早期的社會福利事業，是以民間志願或互助機構為主的，其社會福利服務也以賑濟和慈善為主，並僅以貧困者為服務對象。

1870 年代初，東華醫院是華人富紳捐資創辦的第一個慈善機構，隨後又增設廣華醫院、東華東院及其附屬機構。1878 年，華人社會又成立以「保赤安良」為宗旨的慈善機構 —— 保良局。除華人社會興辦的慈善福利機構外，天主教及基督教會也於 1860 年間開始在香港設立保護婦女和收養兒童的慈善福利機構。[16] 十九世紀末、二十世紀初，香港出現了形式多樣的以親緣、地緣、業緣等關係建立起來的各地民間互助組織，如 1916 年成立的以福建籍人士為主的「旅港福建商會」，1921 年成立的以客籍人士為主的「香港崇正總會」、1930 年成立的以潮籍人士為主的「香港潮商互助社」等。除此之外，還有專門建立起為老人和殘疾人士服務的機構，如廣蔭老人院、心光盲人院、香港聾人學校等慈善機構以及林林總總、形形色色的社團組織，這些民間機構對推動香港社會福利和社會保障事業的發展，發揮了很大作用。

早期香港民間互助組織等慈善社團的經費來源，主要是依靠舉辦慈善活動籌款所得。當時每年都要舉辦各種各樣的募捐活動，籌集款項，很多慈善機構、熱心的知名人士和大公司，以及眾多市民積極參與，各色人等有錢出錢，有力出力。籌款形式主要有義演、義賣、個人捐款、機構捐款、電話熱線捐款、上街募捐等。慈善捐款，有力地支持着香港的社會福利和社會保障事業。

由此可見，香港的社會保障和社會福利事業，最早是由民間自發創辦並支撐起來的。而近代港英政府社會福利政策的缺失則是早期香港民間商會自發生成的主要緣由。

16　張廣芳：〈香港社會福利保障制度探微〉，《人口研究》，1997 年第 3 期。

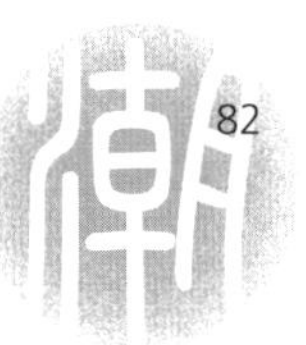

三、行政吸納政治的發展機遇

「行政吸納政治」是時任香港中文大學的金耀基教授在 1980 年代提出來的，用以描述港英政制特徵的一個命題。在他看來，香港「行政吸納政治」是一個過程。在這個過程中，政府把社會精英或精英集團所代表的政治力量吸納進行政機體中，建立一個以精英共識為骨幹的政治體。此一過程，賦予統治權力以合法性，從而一個鬆弛但融合的政治社會便得以建立。[17] 然而，港英政府在香港的管治模式並不是一成不變的，相對來說，「行政吸納政治」更適合用於分析香港政制走向成熟後與傳統本土社會結合，並促使社會進入趨向單一化的時期。

彼時港英政制形成這種特徵，是基於以下兩方面因素：一是殖民政治的管治與本土社會自治缺乏互動。港督雖然在管治香港事務上具有絕對的權威，但是香港政府根本上只是英國政府在海外執行殖民政策的一個地方執行機構，香港政府所有的決策都必須建立在維護宗主國的權益之上。而同一時期的香港，仍然是一個中國傳統風氣濃厚的社會，社會具有自己傳統的一套自治模式，宗族式的治理依然盛行，甚至在某種程度上獨立於殖民政府的管制之外。因此，雖然港英政府與香港社會之間屬一種管治與被管治的關係，但是兩者之間互動不多，港英政府有必要通過行政吸納機制把華人精英吸收到政府決策體制之中。二是增強殖民政府管治合法性的需要。任何一個政府，要想維持自己的統治，必須從當地社會中獲取一定的合法性支持，完全沒有合法性支持的政府，是難以使自己的統治維持下去的。特別是對於港英政府來説，以入侵者的身份在華人社會建立起的殖民政府，更需要從香港社會中獲取一定的合法性支持，從而採納社會的意見，在維護自身統治地位的基礎上實現對社會的有效管治。

基於以上的前提，港英政府通過吸納華人社會的精英份子，建立一個基於精英共識的政治社會就成為其必然的選擇。而當時的華人精英份子，

---

17 金耀基：〈行政吸納政治：香港的政治模式〉，載邢慕寰、金耀基合編：《香港之發展經驗》，香港：中文大學出版社，1986 年，第 86 頁。

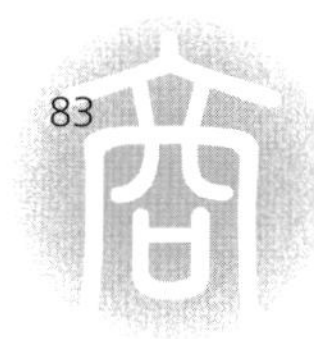

大多是民間商會的首長或骨幹成員，港英政府這種自上而下的需求，在吸收精英份子的同時，也給予了精英份子所在的民間商會發展的良好機遇。如香港最早的紳商組織東華三院[18]的董事會中就有香港政府定例局（即立法局）議員，隨着該組織影響力的擴大，更獲得港英當局授權，成為華人社會與港英政府之間傳遞信息的渠道。[19]

四、自由港寬鬆的經濟環境

英國當年開闢香港作為自由港，既是其殖民政策的產物，也是為了適應它的自由貿易要求。英國佔領香港是具有明確目的的，香港位於珠江口東南面、水路直通廣州，可以進入中國廣大腹地，作為向中國市場銷售鴉片和從事其他貿易活動的踏腳石，在地理位置上具有天然的優勢。英國殖民地部及軍事大臣在 1843 年 6 月 30 日給第一任香港總督璞鼎查的信中説得很明白：「香港的佔領，不是為了殖民，而是為了外交、商業及軍事目的。負責管制此地的官員，須同時負責與中國的接觸和談判，管治在中國境內英人，處理與中國的貿易。」[20] 但是，香港地區狹小，缺乏自然資源，居民的糧食和其他日用品大部分依賴進口，而且當時同內地的陸路交通不便，在鐵路、公路尚未修通之前，轉口港作用的發揮受到限制；同時，當時尚屬風帆時代，沒有萬噸巨輪，深水港口的優勢也未能發揮作用。在這樣的情況之下，唯一可供英國政府選擇的，就是在香港實行自由港政策，允許商品進出自由，不收關稅，否則誰也不會把貨物運到這個荒蕪的小漁島，先向英國人繳納關稅，再轉運到其他地方。因此，在英國殖民主義的直接統治下，香港被宣佈為「自由港」，這一項政策為在香港發展的商業、航運、金融、工業及其他一切可以增值自身資本的行業創造了

---

18 東華三院包括東華、廣華及東華東三家醫院，起源於 1870 年代，是香港歷史最久遠及最大的慈善機構。雖然是社會福利與慈善機構，但實際上是一種紳商組織，承擔着民間商會的職能。

19 張曉輝：《香港華商史》，香港：明報出版社，1998 年，第 140 頁。

20 鄭宇碩主編：《香港整政制及政治》，香港：天地圖書有限公司，1987 年，第 5 頁。

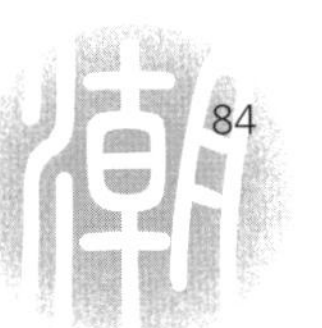

良好的經濟環境。

儘管香港被英國殖民主義統治是不爭的事實，但是在當時特定的歷史階段，香港為中國上百年的「資本主義萌芽」創造了一個生根發芽的地區，資本主義的運作方式給中國沿海地區的小商人、小業主帶來了一個與封建壓迫不同的新的生存機會，自由港政策除了吸引了大批內地勞動力，也吸引了大批來自東方和西方的資金、技術和各種商務人才。從香港誕生那天起，與香港發展不可分割的華人，通過自身的智慧與努力，在商業上創出了一片天地，並成為了日後香港經濟的主導力量，也由此產生了香港特殊的華商階級與華商的民間商會組織。

第三節　香港民間商會的現狀

從十九世紀末至今，香港民間商會歷經近代的初期發展，到 1945 年二戰之後的蓬勃發展，再到二十世紀六七十年代的快速發展，以及到 1997 年回歸以後的進一步發展，其涉及的行業門類已經相當齊全，可以說，涵蓋了香港的所有行業，具有廣泛的代表性。根據香港工業貿易署的統計，目前在香港工商組織名冊記錄在案的工商組織已達到 411 個。[21] 這些商會組織大小不一，大的社團覆蓋全港，幾乎包含各行各業，人數數千人，甚至更多，例如香港中華總商會；而小的只有十幾個會員。但是，在港這四百多個商會組織，卻彙聚了香港工商界巨頭以及各行各業的精英和相關人士，在香港社會治理中扮演着獨特的角色，發揮着不可替代的功能與作用。

21 「香港工商組織名冊」，香港工業貿易署，2018 年 12 月 7 日，https://www.tid.gov.hk/service/dir/searchByAlpha2.do。

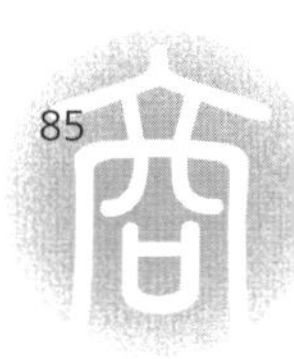

一、香港民間商會的類型

經過一百多年的歷史變遷與社會發展，現時香港民間商會主要包括以下三大類：綜合性商會、地區性商會與地緣性商會。

第一類：綜合性商會。現時在香港具有較長歷史、較具規模、較有影響、較有實力的全港綜合性商會組織，主要有香港中華總商會、香港工業總會、香港總商會、香港中華廠商聯合會，又被統稱為四大商會。它們的組織架構比較健全，一般都設有正副會長、常務會董會、會董會及下設秘書處等，也都有本會的會所和物業，經費來源穩定，會務開展正常。它們還具有產品產地來源證簽發權，又是香港立法會某一個功能組別的代表商會，在工商界具有廣泛的代表性和一定的權威性。其中香港工業總會是由港英政府通過專門立法成立，和香港的總商會一樣，兩者一定程度上都是政府在工商界的代言人。

第二類：行業性及地區性商會。從發展情況看，香港的商會中還有部分是跨行業商會，如全港各工業區聯合會、僱主聯會、工商專業聯合會、香港經貿商會、香港商聯會、香港中小企業聯合會等，它們是由某幾個行業為主的工商業者組織起來的商會。此外，還有一些區域性商會，即由在某一地區或區域設廠、經商、居住地工商業者聯合起來組成的社團。如香港新界總商會、香港官塘工商業聯合會、香港深水埗工商聯會、香港東區工業聯合會、香港南區商會、香港黃大仙商業聯合會、香港元朗商會等。

第三類：地緣性商會。這是一種以某一省、市、區（市、縣）的旅港鄉親中工商界人士為主組成的商會，如香港潮州商會、香港嘉應商會、香港佛山商會、香港台灣商會、香港旅港福建商會等，既有商會組織的功能，又有同鄉會的特點，雖不能等同於同鄉會，卻與同鄉會有着天然的關係。它們的會員交叉重疊，會務相互聯繫，工作彼此聯結。

二、香港民間商會的特點

一般地說，香港民間商會歸納起來具有四個方面的特點，即民間性、自主性、自治性和非營利性。

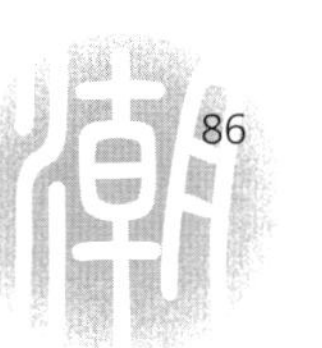

第一，是民間性，即民間商會是自下而上由民間自發成立的，這是民間商會的根本屬性。可以説，民間性同樣是香港商會組織的天然屬性，這是由其註冊成立的過程及結果所決定的。如上所述，在香港成立社團首先可以根據《社團條例》第151章的要求辦理有關手續，並向香港警務處註冊，這一過程相對簡單，但是，通過《社團條例》成立的社團不可以進行商業性的營利活動。而香港商會組織多數是民間力量通過自願原則組織起來的，一般都是運作獨立，活動自主，經費自籌的，它們為了更好地為會員和業界提供服務，往往需要通過一些商業性活動來獲得經濟收益，以維持商會日常的運營，如透過投資股票、出租物業等取得經濟收入。因此，香港民間商會組織還可以根據另一條途徑，即《公司條例》成立法人有限公司。這樣做的目的就是使商業活動可通過公司名義進行，同時又因其經濟收益用途是用於保障商會組織的正常運作而非進行分配，所以可作為非牟利機構而得到税收豁免的資格。由此可見，香港的商會組織天然就是一種「民間商辦」的非官方法人的社會團體。它產生於民間，依託於民間，服務於民間，是香港社會中普遍而重要的民間社團組織。

第二，是自主性，即指民間商會的發起是基於內部共識而不是外部的強制力，其在經費來源、人事安排、機構設置等方面保持獨立自主。民間性的屬性決定了民間商會的自主性特點。由於香港的商會組織一般都是自發自願組成的民間組織，所以，香港民間商會不需要有上級主管部門，即上面沒有「婆婆」，不隸屬於某一官方機構，只要正式註冊成立，就可以依法開展活動。事實上，香港的商會大多發展多年，且具有較強的經濟實力，在做到經費自給自足的同時通常都還會有結餘。有些商會有屬自己產權的樓宇物業，除了自用之外還可以通過出租，獲取租金，如香港潮州商會和香港中華總商會都有自己的會館或會所大樓。而有些沒有自己物業的組織也可以通過辦理簽證、開產地來源證等服務收取一定費用。因此，財產獨立、經費自籌是香港商會得以獨立自主的前提。

第三，是自治性，民間商會自出現以來，就具有自治的特徵，行會最初興起「是因為少數人覺得應該有一個正當的名義去應付嘈雜和不安全的

社會環境，於是他們自發組織起來」。[22] 商會之所以是一種自主治理的組織機制，是因為其產生是基於自身共同的利益訴求，其運作是基於自身的資源，其自主治理的績效也主要為特定群體所分享。可見，自主性是民間商會自治性的基礎和前提，而其獨立的人事制度和組織結構建設，也保證了香港民間商會組織的自治性。香港商會組織的首長經由會員大會民主選舉產生，通常有嚴格的任期規定，商會內部有較為健全的治理機制，外部也有相應的監督機制和規範，能夠在不受任何外部力量的制約或影響下正常運作。香港民間商會基本上是自我管理、自籌經費、自負盈虧，自主發展的。因此，民間商會具有明顯的組織自治的特性。

第四，是非營利性，可以說，民間商會代表的是公共利益即發起者、參加者或者說是其成員的利益，一般不從事直接的工業生產和商貿業經營活動。商會作為獨立法人機構，其財政來源主要包括會員繳納會費、私人捐助、社會捐資、服務性收入或政府購買項目等。儘管民間商會作為自負盈虧的社會團體，為了保障其正常運作，可以通過經營活動來獲取一定的經濟收入，但是，其經營活動獲取的經濟收益不以私人利益為目的，主要是用來服務會員及組織的，不可用之於個人分配。由此可見，商會的非營利性體現在其不以營利為目的，而是有其自己獨特性的社會使命。

綜上所述，香港民間商會特有的民間性、自主性、自治性和非營利性，使之天然地具有協調市場各利益主體的合法利益、提高市場配置資源的效率和維護市場經濟運行秩序的功能，起着單個企業和政府部門不可替代的作用。

三、香港民間商會的一般功能

功能一般是指具有特定結構的事物或系統在其內部和外部的聯繫和關係中所表現出來的特性、能力和作用。商會作為一個系統，其要素及其組

---

22 ［美］朱莉、費希爾著，鄧國勝、趙秀梅譯：《NGO 與第三世界的政治發展》，北京：社會科學文獻出社，2002 年，第 183 頁。

織結構是為功能而存在的，是由功能表達其意義、體現其價值的，它的最高作用要體現在功能上。因此，不同發展模式的商會其各項功能是一定的社會背景、社會條件下商會組織結構或組織形式下的各要素的存在理由和目的。因所處特殊的社會背景和地域，香港商會組織既有西方一般商會的某些特點，又獨具中國本土商會的一些特色，例如其自主自治、會員服務、經濟促進、慈善公益、中介、公共事務管理、政治參與以及維護社會秩序與社會穩定等兼具中西特色的功能在香港社會治理中起到積極的無可替代的獨特作用。

第一，自主自治功能。自治是相對於他治的一個概念，所謂自治意味着不像他治那樣，由外人或受外部力量影響來制定團體的規章，而是由團體的成員按其宗旨制定章程。因此，我們可以把商會自治理解為：商會成員獨立自主制定規章，並由規章支配其成員行為，以實現商會的宗旨和目的。

商會自治是商會最重要的表徵，商會自治包括了商會自主和商會自律兩個方面。商會自主是指商會乃獨立的主體，不受任何其他主體的支配和不當干涉，尤其是指商會獨立於政府，不受其支配，能夠獨立地籌措資金，獨立地確定自己的內部領導機構，獨立地運作並開展各種會務活動等；商會自律是指商會成員共同制定規則，以此約束自己的行為，以實現內部的自我監管，保護成員的正當利益。換言之，商會成員既是規則的制定者，也是規則的實踐者。商會自律具體包括：自我規範、自我約束、自我控制、自我管理和自我實現。

由此可見，商會自主自治功能是指相對於國家系統而存在的商會團體，由其成員獨立自主地制定章程，並由章程支配其成員行為的能力。其強調的是商會組織自我制定規則、自我管理的界限和能力。

第二，服務會員功能。對於會員來説，民間商會是一個「互益性」組織，或者説可以被看作是一個俱樂部，他們可以憑會員的身份獲得商會提供的俱樂部產品。可見，服務功能是民間商會的立會之本，作為自願組建的社會團體的代言人——商會的根本宗旨必須立足於「服務」。因此，

我們將民間商會服務功能視為其向組織內部會員提供各種服務或者說俱樂部產品的能力。

民間商會提供會員所需的各種服務和俱樂部產品具體包括：其一，為會員提供聯絡鄉誼，研究商務的會館、會所或俱樂部等場地；其二，向會員提供市場信息，促進工商和貿易發展；其三，為會員提供相關福利待遇；其四，通過舉辦聯誼會、展會、參觀考察團、對外交流等活動，為會員拓展商機；其五，以舉辦各式研討會、交流會、培訓班甚至創辦學校及培訓機構的形式為會員提供技術支持和教育培訓；其六，維護會員合法權益，為會員提供內外部糾紛的調解等等。

第三，維護權益功能。香港民間商會是廣大企業和個體會員共同利益的代表機構，透過對行業利益與訴求的整合，商會才能借助集體力量來維護和謀取增進會員的共同利益，而整體利益和共同需要則構成了不同會員之間增強凝聚力的紐帶。

在香港，維護業界和會員的利益，是各商會組織的重要功能和職責，例如香港工業總會宗旨的第一條，就是「代表香港製造業的利益，為香港製造業的利益服務」，香港中華廠商會聯合會的宗旨中，也列明了需要「就政府政策之訂定與執行代表工業界發表意見」。可見，民間商會維護會員及行業權益的功能是指商會作為市場主體以及廣大會員共同利益的代表機構，在整合成員之間的訴求，維護成員及行業的合法權益，並以組織化集體行動的方式來對外爭取、對內維護和增進會員共同利益的能力和作用。

第四，中介功能。商會是市場經濟體系中「合縱連橫」的治理機制，起着承上啟下的「平衡器」、「協調器」和「保險閥」的作用。民間商會這種中介性角色造就了它中介性協調的功能。

民間商會就是以為會員提供各種中介服務為己任的一個服務組織，香港民間商會具有一定凝聚力，其中一個重要因素就是能為會員提供功能強大的中介服務。一般來說，民間商會組織代表商會成員與政府部門、其他社會團體進行溝通，及時傳遞工商業界的需求，維護工商業界的正當權

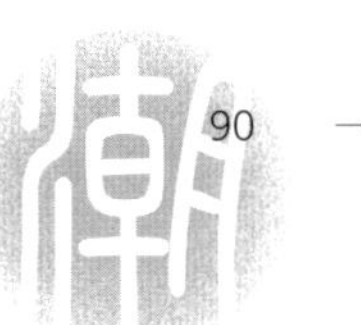

益。香港的商會組織雖然大多數是民間組織，但是與政府也保持相應的互動關係，在香港多個半官方機構都有商會代表參與，如香港貿易發展局、香港創新科技及工業局、香港僱員再培訓局等。同時，香港商會也十分注重運用傳媒的力量，以便形成有利的社會輿論，同時也讓社會了解工商界的訴求。在香港的多種報章上都設有「社團」、「各行各業」的專版讓商會充分發表各種意見和建議。另外，由於香港商會通過功能組別在立法會有代表席位，香港工商界的利益訴求可以借助商會領袖傳遞到政府制定公共政策的過程之中。

第五，促進經濟發展功能。長期以來，香港民間商會在推動內地與香港商貿，促進兩地經濟合作中都發揮了巨大的作用。1957 年廣州舉辦的第一屆「中國出口商品交易會」，就是委託香港中華總商會代發邀請函並組織香港商人回內地參與展會和進行投資的，廣交會的成功舉辦，與香港中華總商會的支持和幫助具有密不可分的關係。而通過香港各大商會組織來內地投資與興建實業的商人更是數不勝數。

除了引導會員到內地投資之外，香港民間商會還經常舉辦各種研討會，幫助港商了解內地最新的政策和投資環境，同時也組織各類型的考察團，到內地參觀考察，與內地企業加強交流與合作。可以說，香港民間商會組織在幫助工商界發展事業的同時，也促進了內地經濟發展，支援了祖國的建設和改革開放事業，成為香港與內地溝通的橋樑和紐帶，為兩地的經貿合作和經濟發展做了大量的工作。

與此同時，香港作為一個國際大都市，與世界經濟有着廣泛而密切的聯繫，為此，香港商會組織在其中也扮演了十分重要的角色。表現在：第一，為香港工商界提供國際商務的信息。如香港中華出入口商會每年出版《香港出入口貿易年鑒》，報道香港進出口貿易及工商業概況、經濟貿易統計及參考資料等，為香港及世界各地工商界提供免費參考。第二，加強與世界各地商會及華商的交流與合作。例如香港潮州商會在 1981 年舉辦了首屆國際潮團聯誼會，之後每兩年舉辦一屆，促進了世界各地潮籍商人的聯合。第三，舉辦各種展覽會。香港商會組織致力於向世界推廣「香

港製造」的產品，如香港中華廠商聯合會自 1938 年起，至今成功舉辦了三十多屆「香港工業展覽會」，使世界各地認識香港的工業產品。與此同時，也將海內外的企業請進香港，商會組織成為了國際商貿活動中不可缺少的一個重要環節。

第六，文化與教育功能。從香港商會發展歷史來看，民間商會具有弘揚傳統文化與進行傳統道德教育的功能與作用。從理論上來說，民間商會存在與發展的正當性或合法性的基礎既有來自於正式規則如章程、法規等，也有來自非正式的規則，例如傳統文化、慣例等。

事實上，香港諸多民間商會除了採用正式規則來開展商會的各項會務活動外，還利用文化信仰、價值觀念、行為模式、生活方式、思維方式、情感表達方式等一系列非正式的規則來引導和約束會員的行為規範，以此來發揮其文化傳承與傳統道德的教化功能，並達到團結會員、統一思想觀念，增強團體凝聚力以及樹立權威、維護團體內部秩序的目的。由此可見，民間商會設置會所、建設會館、興辦學校、開闢圖書館、設立獎學金、搶救文物、出版書刊、開展民俗活動等都體現了民間商會依託共同的文化信仰等非正式規則，來營造商會的文化氛圍，從而達到其對會員以及更多相關人士進行文化、良好道德思想品德教育的作用。

第七，社會保障功能。民間商會的社會保障功能主要是指商會在自願性的基礎上，以募集、自願捐贈和資助等形式對社會某一階層、某一群體或人士提供社會救助、社會福利的能力。

香港獨特背景下生成的民間商會，自近代產生起，就具有一定的「公益性」，強調商會「溢出效應」會對社會系統產生一定的積極影響。港英政府統治香港之初，在社會並無推行相應的社會保障制度，早期從內地到香港的華人，都要借助各種社團組織抱團取暖。所以，很長一段時期，香港民間商會不僅要維護自身會員的利益，還要在公共空間中承擔其相應的社會責任，使社會公共秩序和公共利益保持動態的平衡。香港民間商會正是通過自願捐贈、扶危濟困、養老善終、失業救濟、助學濟貧等社會公益行為的形式對社會資源和社會財富進行再分配，從而在一定程度上彌補了

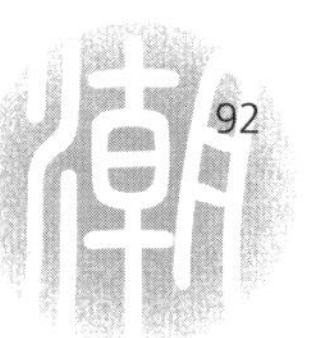

政府社會保障資金的不足，提高了全社會的福利，使社會分配更趨公平。因此，長期以來，香港民間商會被視作為維持社會正常秩序不可或缺的一種制度安排，在一定程度上緩解了不同利益群體之間的矛盾，減弱了貧富懸殊的社會差異。

第八，社會公共事務管理功能。民間商會社會公共事務管理功能是指民間商會作為社會治理的主體之一，在處理社會公共事務，解決社會問題，促進社會公平、公正，維護社會秩序，保持社會穩定與發展所表現出來的各方面的能力。

眾所周知，正是由於市場失靈與政府失靈的同時存在，為第三部門即民間組織提供了廣闊的發展空間。可以說，現代以來，民間商會作為民間組織的主要組成部分，在解決經濟爭端、維護市場秩序、處理社會問題、緩和社會矛盾、保持社會穩定等方面發揮着政府與市場不可替代的作用。在現代社會治理的框架下，政府通過積極穩妥地發展與民間商會組織的良好互動關係，逐步將一些政府轉移的職能以多種形式下放給民間商會承擔，特別是在市場經濟中觀和微觀管理層次方面，或者說政府不方便以及沒有足夠精力和財力做的，例如在社會管理和公共服務的領域中，引入競爭機制和市場化運作機制，通過政府購買等方式，將一些政府職能通過向社會轉移或委託代理的方式轉移給貼近市民、自發組織的民間商會組織來承擔，以達到提高行政效率和公共服務供給的質量、節約財政開支的目的。

民間商會等第三部門在公共管理領域異軍突起，表徵人類公共管理的長遠發展趨勢，即政府對社會的管理向社會自治組織和自治關係模式演變，後者被美國著名學者奧斯特羅姆視為「人類文明的持久創造潛力」。[23] 從學科發展視角看，西方第三部門迅猛興起，構成了公共行政學向公共管理學演變的深厚社會基礎。

---

23 ［美］文特森．奧斯特羅姆：〈政治文明：東方與西方〉，《公共論叢》第 3 輯，北京：三聯書店，1997 年，第 281－282 頁。

第九，政治功能。在第二次世界大戰之前，由於港英政府的殖民統治政策，香港民間商會多數採取「在商言商，不談政治」的政治立場和政治態度，主要發揮同業自助的功能。[24]

二戰之後，原有的殖民體系已經崩潰，港英政府在香港的管治失去了應有的合法性，特別是1950年代以後，隨着歷史的變遷和時代的發展，香港民間商會的政治態度也在不斷發生變化。1958年，香港中華總商會就在香港首次升起了五星紅旗慶祝國慶，此後一直堅持每年帶領屬下的工商團體舉辦國慶活動。自1978年改革開放以來，香港工商社團與內地的聯繫日益加強，特別是1997年香港回歸之後，香港大多數工商社團開始公開擁護「一國兩制」和《基本法》，積極參與到香港回歸祖國的各項事務之中。前香港中華總商會會長曾憲梓先生曾自豪的表示：「該會在香港特區籌委會、推委會、臨時立法會以及選舉特區行政長官的工作中，都表現十分活躍。在籌委會94名香港委員中，中華總商會就有32人；在400名推選委員會委員中，中華總商會又佔了129人；在60名臨時立法會議員中，中華總商會也佔了18位。」[25] 香港商會組織為香港平穩過渡、順利回歸祖國發揮了積極作用，凸顯了重要的政治功能。

除此之外，二戰之後，香港民間商會組織也積極參與到本地的政治事務之中。秉承了行政諮詢委員會是本港政府體系的特色，其目的是使政府能藉此向社會有關人士徵詢，得到最精闢的意見，作為決策的基礎。[26] 香港政府的各個部門均設有諮詢機構，這些機構成員除了一部分是政府官員外，主要是來自香港各商會組織的代表及各行業的專業人士。特別是涉及到工商界的相關諮詢委員會，商會組織的代表更是必須成員。如香港工業

24 劉在山主編：《香港經濟運行和管理體制》，北京：中國財政經濟出版社，2003年，第586頁。

25 轉引自〈致力於香港的長期穩定繁榮 —— 訪香港中華總商會會長曾憲梓〉，《瞭望》，1997年第3期。

26 張潤冰：《市場經濟中不可替代的獨特角色 —— 深港商會功能與作用研究》，廣州：花城出版社，第36頁。

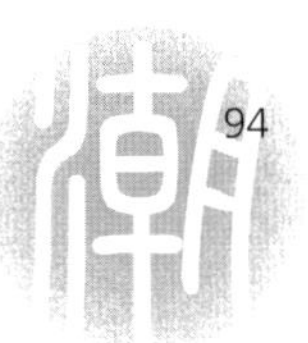

總會在會外團體的代表就涉及了香港貿易發展局、香港創新科技及工業局、香港生產力促進局、香港勞工顧問委員會、香港職業訓練局、香港商務經濟發展局等二十多個相關機構。[27] 通過這些諮詢機構，香港民間商會組織與政府部門建立起密切的關係，使行業訴求可以及時地傳遞給政府，對政府的政策制定具有一定的影響力。

27 數據來自香港工業總會 2008 年年報附錄二「會外團體之工總代表」。

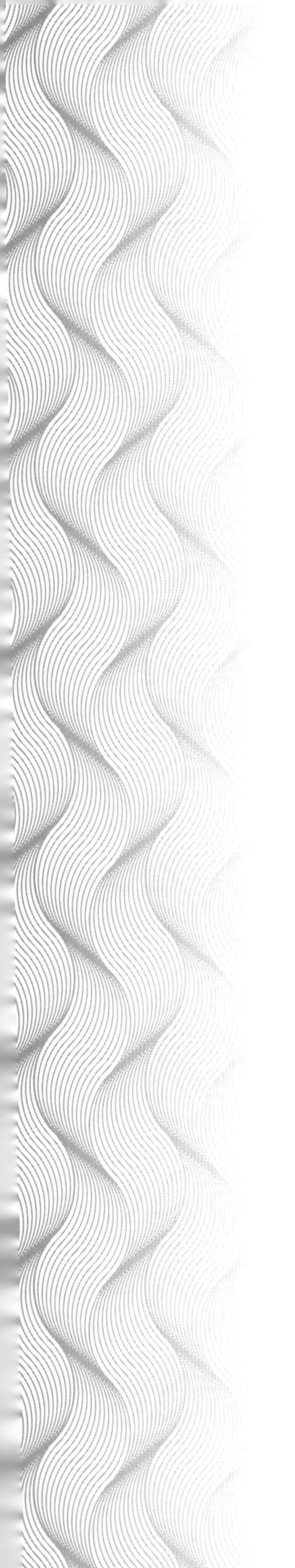

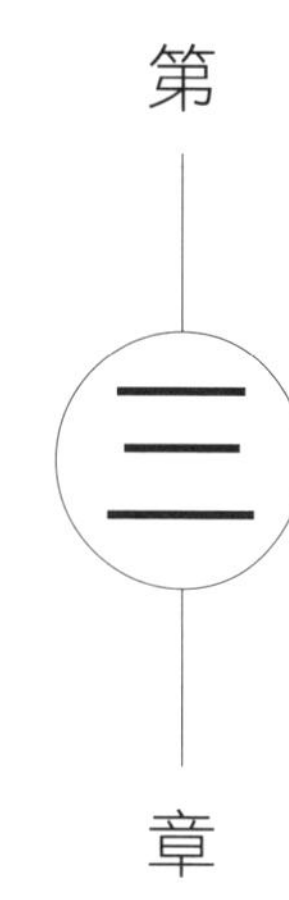

第三章

早期香港潮商崛起及其商人團體的發展與嬗變

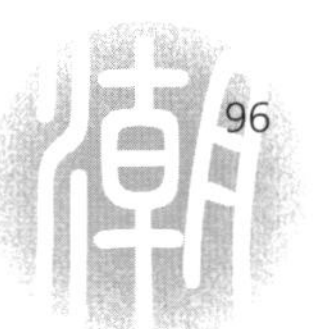

第一節　早期潮人闖港謀生的緣起

潮商就是潮汕商人或潮州商人的簡稱。具體來說，潮商是指在海內外從事工商活動、具有潮汕籍或潮裔血統的商人群體。[1] 潮商是繼晉商、徽商之後，在中國近現代史上頗具影響力和生命力的著名商幫。潮商和晉商、徽商一樣，都是從商販起步的，但晉商和徽商屬陸地商販，而潮商則是地地道道的海販。自明朝以來，潮商與海洋結緣，經歷海洋兇險的磨練，遭受海禁政策的殘酷鎮壓，造就了他們頑強求生，冒險搏命，艱難創業，不怕競爭的海商底色。在近代，由於外國經濟勢力的侵入以及中國近代化步伐的滯後，晉商、徽商等商幫日漸式微，而潮商卻伴隨着近代海外移民的高潮而崛起於海外，尤其是在東南亞以及香港等國家和地區。

潮汕人（以下簡稱「潮人」）移民海外可謂歷史悠久，從古代到近現代綿延不絕，是我國著名的僑鄉。據不完全統計，今日海外潮人遍佈世界五大洲，四十多個國家和地區，約佔海外華人五分之一左右，其中尤以東南亞和香港的潮人為多。現時在香港 749.81 萬人口[2] 中，潮汕人口約為 150 多萬人，約佔香港人口的五分之一，且潮人在港以善於經商為著，在近代已湧現出一批潮商鉅子及其家族。顯然，這是一個值得探究的現象。

1　張善德：〈紅頭船商幫以變求生延續輝煌 —— 淺論世界潮汕經濟發展〉，《2008 國際潮商論壇：第三屆潮商大會紀念刊》，2008 年，第 50 頁。

2　香港特區政府統計處 2023 年 8 月 15 日公佈，2023 年年中香港人口臨時數字為 749.81 萬人。數據來源：中國新聞網 https://baijiahao.baidu.com/s?id=1774294112294828889&wfr=spider&for=pc。

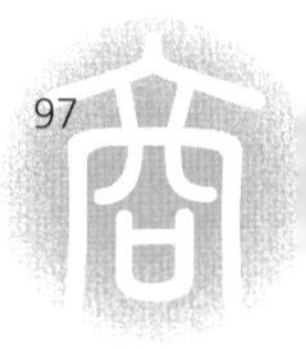

清代康熙解除海禁以後，尤其是 1841 年香港被英國割佔成為自由港以及 1861 年汕頭被列為對外通商口岸之後，潮人向海外東南亞、香港等地大規模移民進入高峰期，背井離鄉到香港闖蕩成為當時潮人謀求生存的重要途徑之一。在訪談時，一位香港潮州商會的老首長 LZM 這樣描述：

> 以前潮商是漂洋過海來香港謀生的，我們潮汕地區，經常有自然災害，而且近海靠海，靠天吃飯，溫飽難以保證，物質非常缺乏。一些靠捕漁為生的家庭很淒慘，當時保鮮條件也沒現在好，所以一旦遇上風災、饑荒年，就是抓到魚，想賣都沒得賣，日子就很難過。鄭和時代，我們先祖從中原河南經福建來到潮汕，在揭陽、澄海，都是如此。而我們的先僑起初立足於泰國，那裏一貫富庶，風調雨順，無颱風。你看泰國的自然風光，樹都直直地往上長到二三十米，因為它那裏沒有颱風，不像我們潮汕地區一場颱風來到，那些早給吹得東倒西歪，一塌糊塗了。再後來，我們的僑胞才來到香港，當時港英政府剛剛執政，香港人口較少，搵工機會稍多，香港僑胞要三頓食還有些保障，而且經過努力拼搏尚且有點積累，有點番批[3]寄給家鄉。而當時的家鄉土地稀少，人口眾多，災害也多，如蝗蟲災、海盜多，當時是蠻夷地帶，清政府也不太管，潮人迫不得已才漂洋過海。他們說「現死不如吃死」，慢點死，我搏一搏，還贏過在家餓死。當然，在博的過程也非常艱苦和兇險，當時只靠紅頭船而已，很多人在海上漂泊中時常遇上風浪，可謂九死一生啊！我舅舅當時是 17 歲，坐的船好一些，很幸運飄到泰國去謀生了。

3 番批，俗稱「僑批」，是近現代海外華僑通過民間渠道以及後來的金融、郵政機構寄回國內，連帶家書或簡單附言的匯款特殊憑證，屬銀、信合體的民間特殊文獻，主要分佈於粵、閩兩省，其中，廣東省潮汕地區的僑批數量最多。

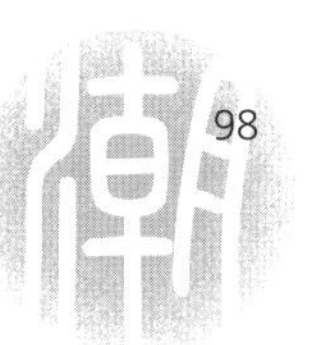

可以説，近代潮人大規模移居香港，這既是中華民族移民傳統的反映，又是有其特定的政治、經濟、地理環境以及社會歷史條件等諸多因素的影響。[4]

第一，貧困化趨勢是近代潮人移民香港的政治與經濟上的基本內因。隨着中國淪為半封建半殖民地，清政府政治腐敗，執政無能，民不聊生，帝國主義侵略中國的戰爭加重了中國勞動人民的負擔，社會矛盾日益加深。另外，外國資本的入侵，使廣大農村自給自足的自然經濟遭到破壞，大批破產的手工業者無以為生。與此同時，在潮汕澇、風、蝗、瘟疫、地震等自然災害頻繁發生，以致城鄉破產的農民、漁民和手工業者走投無路，不得不向海外尋求新的生路。

第二，人多地少，人口與土地的矛盾日益加劇，是迫使潮人背井離鄉赴港謀生的客觀原因。長期以來，潮汕地區地狹人稠，素有「種地如繡花」的戲稱，隨着人口增加，耕田愈發不足，再加上清朝的海禁政策，強迫沿海地區人民內徙 30 至 50 里，並將沿海村鎮夷為平地，即所謂「立界移民」，導致人口與土地矛盾愈發加劇。無辜人民流離失所，飢寒交迫，陷於水深火熱之中。加之疫病交侵，死亡者不計其數。[5] 因此，為了生存，逃避苛政和頻繁不斷的戰亂、天災、人禍，許多潮人遠赴東南亞以及香港等海外地區謀生。

第三，潮人勇於冒險的海洋精神以及崇尚海洋經濟和自由商業貿易的價值取向是其近代移民香港的內驅動力。在數千年封建社會裏，雖然潮汕地區處於農業經濟和封建王朝海禁的禁錮之下，然而，三面背山、一面臨海的獨特地理位置塑造了潮人怒海求生的生存方式和人格秉性，並在長期的生產實踐中形成了潮人勇於向外開拓的極富海洋色彩的精神底色以及敢

---

4 參考自杜松年：《潮汕大文化》，香港：第八屆國際潮團聯誼年會印行，1995 年，第 224－225 頁。

5 參考自陳驊：〈近代潮汕海外移民〉，《海外潮人》，廣州：廣東人民出版社，2007 年，第 11 頁。

於遠涉重洋、冒險移居海外拓荒的習慣。[6] 在清代，他們北走京津吳楚，南涉泰越新馬，遠至歐洲和澳洲，多從事開拓商業或做工謀生。1841 年香港被英國割佔成為自由港之後，極富冒險精神的潮人也看準了這塊地處華南要衝，外通五洋，內接大陸，洋船不時出入的貿易寶地，紛紛從四面八方聞訊遷移過來。

第四，汕頭開埠以及海上航運交通和貿易的發展，為潮汕地區人口向海外特別是香港一帶移民提供了便利條件。第二次鴉片戰爭期間，即 1861 年汕頭被迫開埠，從此成為粵東地區對外貿易和海外移民的重要口岸。當時外國洋行和船務公司掌控了汕頭海運，競相開闢汕頭通往香港、暹羅[7]、新加坡、越南、檳榔嶼、爪哇、蘇門達臘等地的定期航線，並各自以大型輪船取代以往的帆船，包辦進出口貨物和運載移民出洋的航運業務，因此便促使原本「生齒日眾，地狹人稠」的潮汕地區相繼掀起移民高潮。

第五，十九世紀後期，清政府被迫承認華工出國合法化，這無疑是引發近代潮人飄洋過海，移居海外高潮的另一個重要原因。十九世紀中後期西方資本主義的工業化進程加快，相應加緊了對殖民地的掠奪和商品的傾銷，從而揭開了掠奪勞工，「開發」殖民地的歷史。在當時，迫於西方列強的壓力，清政府承認了華工出國的合法性，與此同時，隨着英國對香港開發不斷加快，對勞工的需求也甚為迫切。正是當時華工出國合法化以及香港開發過程中的勞力需求，形成了一個強大的磁場，吸引潮人到香港去拓荒。

1841 年香港開埠後，由於香港國際自由港的地位，同時處於中國內地與東南亞之間的中間位置，從事中國汕頭、福州、上海、天津等地與東

---

6 參考自林濟：《潮商史略》，北京：華文出版社，2008 年，第 110－112 頁。

7 暹羅王國，中國對現東南亞國家泰國的古稱，英語為 Siam。主體民族為泰人，信奉上座部佛教，自公元十三世紀開國，先後經歷了素可泰、阿瑜陀耶、吞武里、曼四個時代。1939 年 6 月 24 日改國號為「泰國」，1945 年復名「暹羅」，1949 年再度改名為「泰國」，沿用至今。

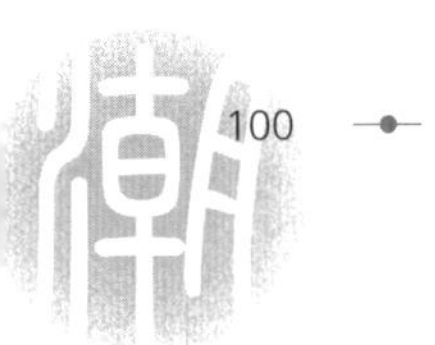

南亞貿易的潮州商人看好並抓住了香港南北行貿易的商機，紛踏遷至香港發展中國與東南亞的轉口貿易。至十九世紀末潮人移民香港漸趨高潮，而潮商也伴隨着近代海外移民的高潮而崛起於香港，並成立了代表同業利益以及地緣利益的商人團體。

第二節　潮商草創時期及其最早商人團體的形成

一、潮人商幫在香港崛起：從拓荒者到南北行的中堅

香港與潮州，交通便利，兩地相隔只有 187 海里（合 347 公里），乘輪船一夜可以到達。[8] 著名歷史學家羅香林先生亦説，「今日香港九龍新界等沿海地區居住的客家人士中，其最先成批移入，是因清初遷海復界而引至的。」[9] 其中不少是潮州人。如汕頭莫姓，就是這時遷元朗，為客籍圍村的。[10] 可見，潮人是最早移居香港的族群之一。

然而，最吸引潮商闖港謀生的應該當屬香港開埠所蘊藏的無限商機。1841 年英國宣佈香港開埠為自由港，富於拓荒精神又善經商的潮人紅頭船主以及暹羅潮商，很快發現香港在近中國航海貿易中的有利地位，面對洶湧大海，他們再度選擇登上紅頭船，在驚濤駭浪中向香港進發……所以，香港開埠後，潮汕移民亦接踵而至。以高元盛、高滿華、陳煥榮、陳開泰、鄭子彬、吳潮川等為代表的早期從南洋暹羅和潮汕本土等地彙聚香港謀發展的潮籍商人，是香港開埠早期的拓荒者和創業者，其中尤以東南亞暹羅的潮商為眾，也就是他們率先在香港設立了經營轉口貿易的「南北行」。所謂「南北行」原來是指香港開埠一百多年前，在中國沿海地區由

8　饒宗頤：《民國潮州志第四冊交通志》，潮州修志館出版，1949 年，第 2 頁。

9　羅香林：〈客家源流考〉，《興寧文史》，第 13 輯第 39 頁，1989 年。

10　〈香港新界圍村的研究〉，香港《聯合地理學刊》，1972 年，第 4 期，第 30 頁。

潮汕商人經營的轉口貿易行業，即當時潮商以潮汕地區澄海縣的蹠林鄉為轉口中心，用紅頭船運載海產雜鹹、柑、涼果、紅糖等南方土特產輸往華北天津各埠銷售後，又將貨款購入棉花、色布、大豆等北方土特產回本地以及雷州、瓊海販賣的互通有無的貿易生意。香港開埠以後，「南北行」中之「南」已泛指香港以南之南洋，包括泰國、新加坡、馬來西亞、文萊、印度尼西亞、菲律賓等地，後期更包括歐美等地區；而「北」則統指中國大陸。可見，近代香港之「南北行」是泛指從事南北即南洋東南亞諸國與中國沿海各商埠兩大線路的貿易，並由眾多商號組成的一個行業的名稱。[11]

由此，香港「南北行」的生意實際上就是指以潮商為主的將清代紅頭船的近中國海環形貿易改為以香港為中心，將北線天津、上海、福州、汕頭等地的豆類、食油、雜糧、土特產等商品由香港運轉至東南亞各地，又將南線泰國、新加坡、馬來西亞、越南等地的大米、橡膠、椰油、香料等特產再運回香港後，又輸往汕頭等國內各埠的轉口貿易行業。[12]

根據有文字記載的，最早闖港謀生的潮汕籍商人，是著名暹羅華僑澄海人高元盛，他的後人高貞白（筆名林熙）寫道：元發行「創辦於道光末年，大概清廷割香港不久，暹羅華僑澄海人高元盛就來香港設立的」[13]。可見他在香港開埠不久，便已到達香港。林濟在《潮商史略》一書中也寫道：「創辦香港第一家南北行的元發行就是暹羅潮商高元盛。」[14] 1843 年，暹羅潮商高元盛，在文咸西街創辦了香港的第一家南北行元發行，主要從事中國與東南亞的轉口貿易。元發行於南北行中，最稱巨擘。[15] 爾後將元發行頂讓給了另一位暹羅潮商高滿華（即高楚香）。

---

11 李龍潛：《明清廣東社會經濟研究》，上海：上海古籍出版社，2006 年，第 319 頁。

12 林濟：《潮商史略》，第 211 頁。

13 林熙：〈從香港的元發行談起〉，香港《大成》雜誌，1983 年，第 117 期，第 5 頁。

14 林濟：《潮商史略》，第 212 頁。

15 引自〈陳殿臣先生事略〉，《香港潮州商會成立四十周年暨潮商學校新校舍落成紀念特刊》，香港潮州商會，1961 年。

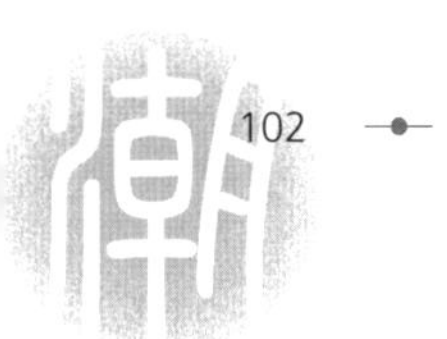

高滿華也是潮汕澄海人，農夫出身，略通文墨，在鴉片戰爭之前，遠渡暹羅，曾做苦力、火頭，後來有了積蓄，便購紅頭船航行潮州、暹羅，自任船主，人稱「滿華船主」。1850 年高滿華來到香港接手「元發行」商號後，又在暹羅發展機器碾米業，在暹羅擁有多間火礱。由於熟悉中暹米穀貿易，其經營的南北行轉口貿易業務日益興隆發達，元發行在其經營期間一直執同行之牛耳。後來，高滿華還與人聯合創辦萬安保險有限公司，深入到與南北行貿易有關的金融保險業，元發行成為了當時海內外聞名的商行，而高滿華也成為了第一代香港潮人富商。1882 年，高滿華逝世，香港元發行由其次子高舜琴繼承，並且得以發揚光大。[16]

1842 年，饒平縣隆都區前美鄉（1949 年以後隆都區改隸澄海）的紅頭船主陳煥榮，人稱船主佛，在元發行附近，開創香港第二家南北行乾泰隆行，其業務也取得很大成就。其長子陳慈黌富有商業眼光，於十九世紀末，分別在香港及暹羅開創黌利棧，從事大米的生產、加工與貿易，其家族富甲一方，長期以來是泰國最有影響力的潮商家族之一。而乾泰隆行是香港現存歷史最久的一間商行，距今約有 150 多年。[17] 接着來港的是潮商陳開泰，陳氏為潮州沙溪仁里人，出身農家，青年時在鄉耕田。1845 年棄農來港，在香港島三角碼頭附近搭草寮賣涼茶，至 1850 年稍有積蓄時，便在現在的文咸西街開「宜珍齋」飲食店、「宜珍齋」餅店，因價廉物美，生意蒸蒸日上，最後，創「富珍齋」餅食店，餅食除在港銷售外，還遠銷南洋各地，生意興隆，成為香港餅食業的元尊，他是首位來自潮汕本土在香港創業成功的潮商。

隨後，香港潮商還有以某種商品轉口貿易為主的專營貿易行，如瓷器，早在清末就有潮州楓溪人吳潮川來港開設利豐亨行轉口銷售潮瓷，獲利甚豐，豐亨行作為潮瓷在港銷售並轉銷海外的基地。吳潮川開創的陶瓷業隨後成為潮商在港主要行業之一。

---

16 趙克進：《香港潮商簡史》，香港：香港潮州商會出版，2001 年，第 6 頁。

17 趙克進：《香港潮商簡史》，第 6 頁。

伴隨南北行生意崛起而得以衍生發展的早期潮商還有專門從事米業、中藥材、飼料等出入口生意的商家以及兼營貨幣兌換、貨運保險及僑批匯款等業務的銀號。近代早期到香港拓荒創業，並崛起於南北行及其相關生意的潮商如下表 3.1 示。

表 3.1 近代香港南北行草創時期潮商代表簡況

創辦人	創業時間	祖籍	經營商行	突出表現或社會貢獻
高元盛	1843 年	潮汕澄海人	元發行	第一個自泰國來港創業的潮商巨擘
高滿華	1850 年	潮汕澄海人	接手元發行，創辦元發盛	第一代香港潮人富商，香港東華醫院創立者之一，東華醫院首任院董
陳開泰	1845 年	潮州沙溪仁里人	富珍齋、義順泰	第一個來自潮汕本土在香港創業成功的的潮人
陳煥榮	1842 年	潮州饒平人	乾泰隆	著名紅頭船船主，人稱船主佛，第一代香港潮商巨賈
高舜琴（又名高學能）	1892 年	潮汕澄海人	執掌元發行，開設裕德盛、福泰祥行、成發行、文發行，擴充元盛行至元金盛、元得利	高滿華次子，繼承元發行並發揚光大，華僑實業家、慈善家，推動汕頭近代新式工業發展，產業遍及香港、日本及東南亞各國
陳慈黌	十九世紀末	潮州澄海人	黌利棧	陳煥榮長子，商業才能出眾，其家族在泰國和香港商界至今仍極富影響力
吳潮川	十九世紀末	潮州楓溪人	利豐亨行	首位到港開創陶瓷業的著名瓷商

資料來源：趙克進：《香港潮商簡史》，香港：香港潮州商會出版，2001 年。

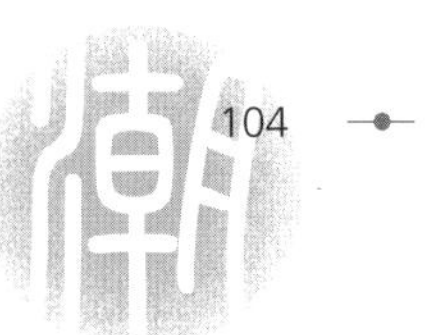

隨後幾年，潮人遷移到港的更多，根據賴連三的《香港紀略》記載，較為知名的潮人有澄海人陳春泉、潮陽人陳殿臣父子和陳子昭、潮安人方養秋、饒平人陳子丹、潮陽人馬澤民等 36 人。[18] 他們之中一部分人成為後來旅港潮州八邑商會的創始人。據清人《香港雜記》的統計，1894 年前夕，香港有南北行商號約 90 餘家，其中潮人所經營的南北行商號在 60 家以上。潮商從事南北行經營的商人約佔香港南北行商人的 70%，而廣府幫約佔香港南北行商人的 10%，以福建幫為主的其他商幫商人約佔香港南北行商人的 20%。[19] 至十九世紀末，潮商開始成為香港「南北行」的中堅。

可以說，近代闖港謀生的紅頭船商人，借助香港的中心區位和地理優勢，把香港作為商品貿易的集散地和中轉站，從此以後，潮商開始在港崛起，他們作為最早到香港創業的拓荒者，艱苦奮鬥，勇於競爭，並依託東南亞潮人社會的經濟貿易網絡，「來往東西洋，經營南北行」，長期控制着「汕－香－暹－壢國際貿易圈」，[20] 形成以泰國和香港為中心的近代聞名遐邇的「紅頭船商幫」。

二、香港南北行公所與聚和堂的成立

在香港南北行發展過程中，潮商不僅面臨着外國商人的競爭，實際上也存在着國內各個商幫的競爭。自潮商在香港開創南北行轉口貿易以後，內地許多商人也紛紛前來經營，香港南北行逐漸形成了福建、廣府以及山東幫與潮商競爭的局面，但是潮商依靠其群體精神和善於經營，始終佔據香港南北行的主導地位，並通過積極倡導與組織成立商人團體來維護和保障市場秩序以及自身的權益。

---

18 轉引自李龍潛：〈清末民初在香港的潮州人〉，《潮學研究》，1998 年第 6 期，第 547 頁。

19 湘平：〈南北行會今昔〉，《香港工商年刊》，1957 年。

20 「汕－香－暹－壢國際貿易圈」指的是汕頭、香港、泰國和新加坡之間的國際貿易。潮人俗稱泰國為暹，新加坡為石叻，石叻一詞源自馬來語 selat，即海峽。參考自林濟：《潮商史略》，第 191 頁。

1. 南北行公所：香港華商最早的同業組織

南北行公所是香港 1842 年開埠後最早建立的行業公所，也是香港華商最早最具代表性的同業組織。如上所述，南北行主要業務為經營華南、華北及南洋一帶的各種物產，貫通南北貿易，之後逐漸發展遠洋貿易，遍及全世界。初期到南北行創業的拓荒者多為潮籍商人，正如南北行公所歷史簡介中所言：「溯南北行創業之前輩，部分為廣州十三行商人及前來香港發展業務之南洋人，其中多為潮籍商人，初時經營貨品以南北藥材及糧食雜貨為主。」[21]

南北行公所的成立背景是排難解紛，定立行規，成為同業商會，及後發展為社區的自治團體，協調地方事務，保障街坊利益與地方安全。[22] 1850 年代以後，經營南北行生意在香港迅速崛起，並逐漸形成以潮州幫、廣府幫、福建幫、上海幫、山東幫等為主的區域性的商幫。其中，潮州幫商號愈來愈多，幾乎佔據了南北行商總數的百分之七十，勢力亦逐漸壯大，在該行業中處於中堅地位。正由於幫派都帶有傳統的地域性與排他性，為了防止惡性競爭而有損行業利益，在 1864 年中，由潮商元發行東主高滿華、乾泰隆行東主陳煥榮、廣商廣茂泰行招雨田等商幫代表發起，倡議組成同業團體，劃分經營範圍，議定《南北行規約》，並於 1868 年在文咸西街正式成立南北行公所，這是香港華商最早的同業組織，也是當時潮商中最具影響力的同業組織。其創立的宗旨是「策同業福利，謀市畫繁榮」，即是為了聯絡同業的感情，排難解紛，定立行規，促進國內外各商埠的貿易往還。

早期南北行經營的業務包括出入口貿易、銀行匯兑、保險船務等，後來還出現一些代客對貨的行號，九八抽佣，有「九八行」之稱，其商號也屬「南北行公所」的會員。值得指出的是，早期南北行公所樓下曾設有「水車館」和「邏更館」（後改稱文咸西約更練所），由街坊理事會管理，

21 《南北行公所成立一百五十周年紀念特刊》，南北行公所出版，2018 年，第 55 頁。

22 《南北行公所成立一百五十周年紀念特刊附刊》，南北行公所出版，2018 年，第 85 頁。

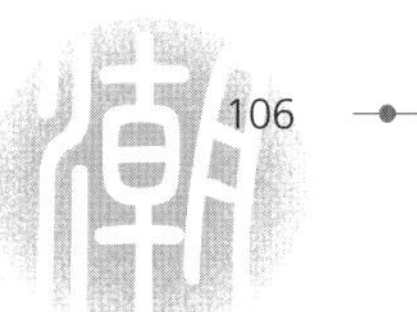

以防範火災和盜患。[23]

由此可見，香港南北行公所是一個以商幫為基礎的跨地緣關係的同業團體，不僅是香港華商最早最有代表性的同業組織，而且還是當時社區的自治團體，帶有一些協調地方事務，保障街坊利益與地方安全的商人會館的傳統特色。其後隨着商業的發達，其組織機構和社會功能亦逐漸發生變化，其成員不僅不斷增多，而且採用資本主義經營方式，採用股份制和聯號等，公所亦為會員謀求改進經營方式、提供商業資訊、提高經營水平等。因此，南北行公所又具有一定的近代商人團體的屬性。[24]

然而，香港南北行公所並非是一個純粹地緣性的潮商團體，而是一個由不同族群商人組成的跨地域同業團體。只是由於當時香港南北行商家以潮商為眾，即南北行公所會員以潮商居多，因此，研究早期香港潮商團體時，繞不開的便是要談及「南北行公所」，它為後來在港潮人商幫成立同鄉會館以及建立跨行業的地域性商會起到了借鑒與推動作用。

2. 聚和堂：香港第一個純潮商的商業團體

香港聚和堂，建於同治年間，是香港南北行潮商在南北行公所成立以後再建立的首個地緣性商業團體。1871 年，潮州總兵方耀倡議在廣州建立潮州八邑會館，邀香港、廣州、佛山、汕頭等地潮商襄助，議決從香港、廣州、佛山、汕頭等地潮商進出口的貨物中每千元抽取一元（後改四元）作為會館基金。五年中總共得貨捐銀五萬餘兩，其中香港元發行、乾泰隆、合興行（潮安柯斗南、王少成合辦）、廣榮盛行、萬福成行、永祥順行、乾元興行、恒豐行、順發行、怡豐行、怡泰行等 25 家潮商大戶即捐銀三萬餘兩，另外香港大潮商還墊借會館一萬餘兩。可以說，香港南北行的潮商在建設廣州潮州八邑會館出力最大。當時省港潮商在廣州城外珠江之濱的長堤建立省城潮州八邑會館，旅港潮州商人如著名南北行商人

23 《南北行公所成立一百五十周年紀念特刊附刊》，第 85 頁。

24 李龍潛：《明清廣東社會經濟研究》，第 341 頁。

高滿華、陳春泉、陳煥榮等均參與其事，並在省城廣州八邑會館左畔的空地，建「景橡祠」一所，顏其額曰「聚和堂」。「凡出資者供俸祿位，春秋祭祀，以垂永遠，而傳芳名，此香港聚和堂名祠所由來也」。[25]

當時的省城廣州八邑會館的物業，由聚和堂主管，設有正副值理，每年值理是省港潮人商行共四家，其中香港南北行潮商得三家，省城潮商得一家，輪流管箱。可以說，當時香港已成為潮商的經營中心，同期堪與潮商相頡頏的可說只有人數、地利上都佔優勢的廣府商人，上海幫當時還未進軍香港商界，客家幫雖開了一些辦莊、客棧、匯兑莊，但大部分是南洋客幫商家的附屬機構，資本、業務都遠不及潮幫。[26]

可見，香港聚和堂實際上也是香港南北行的商業團體，是省城潮商廣州八邑會館的隸屬部分，「港中僅有名義，輪流管理，並非有固定之所也」。[27]「聚和堂」作為香港第一個純潮商的地緣性商業團體，一定程度上為後來「旅港潮州八邑商會」的謀劃與建立奠定了基礎。

第三節　潮商興盛時期與旅港潮州八邑商會的建立

十九世紀末至二十世紀初，香港南北行貿易規模巨大，彙聚南北行各大商號的「南北行街」[28] 在二十世紀初更有「香港華爾街」之稱。以南北行為主導的香港潮商經濟進入了興盛時期，在南北行商號中，潮商佔了近七成，而在隨後興起的銀行、保險和地產等行業中，潮商也大膽開拓奮進，創立了雄厚的基業，甚至成為當時各行業中的巨擘。伴隨香港潮商經

25　李龍潛：《明清廣東社會經濟研究》，第 341 頁。

26　陳荊淮：〈從香港潮商沿革看潮汕人的經商特性〉，《潮汕文化論叢》，廣州：廣東高等教育出版社，1992 年，第 164、165 頁。

27　賴連三：《香港紀略》，香港：萬有書局，1931 年，第 27 頁。

28　經營南北行業的商號大多集中在上環文咸東西街，也分佈於永樂西街和高升街，因此文咸街至今仍有南北行街之稱。

濟地位的崛起以及為了「聯梓里之感情，謀商業之進步」[29]，潮商於 1921 年在香港建立了最具廣泛代表性和影響力的潮商團體 —— 旅港潮州八邑商會（即今日之「香港潮州商會」）。

一、潮商興盛時期：從南北行中堅到各相關行業的表表者

據資料顯示，二十世紀初，隨着南北行貿易規模的不斷擴大，香港經濟逐漸進入轉口貿易時代，也稱轉口港時代，而當時潮商的南北行轉口貿易已成為香港轉口貿易經濟的重要組成部分，「早期佔了香港貿易總額的四分之一，成為本港華商經營的主要項目」。[30]

近代香港潮商能夠長期主導香港南北行轉口貿易，與他們在經營方式方面靈活多樣，極具特色有關。其時的經營方式，總結起來有產銷結合的經營方式、採辦運銷的經營方式、通過代客買賣，實行寄售取佣的間接經營方式、按出產地不同劃分不同莊口經營的方式、通過提供貨倉收取「倉租」的經營方式、通過租賃輪船收取運輸費用的經營方式、涉足金融業，賺取「貼水」的經營方式以及產運銷整體推進的經營方式等。因此，從一定程度上說，近代香港轉口貿易一大部分是由潮籍商家推進，潮商曾經在最旺盛時期擔任最重要的角色。南北行的輝煌歷史一大部分是由潮商寫成。[31] 與此同時，潮商經營的與南北行轉口貿易有關的各行各業，例如銀號、銀行業、保險業、地產業等行業也得以蓬勃發展起來，潮商經濟在香港二十世紀初中期進入了興盛時期。

踏入二十世紀，香港開始有銀號，潮州人稱銀號為銀莊，主要經營金、銀、放款存款、匯兑、外幣找換等業務，其性質類似銀行。據說香港金銀貿易場最盛時的 197 家會員中，潮籍會員佔兩成，但每日之買賣則可左右行情。潮商所開之銀號有和祥銀莊、呂興合銀莊、陳萬昌銀號、萬發

---

29 李龍潛：〈清末民初在香港的潮州人〉，第 562 頁。

30 〈南北行業的變遷〉，《香港華商年鑒》，杭州：浙江人民出版社，1986 年，第 119 頁。

31 林雲銘：〈香港潮僑之工商事業〉，《香港潮僑通鑒》，第 3 頁。

銀號、誠亨銀號、嘉彰莊以及後來之大生銀號與廖創興銀莊等。[32]

潮商在港經營銀行業始於 1915 年由星洲潮籍華僑在文咸西街創設的「四海通銀行」，該行開辦之後業務猛增；1929 年美國及澳洲潮僑與港潮商合作，開創了「嘉華銀行」，潮商林子豐先生曾任該行主席，盈利頗豐；1935 年，潮州旅港領袖馬澤民於經濟危機中組織成立了「香港汕頭商業銀行」，以其雄厚財力幫助潮商融資並度過銀根緊迫的困境，銀行業務隨之蒸蒸日上；1948 年，潮陽富商廖寶珊在擴展貿易、地產諸業的同時，將其經營之銀莊改組為「廖創興儲蓄銀行」，並首創小額開戶，鼓勵儲蓄，更開創香港銀行業建立分行網絡之先河，便利市民，在當時銀行界蔚然成風，業務鼎盛，蜚聲遐邇；隨後泰國金融界巨擘陳弼臣先生的「泰國盤古銀行」也來香港開創分行，該行除香港外，在世界其他國家和地區都設有分行，在港業務表現不俗。[33]

在保險業方面，潮商周華初最早涉足，1906 年他開始代理旗昌保險公司，隨後潮商互助社、和祥銀莊都有代理過保險公司業務；二戰之後，潮籍人士劉振傑開設「中華保險公司」，而上述泰國金融界潮僑陳弼臣之子陳有慶除了奉命到港設立銀行外，還在港開創「亞洲保險有限公司」。其中以「亞洲保險有限公司」的經營最為出類拔萃。[34]

在地產業方面，二十世紀初期，最早投資地產是利希慎，繼利氏之後是馮平山，之後則是許愛周和張玉階兩人。而在香港重光之後，首先從事地產業的潮商先驅者，應推廖創興銀行的廖寶珊先生、大生銀行的馬錦燦先生以及再發行的陳應科先生。其中，尤以廖寶珊堪稱高瞻遠矚，在二戰期間已在港島西區大量購入倉庫屋宇，故有西灣帝王之稱，並於旺角、油

32 趙克進：《香港潮商簡史》，第 26 頁。

33 參考自《香港潮州會館落成開幕、香港潮州商會金禧紀念合刊》，香港潮州商會，1971 年，第 76 頁。

34 趙克進：《香港潮商簡史》，第 32 頁。

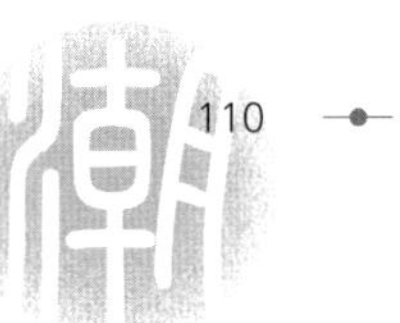

尖區、銅鑼灣等繁盛地區購置地皮作戰後發展之用。[35]

概言之，在南北行轉口貿易迅猛發展的推動之下，香港潮商在十九世紀末二十世紀初也開始率先涉足銀行、保險和地產等行業，他們勇於創新，開拓奮進，與南北行之發展相得益彰，互為促進，創立基業，並成為各行各業中的表表者。二十世紀初期香港潮商經濟進入興盛時期，據不完全統計，這期間較有影響力的潮商代表如下（詳見表 3.2）。

表 3.2 近代香港南北行興盛時期潮商代表簡況

創辦人	創業時間	祖籍	經營商行	突出表現或社會貢獻
陳殿臣	十九世紀末二十世紀初	潮汕澄海人	裕德盛行、元發行	任東華醫院總理，保良局總理及太平紳士、香港潮州商會第二、三屆會長
蔡傑士	民國初年	澄海縣龍田鄉	元成發米行、元榮銀行	香港潮州商會首屆會長
林子豐	民國初年	揭陽縣金坑鄉人	廣源盛	香港潮州商會三元老之一、第十一屆會長，曾獲越南皇室獎以龍紋寶星勳章
馬澤民	民國初年	潮陽棉城鎮人	和通公司、香港汕頭商業銀行	香港潮州商會第九、十、十五、二十屆會長
陳漢華	1935 年	潮汕澄海人	巨發源	香港潮州商會第十六屆理事長暨第十七屆監事長，歷任香港進出口米商聯合會主席、保良局總理、博愛醫院總理
馬錦燦	1937 年	潮陽人	大生銀號（後改為大生銀行有限公司）	大生銀行永遠董事長兼總經理，香港潮州商會十七屆理事長

35　趙克進：《香港潮商簡史》，第 36 頁。

（續上表）

創辦人	創業時間	祖籍	經營商行	突出表現或社會貢獻
廖寶珊	1948 年	潮陽司馬蒲人	廖創興儲蓄銀行，後註冊為「廖創興銀行有限公司」	廖創興儲蓄銀行創始人，首創小額開戶鼓勵儲蓄，開創香港銀行業建立分行網絡之先河
陳弼臣	1940 年代	潮陽人	泰國盤谷銀行香港分行	泰國金融界巨擘、「企業北極星」之稱、泰王多次頒賜榮譽獎章和勳章
陳有慶	1940 年代	潮陽人	泰國盤谷銀行香港分行、亞洲保險有限公司	香港潮州商會第三十二、三十三屆會長，前香港亞洲商業銀行董事長兼行政總裁，獲頒香港太平紳士、金紫荊星章；曾任全國僑聯副主席、香港中華總商會會長、全國人大代表
連瀛洲	約 1940 年代	潮陽人	新加坡華聯銀行	新加坡著名銀行家、榮獲新加坡最高元首頒發的勳績獎章、泰國授予的高級皇冠勳章、美國成就學院頒發的金盤獎

資料來源：《香港潮州商會成立四十周年暨潮商學校新校舍落成紀念特刊》，香港：香港潮州商會，1961 年；《香港潮州會館落成開幕、香港潮州商會金禧紀念合刊》，香港：香港潮州商會，1971 年。

二、旅港潮州八邑商會的建立：香港最具影響力的潮商團體

近代隨着紅頭船商幫在香港的崛起，潮商已逐步具有較為獨立的商人形態，至二十世紀初，以經營南北行為主導的香港潮商進入了興盛時期，他們不僅在中國與東南亞貿易以及環中國海貿易中發揮着重要作用，為香港商業發展史留下了濃墨重彩的一筆，而且也締造了內涵豐富且獨具潮州傳統文化特色的商人組織，在香港商會史以及社團組織發展史上留下了珍貴的一頁。其中，於 1921 年在香港成立的旅港潮州八邑商會是近代香港最具廣泛代表性和影響力的潮商團體。

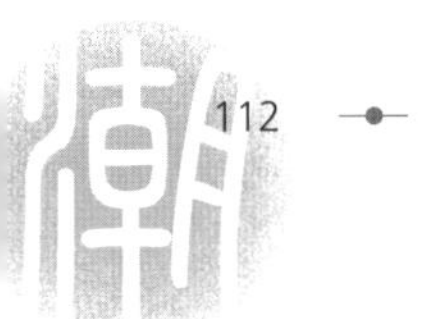

1. 旅港潮州八邑商會成立的緣由

民間商會組織在香港出現並茁壯成長，一方面是香港市場經濟發展的產物；另一方面也是廣泛的社會合法性、寬鬆的制度空間、豐富的社會資本以及自身合理的內部治理結構等因素共同作用的必然結果。

近代潮人闖港謀生時，香港正處於英國殖民統治之下，從 1842 年到二十世紀初期，港英政府在香港建立基於《英皇制誥》、《皇室訓令》的一整套殖民統治制度。由於彼時港英殖民政府無意建立社會保障制度，因此，為了在艱險與競爭的環境中求得生存與發展，從大陸到港的各個不同族群、不同行業人士紛紛成立各式民間組織自保，而擁有幾百年海外移民歷史的潮人在組織社團以及商人組織方面更有獨特表現。俗話說，哪裏有海水，哪裏就有潮商；哪裏有潮商，哪裏就有帶着濃厚潮汕傳統文化氣息的潮商團體及其潮人會館。潮汕地區特有的文化傳統造就了潮商獨特的觀念形態及其行為方式，使潮州商幫成為頗具海洋特色但又具有強烈傳統文化認同與家國情懷的商人群體。

潮商移民海外幾百年的歷史證明，正是基於這種對潮汕傳統文化強烈的認同感，漂泊海外或異地的潮商們一旦站穩腳跟之後便一定會想法設法，籌謀策劃，不遺餘力地創辦潮商團體。在近代香港多元族群的社會裏，面對不同種族、不同族群之間存在着的語言、生活習慣、風土人情等多方面的文化差異，潮商同樣產生了一種保持自我同一性的反應。即是說，為了在激烈的競爭中求得生存與發展，潮商要借助某種大家都能夠認同的東西團結起來，「無以聯情誼而謀公益……求所以互相扶持，圖商務之促進」。[36] 這種大家都認可的，並能促使大家緊密地聯結在一起的東西，就是我們所說的文化認同。因此，從這一意義上講，對潮汕傳統文化的認同便是旅港潮州八邑商會存在合法性的基礎和來源，也是其得以正常運作與發展的前提和根基。

---

36 馬錦燦 :〈發刊詞〉,《旅港潮州商會三十年周年紀念特刊》，旅港潮州商會出版，1951 年，第 1 頁。

當然，除了上述傳統文化認同因素之外，一個團體存在合法性還往往包括來自法律以及政府等層面的支持和認同。自二十世紀初，港英政府主要是通過《香港法例》第 32 章《公司法例》來對在港的民間團體實施管理，而 1923 年的「潮州八邑商會有限公司」就是依據 1911 年至 1921 年香港《公司法例》相關規定在港府公司註冊處註冊的。可以說，旅港潮州八邑商會從近代產生到得以成長，與其當時所處較為寬鬆的外部制度環境是分不開的。

2. 旅港潮州八邑商會成立的歷史追溯

如上所述，儘管南北行公所成員中旅港潮商佔了大部分，但它並非是一個純潮商組成的商人團體，「未足代表旅港潮商之全體」；而聚和堂在香港僅有名義，並無固定之所，不利於潮商之間聯絡鄉誼、團結互助、維護族群權益和謀求商業利益。正如林子豐先生所言：「在港潮商共處一地，雖時相往還，然團體組織，尚付缺如，誠不足以聯鄉誼而謀公益。」[37] 因此，為了更好地敦睦鄉誼，促進商務，「聯梓里之感情，謀商業之進步」，1920 年，旅港潮商方養秋先生、蔡傑士先生、陳殿臣先生、鄭仲評先生等潮籍先達，倡議組設旅港潮州商會。在港潮僑聞風群起響應，聯名發起者共有四十多人，諸先進運籌策劃，熱誠合作，他們訂立章程，定會名為「旅港潮州八邑商會」，以「聯絡鄉誼、研究商務、促進貿易、協助社會家鄉公益以及共謀同人福利」[38] 為宗旨，並於 1921 年 8 月 1 日假座香港島石塘咀金陵酒家，舉行成立典禮。典禮當日，盛況空前，可謂僑界畢集，濟濟一堂。當時香港華商總會代表葉蘭泉先生致頌辭曰：今日為旅港潮州八邑商會成立舉行開幕典禮之期，甚盛事也。敝總會忝屬華僑總機關，際

---

37 林子豐：《香港潮州會館落成開幕、香港潮州商會金禧紀念合刊》，香港潮州商會，1971 年，第 18 頁。

38 參考自《旅港潮州商會三十周年紀念特刊》，「旅港潮州商會章程」，旅港潮州商會出版，1951 年，「特載」第 1 頁。

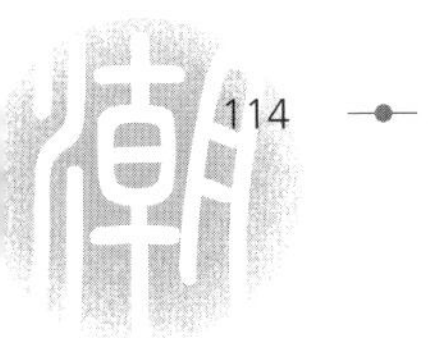

茲盛事，是不可以不頌，爰為之頌曰：鮀江流域，山嶽鐘靈，八邑群彥，盡國之英。懋遷香海，籌算維精，億則屢中，昭信孚誠。設茲商會，萃會群賢，集思廣益，同任仔肩，研究商業，奮着祖鞭，會基永固，於萬斯年！[39] 由此，開啟了旅港潮州八邑商會由一般地緣性工商團體演變成為凸顯社會治理功能和頗具社會影響力的工商團體的發展歷程。

按章程，旅港潮州八邑商會內部組織機構由會員大會、會董會以及執行會董會決議和負責商會日常事務的辦事機構所組成。1921 年 7 月 23 日，「旅港潮州八邑商會」第一屆會董會 40 名會董候選人由潮商集體推薦，並經第一次會員大會等額選舉產生，會董會共有會董 40 名，蔡傑士先生被推選為首屆正會長，王少平先生為副會長，另有司庫 1 名，副司庫 1 名，核數員 1 名，另設幹事 12 名，內分法律、審查各 2 名；交際、調查各 4 名；各股幹事，會員都有選舉與被選舉權。

從上所述，旅港潮州八邑商會組織機構龐大，分工細緻，權責明確，制度較為完善。它是近代香港潮屬八邑商人的議事辦事機構，其把「研究商務」，「促進貿易」作為宗旨，為在港潮人商業發展服務，具有明顯的商會性質。同時，又是潮州八邑商人的同鄉互助團體，支持公益事業，發揮合作互助精神。此外，該商會首長選舉經過醞釀討論，然後表決，又帶有一定的民主色彩。旅港潮州八邑商會成立之後致力於辦「潮商學校」、修「潮州義山」、賑「潮汕八二風災」以及開展「撤銷洋米進口税」、「恢復香港批信」等會務活動，有效發揮了民間商會在社會治理中的自主自治、會員服務、社會動員與社會整合、組織化集體維權以及文化教育、慈善公益等功能，為香港的潮商謀福祉，同時也為近代香港的繁榮與穩定發展做出應有貢獻。

近代香港開埠以來，由於特殊的地理位置和社會背景，潮人向香港大規模移民進入第一次高峰期，到香港闖蕩創業成為潮人謀生與發展的重要

39 〈會史紀要〉，《旅港潮州商會三十周年紀念特刊》，旅港潮州商會出版，1951 年，第 2 頁。

途徑，至十九世紀末至二十世紀初，以經營南北行為主導的潮商經濟進入興盛時期，伴隨潮商經濟地位崛起與時代變遷，潮商倡導成立的商人組織也經歷了以地緣為主的商幫、到以同業利益為重的同業公會，再到會館以及之後突破單一行業與縣域地域限制的商會的嬗變過程。1921 年，旅港潮州八邑商會的建立，不僅超越了血緣、業緣關係的羈絆和阻礙，而且也衝破了地緣的制約。潮商之間開始由分散走向聯合，由感性的抱團取暖走向理性的集體行動，使來自大陸潮汕本土潮安、潮陽、揭陽、饒平、澄海、普寧、惠來、豐順、大埔、南澳八縣的潮商形成一個整體網絡，並在香港這一兼備中西方制度特色的地區發揮着獨特的既側重為會員謀利益的自治、服務、維權、影響政府政策制定等西方商會功能，又注重發揮敦睦鄉誼、弘揚文化、興學育才、慈善救濟、社會公益等有中國特色的商會功能。

旅港潮州八邑商會的建立，使潮商由此改變了以往商幫或小集團與個體的形象，提升了社會資源動員與社會整合的能力，並擴大了自身的社會影響力以及政治能量。事實上，旅港潮州八邑商會也日漸成為凝聚香港潮人的核心與聯絡世界各地潮團的紐帶和溝通海內外潮商的橋樑。

第四節　旅港潮州八邑商會的合法性考察

合法性問題是政治社會學研究的一個重要理論問題，即討論和揭示人們為什麼願意服從某一統治系統並根據該統治系統的相應命令來行動，對旅港潮州八邑商會合法性的考察，就是這種一般性的討論應用在具體統治秩序的研究之中。香港潮州商會從產生至今一百年來，基於強烈的文化認同，其合法性基礎和地位並不因社會變遷或時代發展而產生動搖，相反，表現出其相對的穩定性和可持續性。因此，本書將基於強烈文化認同而產生的合法性視為貫穿香港潮州商會成立至今百年仍生生不息、歷經滄桑而愈加蓬勃發展的根基和源泉，並由此將合法性因素集中放在本節來探討，

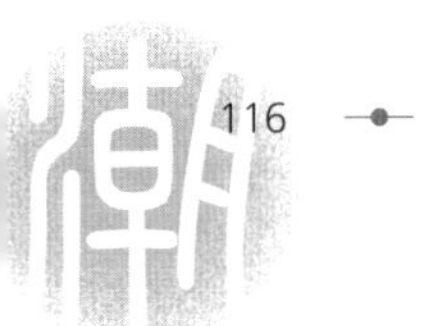

而不在以下其他章節再將其作為不同時期影響民間商會在社會治理中功能發揮的要素來進行討論。

一、合法性的涵義

「合法性」(Legitimacy)是一個內涵非常豐富的概念，主要是指「與既定傳統、規章、原則相一致的」、「符合法律的」、「符合邏輯的」、「正當的」等意思，從古至今一直受到人們的關注。但是，把合法性作為一種社會學現象來加以研究的首推馬克斯・韋伯。

可以說，「合法性」這一概念在韋伯的政治社會學中佔據着十分重要的位置，他通過對社會史的研究發現，由命令和服從構成的每一個社會活動系統的存在，都取決於它是否有能力建立和培養對其存在意義的普遍信念，這種信念就是其存在的合法性。因此，韋伯所說的合法性是一個較為寬泛的概念，它不具有任何的價值判斷。他認為，任何一種合乎需要的統治都具有合法性基礎，這是因為權力總會通過某種方式為自己的統治尋求合法性基礎。這種本身的需要使得統治者與被統治者所構成的命令與服從關係得到維繫，而正是這種「命令—服從」關係的存在使得統治自然而然地具有了合法性。換而言之，所謂合法性，就是促使人們服從某種命令的動機，它不過是既定政治系統的穩定性，亦即人們對享有權威者地位的確認和對其命令的服從。在此基礎上，韋伯將歷史上出現過的政治秩序劃分為三種類型，即所謂的「傳統型」、「個人魅力型」和「法理型」。

傳統權威型(Traditional Authority)的政治合法性建立在傳統慣例或長期形成的風俗基礎之上。這種形式的政治統治之所以被人接受，是因為歷史沿襲，從來如此。先輩定下的規矩，早先形成的秩序，今天自然也應該得到遵守。傳統習慣不需要得到證明，「服從我，因為我所代表的秩序是傳統沿襲下來的」。正如韋伯自己所言：「如果一種統治的合法性是建立在遺傳下來的制度和統治權力的神聖基礎之上，並且也被相信是這樣

的，那麼這種統治就是傳統型的。」[40] 傳統權威型最明顯的例子就是部落統治、家長制下的小群體統治以及村落中的老人政治等。

個人魅力型（Charisma Authority）的政治合法性建立在某個人的非凡個性和超凡感召力（個人魅力）的基礎上。即權力來源於別人的崇拜與追隨；以對某一個人的特殊的、超凡的神聖性、英雄行為或典範品格的信仰，以及對這個人所啟示或發佈的規範榜樣或命令的信仰作為基礎的。個人魅力型權威表現為政治領袖作為英雄和「聖人」引導和召喚追隨者的能力。這種形式的政治統治建立在領袖個人權威的基礎上，「服從我，因為我能帶領大家走向光明」。因此，個人魅力型權力的合法性，完全依靠對於領袖人物的信仰，他必須以超凡奇跡和英雄之舉贏得追隨者，即超凡權力不是依據規章制度，而是依據神秘的啟示。

法理型（Legal Authority）權威是建立在一系列清晰而明確的規則和制度的基礎上。在這種制度下，人們服從法律不是出於恐懼，不是因為傳統風俗，也不是由於對某一個人的忠誠，而是因為覺得法律和秩序是一個理性的社會所必要的。人們承認的是法律的權威，而不僅僅是執法者的權力。即是説，法理型的政治合法性是以一種對正規規則形式的「法律性」，以及對那些升上掌權地位者根據這些條例發佈命令的權利的信任作為基礎的。根據韋伯的觀點，法理型權威是現代國家典型的權威形式。總統的權威、總理的權威以及政府機關的權威最終都由正式的憲法的規則所賦予。這些規則同時也限制了這些官員和機構的行為。在這種權威形式下，「服從我，因為我的權力是根據法定程序產生的」。[41]

韋伯上述合法統治的三個類型的經典理論是從狹義的角度來理解國家的統治類型或政治秩序的；而廣義的合法性概念涉及法律、政治等更廣泛的社會領域，並且蘊含着廣泛的社會適應性，被用於討論社會秩序、規範，或規範系統。

---

40 ［德］馬克斯．韋伯：《經濟與社會》，上卷，北京：商務印書館，1997 年，第 251 頁。

41 楊文革：〈馬克斯．韋伯政治合法性理論評析〉，《北方論叢》，2006 年第 1 期。

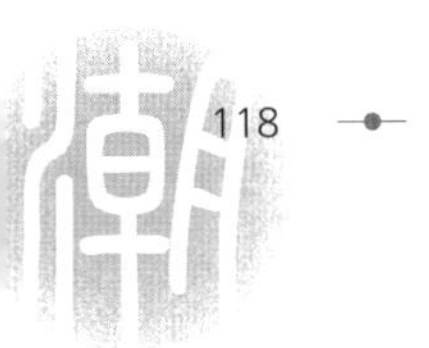

由此可見，韋伯所謂的合法秩序是由道德、宗教、習慣、慣例和法律等構成的，而合法性就是指符合某些規則，而法律只是其中一種比較特殊的規則，此外的社會規則還有規章、標準、原則、典範以及價值觀、邏輯等等。因此，一個組織是否具有合法性，那就取決於它是否能夠定位於某種合法秩序，具體地說，就是能否經受某種合法秩序所包含的有效規則的檢驗。[42]

根據上述韋伯有關合法性概念的闡釋，本課題從狹義的角度來概括合法性，認為某種社會秩序的合法性就是指與既定的傳統、慣例、規章、原則或法律等規則相一致，而被人們所支持的、願意服從該統治並根據該統治系統的相應命令來行動的可能性。可以說，合法性表示的就是與特定規範相一致的屬性，是某一事物具有被承認、被認可、被接受的基礎，至於具體基礎是什麼，是某種文化傳統、某種慣例抑或某種法律，則要視實際情景而定。

二、合法性的基礎

如上所述，合法性是指由於被判斷或被相信符合某些規則，如既定的法律、傳統、慣例、規章而被承認或被接受。因此，合法性的基礎可以是法律程序、也可以是某種社會價值或共同體所沿襲的各種先例。

韋伯在其《經濟與社會》一書中也把社會秩序合法性的基礎劃分為四種形式：第一，傳統，過去一直存在着的事物的適用；即制度的適用基於對傳統的神聖保護，是最普遍的和最原始的適用。因此，也可理解為其合法性的效力在傳統上已被接受，行動者出於不同的理由也認可其存在的正當性和適用性。比如對巫術懲罰的畏懼或者對傳統文化抑或典籍的神聖保護等等。正如傳統中國的統治秩序的合法性就是建立在儒家典籍神聖性的基礎之上的，李斯焚書炕儒，也就打破了權力與正當性之間的利害平

42 高丙中：〈社會團體的合法性問題〉，《中國社會科學》，2002 年第 2 期。

衡，終使秦王朝土崩瓦解，一朝覆亡。第二，基於感情上的（尤其是情緒上的）信仰。比如對先知的信仰。第三，基於價值理性的信仰，即認為某種秩序具有絕對的價值。比如對自然法（naturrecht）的信仰。自然法學說的代表人物是托瑪斯 · 阿奎那，自然法之主張認為「在自然，特別是在人的自然本性中，存在着一個理性的秩序……，這個秩序提供一個獨立於人〔國家立法者〕意志之外的客觀價值立場……，並以此立場去對法律及政治的結構作批判性的評價」。第四，基於被相信具有合法性的成文規定，即基於現行的章程、法律等。韋伯認為「今天最為流行的合法形式是對合法的信仰：對形式上具體地並採用通常形式產生的章程的服從」。[43]

三、商會合法性的基礎和來源：文化認同

根據韋伯的論述，團體合法性的基礎包括傳統、感情的忠誠、對價值理性的信仰或者對秩序符合法律的性質的承認。簡言之，傳統文化、慣例、權威或符合法律性質的章程等都可以成為團體合法性的基礎。也就是說，我們可以做這樣的理解，只有團體「具備了一種合法性的基礎，才可能存在；就全部四種合法性而言，一個組織可能只在其中的一個領域獲得了合法性，也可能在四個領域都獲得了合法性」。[44]

潮汕地區特有的文化傳統造就了潮商獨特的觀念形態及其行為方式，使潮州商幫得以成為一個被公認的頗具特色的商人群體。因此，考察香港潮州商會的合法性無疑必須將其置於該群體特有的歷史文化傳統的視角下，才能更加客觀地理解其產生的基礎及其權威的來源。那麼，是什麼神秘的力量抑或基於什麼緣由促使潮商不管生活在哪裏都能形成共識，走在一起結成互益性的商人團體？換言之，潮商創立商會的合法性基礎是什

---

43 ［德］馬克斯 · 韋伯：《經濟與社會》，上卷，第 66－67 頁。

44 蘇力等：《規制與發展 —— 第三部門的法律環境》，杭州：浙江人民出版社，1999 年，第 315 頁。

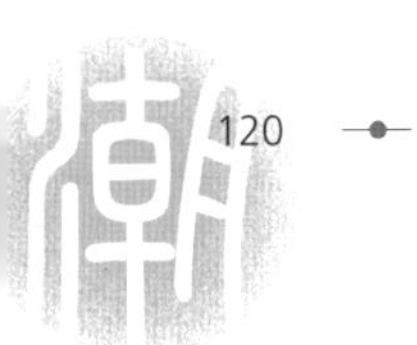

麼？其權威的來源何在？根據韋伯的觀點，同時結合研究對象的本質特徵，本書主要從傳統文化認同的角度來分析香港潮州商會合法性的基礎和來源。

從歷史及其現狀的考察來看，潮汕文化是一個動態的開放體系。它的形成過程，是本地土族文化和中原移民文化經過多次互相影響、互相吸收而逐漸融合的過程。在形成自身特色之後，儘管潮汕人的遷徙、潮汕文化的向外傳播以及一定程度上對其他文化的包容與吸收，但總體上講，其文化核心並沒有產生變化。從這個意義上說，潮汕文化是定居在潮汕地區或祖籍是潮汕人現散居於國內外的潮籍居民、潮籍華僑和華裔所形成的文化。由於近現代潮商的發達多在海外而非本土，因此可以認為「潮文化應該是一個族群文化，而不是一種嚴格意義上的地域文化」。[45]

潮商移民海外的歷史可以佐證，正是基於這種族群文化的驅動之下，或者說正是基於這種對潮汕文化的強烈的認同感，漂泊海外或異地的潮商們一旦站穩腳跟便一定會想方設法，籌謀策劃，不遺餘力地創辦潮州商會團體。一般來說，文化認同總是發生在不同的文化接觸、碰撞和相互比較的場域中，是個體（群體）面對另一種異於自身存在的文化時，所產生的一種保持自我同一性的反應。近代潮人闖蕩香港謀生時，香港正處於英國殖民統治之下，港英政府實行種族歧視的隔離主義，使香港形成了東西方特色並存的華人社會與洋人社會，但當時的港英政府也並無採取同化政策，而是任由各地遷移而來的華人按照自己的生活方式、風俗習慣去謀生度日。在多元族群的香港華人社會裏，不同方言族群之間，為了工作機會和自然資源的分配，經常會出現激烈的競爭。面對不同種族、不同族群之間存在着的語言、生活習慣、風土人情等多方面的文化差異，當時身處他鄉異域的潮州人置身於西洋文化以及華人多種不同族群文化的接觸與碰撞的場域之中，同樣產生了一種保持自我同一性的反應。即是說，為了在激

45 張更義：《最富是潮商：華商第一族群發達模式解密》，廣州：廣東人民出版社，2005 年版。

烈的競爭中求得生存與發展，潮商唯有借助某種大家都能夠認同的東西團結起來，「無以聯情誼而謀公益……求所以互相扶持，圖商務之促進」。[46]這種大家都認可的，並能促使大家緊緊地聯結在一起的東西，就是我們所説的文化認同。

可以説，文化認同也是一種「自我認同」。首先，文化的精神內涵對應於人的存在的生命意義建構，其倫理內涵對人的存在作出價值論證，這都是政治認同、社會認同等所沒有的維度——它們更多對應於人的存在的表層，無法支撐個體對存在和存在價值的確認。以香港的潮商為例，在多族群共處、碰撞與衝突不可避免的社會環境中，要找到回答「我們是誰」以及「我們何以能夠團結起來」等問題的依據，即個體對存在和存在價值以及群體間相互信賴的確認，通常都必須借助祖先、語言、歷史、價值、宗教習俗等來界定自己，並以此來加以認同彼此。其次，文化是一種「根」，它先於具體的個體，通過群體特性的遺傳，以「集體無意識」的形式先天就給個體的精神結構型構了某種「原型」。個體在社會化後，生活於這種原型所對應的文化情境之中，很自然地表現出一種文化上的連續性。即使這種連續性出現斷裂，人也可以通過「集體無意識」的支配和內化為行為舉止一部分的符號而對之加以認同。中原文化和海洋文化交乳融合造就的獨特的潮汕文化，其生成的既傳統而又敢為天下先的文化特質，哺育了一個既傳承中華文化傳統又極具創新精神的族群——潮汕人。敢想，敢拼，極富冒險和變通的精神融入潮人的血液之中，從而鑄就了潮商海洋的底色和基因。即使他們遠涉重洋，移居異國他鄉多年，然而，講潮州話、食功夫茶、喝粥、吃潮州菜、看潮劇等習慣仍然得以保留，口音、生活方式、風土人情、價值觀念等文化符號仍是潮汕人「自我認同」或判別其異於其他族群的標誌之一。潮汕文化傳統如同千年老樹盤根錯節深深紮根於潮人及其後代心中，文化的連續性在他們身上得以充分展現。再

---

46 馬錦燦：〈發刊詞〉，《旅港潮州商會三十年周年紀念特刊》，旅港潮州商會出版，1951 年，第 11 頁。

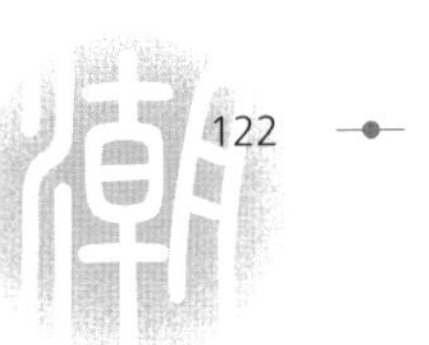

次，文化認同與族群認同、地緣認同、血緣認同等是重疊的。潮汕文化本來就是一個具有歷史連續性的文化共同體，同時也是一個地緣、血緣共同體，它將潮商的各種認同融合其中，避免了這些不同的認同之間因相異特性而發生的矛盾甚至衝突。「文化」的這種特性實際上使它嵌入了人的存在內核，對這種文化的肯定，在心理上實際上已等同於對個體和共同體的存在價值的肯定。亨廷頓曾指出，不同民族的人們常以對他們來說最有意義的事物來回答「我們是誰」，即用「祖先、宗教、語言、歷史、價值、習俗和體制來界定自己」，[47] 並以某種象徵物作為標誌來表示自己的文化認同，如旗幟、語言、戲曲、民間工藝品，甚至頭蓋等等。香港潮州商會儘管遠離潮汕本土，但從 1921 年成立至今一百多年，其裏裏外外仍然充滿着濃郁的揮之不去的潮州文化特色。例如，從物質文化層面來說，置身於香港如此特殊的社會環境之中，香港潮州商會至今仍然視潮州會館、潮州義山、潮州商會學校等文化象徵符號為其根基和核心，而潮劇、潮州功夫茶、潮州美食、潮州風俗、潮州工藝美術品等一系列潮汕民俗依然是會員們共同認為的最有意義的事物；從精神文化層面來看，「治業甚專」、「尚禮義，講誠信」、「勇於冒險」、「敢為天下先」、「做強做大」、「重鄉情，一旦發財致富必定回饋鄉里」等傳統潮商價值理念，同樣也是今天香港潮州商會會員們最主流的思想觀念。

由此可見，文化不僅僅是抽象的象徵符號，它已內化為潮人存在的一部分，或者說內化為他的生活方式、行為模式、價值觀念、思維方式、情感表達方式等等。可以說，文化認同是人們在長期共同生活中所形成的對本群體最有意義的事物的肯定性體現，其核心是對這一群體基本價值的認同；是凝聚這個群體的精神紐帶，是這個群體生命延續的精神基礎。可見，文化認同是群體認同、民族認同乃至國家認同的重要基礎，而且是最深層的基礎。因此，從這一意義上講，對潮汕文化的認同也便成為了潮商

---

47 〔美〕塞繆爾・亨廷頓：《文明的衝突與世界秩序的重建》，北京：新華出版社，1998 年，第 6 頁。

們所共同支持的、承認的、願意服從統治和命令的基礎，即是說，強烈的文化認同是香港潮州商會存在及其運作合法性的核心和根基。

當然，除了上述文化認同即來自團體內部成員共同認可的傳統、慣例之外，一個團體存在合法性的基礎還往往包括來自法律以及政府等層面的支持和認同。香港潮州商會從近代產生、現代發展至當代的壯大百年多的歷史，都得益其擁有適宜的外部制度環境。即是說，從近代至今香港相關法律對商會成立的許可以及香港政府對商會存在的支持態度和立場，同樣是香港潮州商會長期以來得以存在的合法性基礎，本書在下面相關章節中會做相應的探討。

綜上所述，對傳統潮汕文化的認同是香港潮州商會存在和運作合法性的根基，而合法性的獲得過程是一個合法化的過程，影響合法性的各種因素在合法化過程中動態地發揮着作用。因此，香港潮州商會的生成途徑及其權力來源、章程、組織結構、經費來源、相對於政府的獨立性和社會關係等因素的綜合作用造就了香港潮州商會的現實合法性。也正是源於或者說得益於上述的合法性和正當性，一百多年來，儘管歷經滄桑和社會變遷，香港潮州商會依然生生不息，蓬勃發展，其會務日益興隆，參與活動的邊界及範圍不斷拓展，社會影響力日益擴大，其在社會治理中的功能不斷得以發揮，長期以來為香港的繁榮與發展做出應有的貢獻。

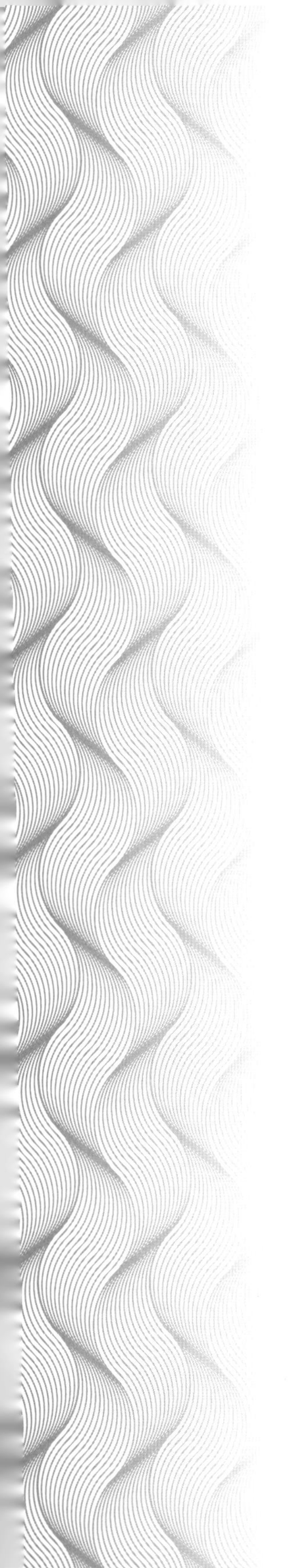

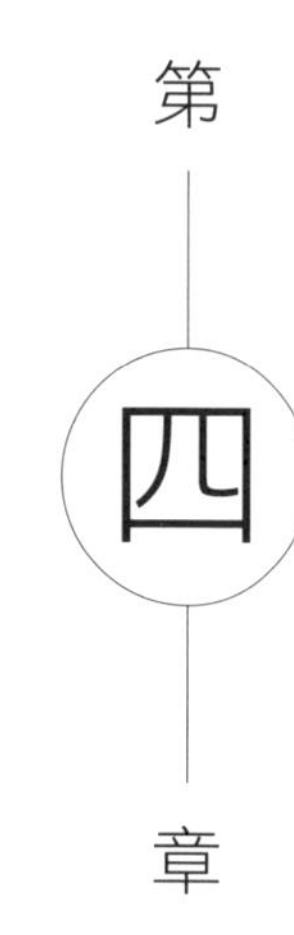

近代香港潮州商會的自主自治及其功能

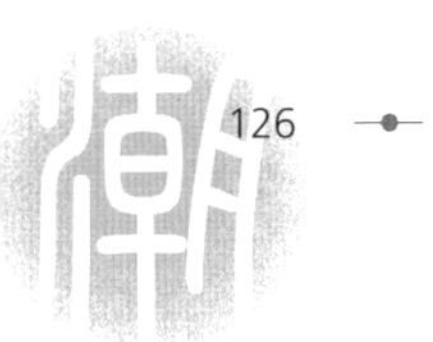

如上所述，香港潮州商會從成立至今一百多年來，基於強烈的文化認同，在其不同發展時期或發展階段上，其合法性基礎和地位相對穩定和鞏固，因此，本書將影響香港潮州商會在社會治理中功能有效發揮的因素之一——合法性問題已在前面第二章中第四節的「旅港潮州八邑商會的合法性」部分加以闡述，下面各章不再贅述。以下將探討在傳統自主自治結構、以潮商為主體的社會網絡以及寬鬆外部制度環境等內外因素共同作用和影響下，近代香港潮州商會所顯現出來的偏重自治層面的社會治理功能。

第一節　傳統的自主自治結構

第一次世界大戰結束時，香港地區未受戰火波及，香港各行各業均呈現蓬勃發展之勢，尤其旅港潮商經營的南北行生意日漸進入了興盛時期，「來往東西洋，經營南北行」，長期控制着「汕－香－暹－壢國際貿易圈」，形成以泰國和香港為中心的近代潮人商幫。然而，在港潮商「共處一地，雖時相往還，然團體組織，尚付缺如，誠不足以聯鄉誼而謀公益」。[1] 於是，為敦睦鄉誼，促進商務，1920 年，旅港潮商方養秋先生、蔡傑士先生、陳殿臣先生、鄭仲評先生等潮籍先達，倡議組設旅港潮州商

1　林子豐：《香港潮州商會金禧紀念、香港潮州會館落成開幕合刊》，香港：香港潮州商會，1971 年，第 18 頁。

會。潮僑聞風群起響應，聯名發起者共四十餘人，諸先進運籌策劃，熱誠合作：他們訂立章程，徵求會員，勸募經費，物色會址、定會名為「旅港潮州八邑商會」，[2] 並於 1921 年 8 月 1 日假座香港島石塘咀金陵酒家，舉行成立典禮。典禮當日，盛況空前，可謂僑界畢集，濟濟一堂。正如當時香港華商總會代表葉蘭泉先生致頌辭所曰：今日為旅港潮州八邑商會成立舉行開幕典禮之期，甚盛事也。敝總會忝屬華僑總機關，際茲盛事，是不可以不頌，爰為之頌曰：鮀江流域，山嶽鐘靈，八邑群彥，盡國之英。懋遷香海，籌算維精，億則屢中，昭信孚誠。設茲商會，萃會群賢，集思廣益，同任仔肩，研究商業，奮着祖鞭，會基永固，於萬斯年！[3] 由此，香港潮州商會開始其不凡的發展歷程。

一、自主治理的內部結構

之所以說近代的香港潮州商會（時為「旅港潮州八邑商會」）是一種自主自治的的組織結構，是因為其產生是基於自身共同的利益訴求，其運作是基於自身的資源，其自主治理所發揮的功能與作用也主要是為特定群體所分享。從其具體的實踐來分析，近代香港潮州商會內部治理結構的合理程度，受到商會內部機構設置、治理機制、自治規則以及商會領導人自身領導才能等方面的影響。

1. 自主治理的動力

「旅港潮州八邑商會」成立時提出的「聯絡鄉誼、研究商務、促進貿

2 因其時潮汕地區分潮安、潮陽、揭陽、饒平、澄海、普寧、惠來、豐順、大埔、南澳各縣，稱謂八邑，均操潮語，較為接近團結。與此同時，省城廣州之潮州八邑會館及聚和堂，其會員亦盡屬前列八邑人士，大埔、南澳未有人參加。而該會當時也是由聚和堂擴大組成，故沿用八邑名稱。

3 《旅港潮州商會三十周年紀念特刊》，香港：旅港潮州商會出版，1951 年，「會史紀要」第 2 頁。

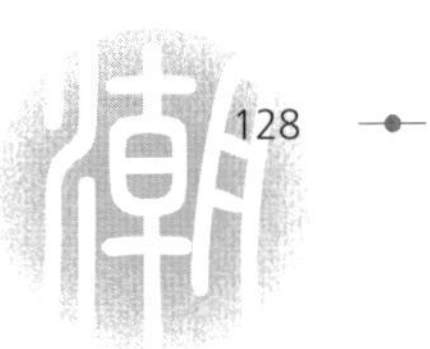

易、協助社會家鄉公益以及共謀同人福利」[4]的宗旨，可以看出，該會成立是建立在維護在港潮商共同利益的目的或動力之上的，即公共利益成為潮商同人合作的紐帶，也正是為了維護當時在港潮汕族群的共同利益，來自各地的會員包括潮商個人、商號、公司、團體紛紛一呼百應，加入「旅港潮州八邑商會」。會員都是基於自身的利益訴求自願入會，會員彼此之間不存在強制或依附關係，而是類似於社區成員之間的合作夥伴關係，各方彼此尊重對方的權利，就共同面臨的公共問題，自定章程，自籌資金，自主治理，並以集體行動的方式實現整體利益最大化。

2. 內部的機構設置

商會內部的機構是商會得以正常運作的載體，也是商會開展各種會務活動的基礎和歸宿。早期香港潮州商會內部的組織機構是按照 1921 年「旅港潮州八邑商會」章程而設置的。其內部組織機構由會員大會、會董會以及執行會董會決議和負責商會日常事務的辦事機構所組成（內部組織機構設置可參見圖 4.1）。「旅港潮州八邑商會」第一屆會董會 40 名會董候選人由潮商集體推薦，並經第一次會員大會等額選舉產生，會董會共有會董 40 名，就中互選出會長 1 名，副會長 1 名，司庫 1 名，副司庫 1 名，核數員 1 名，另設幹事 12 名，內分法律、審查各 2 名；交際、調查各 4 名；各股幹事，會員都有選舉與被選舉權。[5]

1921 年 7 月 23 日，「旅港潮州八邑商會」首屆 40 名會董經過互選，其結果為：蔡傑士先生當選為首屆會長，王少平先生為副會長，李澄秋先生為司庫，鄭仲評先生為副司庫，陳煥夫先生為核數員，陳培深先生、林子豐先生為法律幹事，陳吉六先生、吳嘯秋先生為審查幹事，黃象初先生、陳景端先生、陳湘波先生、黃友南先生為交際幹事，周華初先生、陳有章先生、鄭長松先生、李培恭先生為調查幹事，並推舉陳殿臣先生、方

---

4 〈旅港潮州商會章程〉，《旅港潮州商會三十周年紀念特刊》，「特載」第 1 頁。

5 〈旅港潮州商會章程〉，《旅港潮州商會三十周年紀念特刊》，「特載」第 8 頁。

圖 4.1 近代香港潮州商會內部組織架構圖

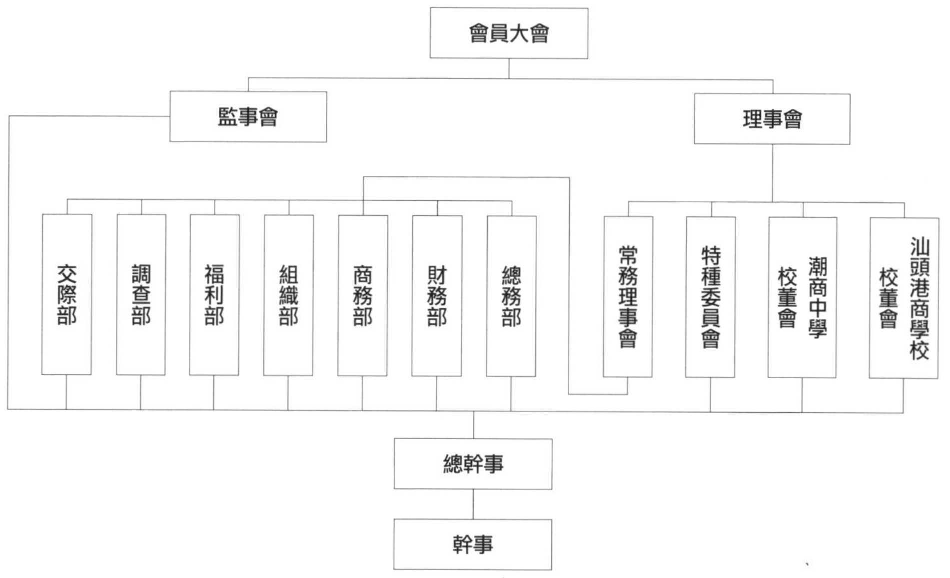

資料來源：《旅港潮州商會章程》，《旅港潮州商會三十周年特刊》，旅港潮州商會出版，1951 年版。

養秋先生為名譽會長。選舉結束後，由會長聘司理兼文牘 1 名，書記兼庶務會計各 1 名，辦理日常事務。如有特別事故發生，須人員助理者，必須由會長於會董或會員中遴選擔任，或由會董會推舉以利進行。如遇必要時，應推舉名譽會長，以資指導。凡加入會者，入會時繳基本金 5 元，常年費 5 元，嗣後每年納常年費 5 元，並規定於每年 8 月 1 日繳足。會董則每屆加捐會董特別捐 50 元，藉表熱忱，而厚本會經費。在此期間，「旅港潮州八邑商會」於 1923 年向香港政府公司註冊署註冊為有限公司，即「潮州八邑商會有限公司」。至 1925 年，會董會以每屆任期一年，時間太短，負責會務者難以有充足時間施展才幹為由，提出議決，由第五屆起，職員每屆任期改為兩年，期滿被選，亦得連任。以上制度，由成立起到 1939 年，沒有更改。至 1940 年，會董方養秋先生等人，以會內人才輩出，提議應該多提拔青年有為的會員擔出任會董，經第十二屆會董會提交會員大

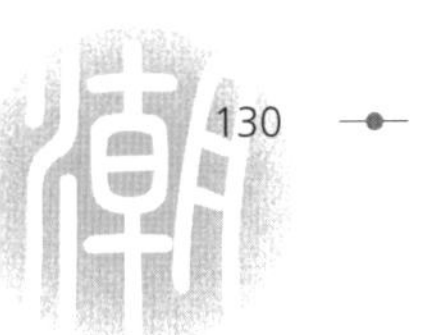

會通過，增加「永遠會董」一職，並規定「永遠會董」人捐 500 元，以助商會經費。1946 年抗戰勝利後，因商會大多數人認為「旅港潮州八邑商會」會名不合時宜，經第十四屆會董會提議並獲會員大會通過，刪去「八邑」二字，改名為「旅港潮州商會」。與此同時，即 1946 年，為了加強商會內部的自我監督，商會最高領導機構以理、監事會代替了會董會。

至此，近代香港潮州商會的內部機構日趨穩定和進一步完善，具體來說，是由其會員大會、理事會及其屬下各部門、監事會及其屬下各部以及包括總幹事和數名幹事在內的執行機構所組成。

二、商會的運行機制

早期香港潮州商會的運行機制亦稱商會內部治理結構的動態功能，主要包括決策機制、選舉機制以及監督機制三個部分。

1. 決策機制

從 1921 年至 1946 年，根據「旅港潮州八邑商會」訂立的章程，商會的最高權力機構是會員大會，但凡重大事務必須經會員大會討論決定，會員大會權責包括有創制、複決、選舉罷免的權力等；而在領導機制上，起初商會是實行會董會制，即商會的事務由會董會全面實施管理，會董會負責行使商會的所有權力，同時也是商會的決策機構。具體來說，近代香港潮州商會決策機制的運作方式如下。

首先，理事會是會員大會的最高執行機構，理事會的職權主要是對外代表本會，對內執行會務；此外，為了便於經常商討事宜，還由理事會選舉產生出常務理事會，常務理事會設常務理事 9 人，理事依本章程之規定及會員大會之決議行使職權；除正、副理事長為當然常務理事外，其餘常務理事 7 人，常務理事主要職責是協助理事長處理會務，分任總務、財務、商務、組織、福利、調查、交際 7 部主任，他們都由 35 人理事中互選之各部主任，負責管理以下各個事項。總務部：掌理文書、編纂企劃、考核及不入他部之事；財務部：負責管理預算、決算、銀項出納、賬務及

保管一切單據與財產契約；商務部：負責管理關於工商業證明、鑒定、保障、徵集、陳列、改良、發展、調解各事；組織部：負責管理關於會員登記、聯絡感情、促進學術等事；福利部：負責管理關於社會福利、桑梓公益、義山等事；調查部：負責管理有關各項調查事務；交際部：負責管理有關於本會對內對外交際、聯絡事宜。正、副理事長，常務理事均為義務職，任期為二年，連選得連任，但理事長以連任一次為限，每屆以國曆四月間為就職之期，並舉行新舊職員交替儀式。此外，理事會還設立「潮商中學校董會」管理潮商中學，以當屆理事為當然校董；同時，設立「汕頭港商學校校董會」管理汕頭港商學校，以當屆常務理事為當然校董。

其次，商會領袖是決策機制的核心力量，其決策能力與領導能力對商會發展具有重大推動作用。一方面，商會領導人出於實現個人價值的需要以及強烈的社會責任感，對參與社團組織往往有超乎常人的熱情與動力；另一方面，商會領導人龐大的社會關係網絡對於聚合社會資本有着積極作用。事實上，在香港潮州商會籌備以及創立以來的各個不同歷史時期，商會領導人的能力素質及其奉獻精神對商會的發展與壯大無疑起到了舉足輕重的作用。旅港潮州商會在初創時期正是得益於一眾潮商精英人士的群策群力與無私捐助，正如商會前會長林子豐先生所言：「鄉先進方養秋、蔡傑士、陳殿臣諸先生，為敦睦鄉誼，促進商務，爰有籌設『潮州八邑商會』之議。潮僑聞風群起響應，聯名發起者共 40 餘人，余時年將而立，亦隨諸鄉先進之後參予其事。惟事屬創舉，經緯萬端：訂立章程，徵求會員，勸募經費，物色會址，辦理註冊，百務待理。幸賴方、蔡二先生，運籌策劃，殫精竭慮；與陳殿臣、李澄秋、鄭仲評、王少咸、王少瑜、王少平諸先生，出錢出力，以為之倡；而潮僑亦一心一德，熱誠合作；幾經籌劃，卒於一九二一年八月一日假座石塘咀金陵酒家，舉行成立典禮。」[6] 由此可見，香港潮州商會是由當時潮商之精英份子籌備並發起成立的，這

6 《香港潮州商會金禧紀念特刊》，香港潮州商會出版，2001 年版，第 18 頁。

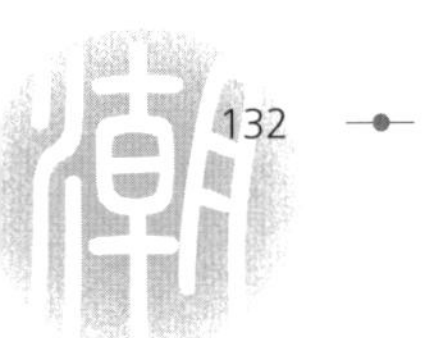

些商界精英憑藉自身的實力以及對當時的現狀與趨勢的深刻把握和社會責任感，在商會的創建過程中發揮了至關重要的作用。具體來説，商會領導人對早期香港潮州商會的有效運作主要體現在以下幾方面：第一，積極捐輸，為商會工作的開展提供了資金上的有力支持。早期香港潮州商會的資金來源除了有限的會費之外，主要就是依靠商會的正副會長、理監事長、常務理事、理事、監事等商會領導層的自願捐助。而且從一開始就形成了一條不成文的規矩：在任的商會正副會長、理監事長每年都得捐助一定數額的資金，為商會的正常運作與永葆基業做出巨大貢獻。可以説，商會領導人大量資金的資助為商會活動的開展提供了資金上的保障。第二，商會領導人「以會為家」的無私奉獻精神以及滿腔的工作熱情，為商會贏得了廣泛的社會基礎和良好聲譽。例如 1922 年旅港潮州商會在第二屆會長陳殿臣先生的帶領下籌賑「潮汕八二風災」為家鄉謀公益；從 1923 年起，歷經第三屆、第九屆、第十屆等商會首長們的不懈努力，商會在香港雞籠環等處修建潮州義山，為會員及家屬提供服務（義山歷史詳見另文）；1923 年，在陳殿臣、鄭仲評、方養秋、陳培深、陳煥夫、陳湘波、林子豐、曾業文、王少平、蔡景雲等商會首長的支持下，創辦香港潮州商會附屬小學，為潮籍人士後代提供規範教育；還有歷屆首長倡導協助香港東華醫院、保良局、香港仔兒童工藝院賣花籌款……諸如此類之善舉，數不勝數。可見，近代香港潮州商會領導們卓有成效的努力和工作，一定程度上提高了商會的知名度。由此，商會領導人以其富有成效的努力，為商會贏得社會廣泛讚譽。第三，商會領導人的個人能量也是拓展商會制度空間的關鍵。商會領導們不但擁有雄厚的經濟實力，而且許多人還擁有廣泛的社會資源，能夠為商會工作的開展創造有利的環境，能夠採取組織化集體行動對抗行政力量對會員合法權益的侵害，以其在體制內外的巨大影響力為民間商會各項活動的開展掃清制度障礙。

需要指出的是，在日常事務的具體運作或管理上，早期香港潮州商會並未專門設置類似秘書處等負責執行會董會或理事會相關決議的常設機構，其日常事務主要通過理事會聘請的一名總幹事以及其他若干名幹事來

負責開展和完成。

2. 選舉機制

在香港，具有近現代特徵的選舉制度，最早並不是出現在政治生活領域，而是實行於新式民間工商社團即商會之中，這是一個很有趣的問題。在中國傳統的行會中，是沒有西方式的民主選舉制度的，領導層的產生主要是採用「推選加輪值」的方式，即先由會員推選董事，再由董事輪流擔任會首。這種方式儘管包含着一些樸素的民主精神，但是離制度化的民主選舉畢竟距離較遠。那麼，早期香港潮州商會的領導層究竟是如何產生的？這是一個關係到其商會治理結構乃至基本性質的重大問題。

首先，1950 年 3 月 11 日新修改的旅港潮州商會章程第三章第十條會員之權利中規定：「會員有發言權、表決權、選舉權及被選舉權」。[7] 章程第四章組織及選舉第十三條規定：「本會最高會議為會員大會，有創制、複決、選舉、罷免之權，每屆選舉由會員大會選舉理監事候選人 50 名，再由 50 名理、監事候選人中互選 35 人為理事，15 人為監事，分別組織理事會、監事會辦理會務；並以曾任本會正、副會長，正、副主席，正、副理事長之未擔任理監事者為本屆顧問；以曾任本會永遠會董之未獲選為理、監事者為本屆名譽理事，遇有會務須諮詢時，得分別延請到會，發揮意見，以資參考，惟無表決權；本會遇有重要事務時，得由理事會組織特種委員會辦理之，特種委員會委員人選，理事及會員均得被選充任。」第十四條規定：「理事會設正副理事長各 1 人，常務理事會設常務理事 9 人；除正副理事長為當然常務理事外，其餘常務理事 7 人分任總務、財務、商務、組織、福利、調查、交際 7 部主任均由理事 35 人中互選之。」第十六條規定：「監事會設正、副監事長各 1 人，由監事 15 人中互選之」。第十九條：「正副理事長、正副監事長、常務理事均義務職任期為二年，

---

7 〈旅港潮州商會章程〉，《旅港潮州商會三十周年紀念特刊》，「特載」第 2 頁。

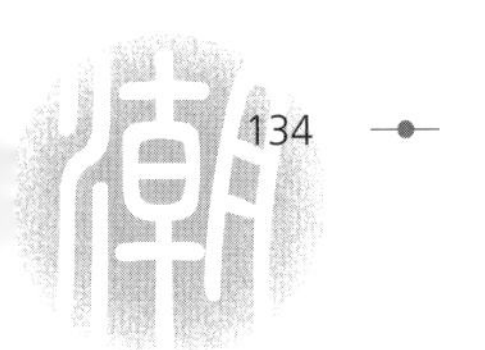

連選得連任，但理事長以連任一次為限，每屆以國曆四月間為就職之期，並舉行新舊職員交代儀式……」[8] 從上述制定的章程中可見，第一，會員有發言權、表決權、選舉權及被選舉權；第二，在程序上，早期香港潮州商會領導層候選人即會董或理事候選人是按照章程規定，先由會員大會投票選舉產生，再由會董們或理事們互選產生正副會長或正副理事長、正副監事長以及各部主任；第三，對理事、監事、會長或理監事長的任期做了規定……上述章程的相關規定顯示了早期香港潮州商會組織制度受西方投票選舉文化的影響，其自下而上的選舉制度一定程度上包含了商會的民主性內涵。

對於早期香港潮州商會的選舉制度，以上是從文本角度來加以探討，下面是從其實踐運作中來加以考察。從第一屆商會領導層的選舉過程來看，開頭是徵集會員，募集基金並成立會員大會；接着是召集會議通過章程；最後是召開會員大會選舉產生會董會，並由會董互選產生商會正副會長以及各部門負責人。正如旅港潮州商會三十周年紀念特刊記載：「截至 1921 年 6 月 8 日，報告徵得會員 251 名，募集基金 37,650 元，遂召集會議通過章程，並決定於同年 7 月 23 日召開會員大會，選舉首屆會董 40 名，之後再由 40 名會董互選正副會長司庫等職，從投票選舉採取的方法來看，早期香港潮州商會全體會董為選舉委員，負責決定日期，及辦理一切選舉事宜。其會員投票的具體做法如下：（丙）每一會員入會滿一年者，得有一選舉權。（丁）選舉之前，將選票郵寄送達各會員，由各會員於規定時間內，依照規定名額圈選會董，親在選舉票封面浮簽署名或蓋章將該選票封固，交回本會，徑投選舉票櫃內，然後於規定日期開票。（戊）團體會員之選票，須由各該團體之主席或副主席照前（丁）條辦法簽名，並蓋會章方為有效。商店會員之選票，須由各該店之東主或司理人照前（丁）條辦法簽名，並蓋店章方為有效。」[9] 另外，從 1925 年開始，商會

8 〈旅港潮州商會章程〉，《旅港潮州商會三十周年紀念特刊》，「特載」第 4 頁。

9 〈會史紀要〉，《旅港潮州商會三十周年紀念特刊》，「會史紀要」第 1－3 頁。

規定會董每屆加捐會董特別費 50 元，以增加商會經費。這一制度，由成立起至 1950 年，沒有太大變化。

3. 監督制度

在近三十年的治理實踐中，近代香港潮州商會逐步形成一套行之有效的能對商會正常運作起到制約或監督作用的制度規則。

首先，章程是香港潮州商會的根本大法，它明確地規定了商會的宗旨、會務範圍、會員條件、組織機構、組織與選舉及會費的管理辦法等。例如，其章程第三條規定：本會以聯絡鄉誼、研究商務、促進貿易、協助社會家鄉公益為宗旨。第四條本會會務綱要規定如下：(1) 關於工商業改良及發展事項；(2) 關於工商業徵詢及通報事項；(3) 關於工商業調查統計及編纂事項；(4) 關於工商業糾紛調處及公斷事項；(5) 關於工商業證明及鑒定事項；(6) 關於商品徵集及陳列事項；(7) 關於社會福利家鄉公益建設促進事項；(8) 關於我國政府及現地政府有關法令將其傳論或翻譯事項等等。

其次，以理、監事制替代會董制，一定程度上強化了商會自我監督的力度。一般來說，章程畢竟只是原則性的制度安排。民間商會自我管理能力和治理績效的好壞，關鍵還是取決於內部管理制度及各行規行約是否有效供給及其執行程度。因此，我們也應該從商會實際運作來看。1946 年 1 月 24 日，為了適應新的形勢需要，旅港潮州商會由會長許友梅先生主持召開的會員特別大會，經眾決議通過修章：(1) 對修改本會章程原則上通過。(2) 將本會原日「潮州八邑商會」會名，刪去「八邑」二字。設理事 27 名，就中互選主席 1 名，副主席 1 名，常務理事兼總務股主任 1 名，常務理事兼財務股主任 1 名，常務理事兼商務股主任 1 名，常務理事兼組織股主任 1 名，常務理事兼慈善股主任 1 名，監事會設監事 13 名，就中互選常務監事 3 名，分別負責理、監事會事務，規定每年開會員大會 1 次，報告事務，每屆以三月為就職之期，並以曾任本會永遠會董，及正副

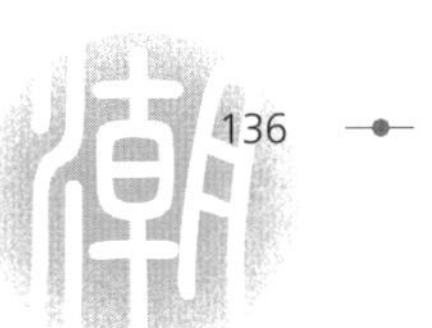

會長正副主席等為顧問，藉以諮詢會務。[10] 由於上述理、監事制是抗戰勝利後參照國內商會法制定的，在實施四年以後，深感與國外團體習慣殊不適合，經理事會多番研究，決定再次修改章程不合時宜之處，並於 1950 年 3 月 10 日召開會員大會通過新的章程，此次修改章程，重在於進一步完善監事制度，具體如下：第一，增加理、監事候選人數至 50 名，再由 50 名理、監事候選人中互選 35 人為理事，15 人為監事，分別組織理事會、監事會辦理會務，並以曾任本會正副會長，正副主席，正副理事長而未擔任理、監事者為本屆顧問，以曾任本會永遠會董而未獲選為理、監事者為本屆名譽理事。理、監事名譽顧問的增設有利於強化對商會內部事務的監督。第二，明確規定監事會正、副監事長以及各監事的職能權限，強化了商會內部的權力制衡，增強商會運作的透明度。具體來說，商會設正、副監事長各 1 人，由監事 15 人中互選之，監事長負責執行本會監事會各項議決案及應辦各項事務並簽署監事會一切文件；副監事長輔助監事長執行本會監事會各項議決案及應辦各項事務並副署監事會一切文件；監事依據章程及議決案協同監事長處理監事會各事項；監事會每 3 個月舉行 1 次；監事會應推定監事 1 位，負責查核理事會送來查核各進支帳目並將其結果報告正副監事長簽署之。

可見，早期香港潮州商會章程，經數次修改，尤其是以理、監事會制代替會董會制，使原本商會的執行權與監督權相分離，一定程度上實現了商會內部權力的制衡，強化了商會自身自我約束的能力，使商會的內部管理制度逐漸完善。

綜上所述，香港潮州商會內部治理結構的合理程度受到商會內部機構設置、治理運作機制、自治規則以及商會首長個人魅力與領導才能等多方面的制約和影響。

---

10 《旅港潮州商會三十周年紀念特刊》，「會史紀要」第 3 頁。

第二節　以潮商為主體的社會網絡

如前所述，社會網絡指的是鑲嵌社會結構之中的人與人、團體與團體等之間的關係構成的複雜網絡。馬克．葛蘭諾維特的「社會嵌入」理論也認為，任何社會都是由若干具體人際關係交往網絡所構成的，這些網絡大體上可以分為兩類：一是地位和權利平等的人所自願組成的以信任與合作為基礎的橫向網絡，二是地位和權利不平等的人被組織到以等級與依附為基礎的縱向網絡。前者容易產生合作秩序，後者容易產生投機心理和投機行為。

二十世紀初的香港，社會保障制度相當匱乏，作為「政府缺陷」和「市場缺陷」的社會彌補機制之一，早期香港各種民間商會組織得以從國家政治生活和市場經濟生活中分離出來，成為一個相對獨立的社會自治領域。民間商會逐步建立起以會員為連接點，以信任、互惠、合作為基礎的由裏向外不斷拓展的多元的橫向網絡。因此，在商會這個固定並重疊的活動範圍內，參與者之間面對面的互動得以發生，人與人之間由不熟悉變為熟悉，由弱紐帶的人際關係變為強紐帶的人際關係，相互監督和自我約束也由弱變強，參與者不敢輕易採取不合作行為，民間商會在很大程度上克服了搭便車問題，成功組織集體行動。所以，除了上述治理結構等正式的制度安排因素以外，民間商會要有效地發揮社會治理功能，很重要的一點，還要視商會內部是否存在信任、互惠規範、相互監督機制和聲譽機制等非正式的制度安排，即商會是否形成廣闊的網絡體系或者說積聚厚實的社會資本。

社會網絡作為一種研究視角和分析框架具有普遍意義。以下從社會網絡的視角來考察近代香港潮州商會在社會治理中的能力。

一般來說，社會網絡是由共享某些相同或相似特徵（例如血緣、相同地域、相同語言，以及共同興趣愛好或共同經歷等）的人聯結在一起而形成的一種參與網絡。在西方社會結構下，參與網絡可能更多地體現為如志願組織等以特定目標而建立起的社會組織。但是，在二十世紀初的香港社

會，由於特殊的地理位置與社會背景，當時香港社會中林林總總的民間組織更多地體現為以「緣」字開頭的關係而結成的網絡，如血緣關係、親緣關係、地緣關係、學緣關係、業緣關係等。這樣的參與網絡體現了典型的中國傳統文化背景，而地緣、血緣、親緣等因素在近代香港潮州商會的參與網絡中也表現得非常明顯。

費孝通先生用「差序格局」的概念來描述中國社會結構和人際關係的特點。

在費孝通先生看來，「我們的社會結構本身和西方社會的格局是不相同的，我們的格局不是一捆一捆紮清楚的柴，而是好像把一塊石頭丟在水面上所發生的一圈圈推出去的波紋。每個人都是他社會影響所推出去的圈子的中心。」被圈子的波紋所推及的就發生聯繫。「在我們鄉土社會裏，不但親屬關係如此，地緣關係也是如此。」[11] 由此可見，「以『己』為中心，像石子一般投入水中，和別人所聯繫成的社會關係，不像團體中的份子一般大家立在一個平面上的，而是像水的波紋一般，一圈圈推出去，愈推愈遠，也愈推愈薄。在這裏我們遇到了中國社會結構的基本特性了。」[12] 儘管費孝通先生使用「差序格局」這一概念中的社會結構是以中國傳統社會為參照系的，但是，本研究認為，「差序格局」這一概念同樣適用於當時的香港社會。一百多年前，潮人初闖香港時，由於港英政府並無採取西化政策，而是任由各地遷移而來的華人按照自己本土的生活方式以及風俗習慣謀生度日。可以說，十九世紀末二十世紀初移民到香港的各個華人圈子裏，基本上都保留了原先國內的鄉土社會傳統。因此，置身於當時香港特殊的社會環境之中，潮州話、潮劇、潮州功夫茶、潮州美食、盂蘭勝會等一系列潮汕文化及其象徵符號仍然是香港潮州商會會員們共同認為的最有意義的事物。如本書第二章所述，地緣文化本來就是一個具有歷史連續性的文化共同體，同時也是一個地緣、血緣共同體。正是基

11　費孝通：《鄉土中國 生育制度》，北京：北京大學出版社，1998 年，第 26 頁。

12　費孝通：《鄉土中國 生育制度》，第 27 頁。

於這種文化認同，處於他鄉異域的同鄉們彼此產生信賴、合作與互助。從這一意義上説，建立在相同的文化傳統、慣例、風俗等文化認同基礎上的團體中的成員們天生容易達成信任、合作與互惠。

從以上描述和分析可以看出，帶有「差序格局」的社會結構特徵決定了近代的香港潮州商會也是一個以地緣關係佔據重要地位的熟人小社會。在商會這樣的小社會中，社會關係是逐漸從一個一個人推出去的，是私人關係的疊加，這個由一個個會員聯繫所構成的網絡上的每一個結都是憑藉共同的文化思想觀念打上去的。正是商會中這些熟人與熟人或大同鄉與小同鄉、甚至熟人與半熟人之間的聯繫像水的波紋一般，一圈圈推出去，愈推愈遠，愈推愈廣，使得擁有這些聯繫的商會通過對信息傳播的參與和控制而給自己帶來了更多的資源和更大的競爭優勢，這樣就形成了早期商會的社會網絡，同時也產生了普通意義上的社會資本。

由此可見，近代香港潮州商會的社會網絡或者説社會資本就是存在於特定共同體中的以信任、互惠和合作為主要表徵的參與網絡，它具有社會結構資源的性質，其中，信任、互惠和合作構成社會資本的三大基本要素。正如帕特南所認為的社會資本是指社會組織的特徵，諸如信任、規範以及網絡，它們能夠通過促進合作行為來提高社會的效益。[13]

由此可見，可以將早期香港潮州商會以地緣關係所構成的參與網絡大致分為這樣幾種類型。1921 年「旅港潮州八邑商會」成立時所制訂的章程第三章第五條規定，本會會員無定額，凡屬旅港潮屬商業團體、商號、個人均得申請加入。因此，早期加入香港潮州商會的會員分為下列三種：（1）商業同業公會會員，凡本港潮商組織成立之同業公會依章加入本會者屬之；（2）商號會員，凡本港潮商開設之商號依章加入本會者屬之；（3）凡本港潮商以個人名義依章加入本會者屬之。[14] 因此，早期香港潮州商會正是以旅港潮屬商業團體、商號、個人這三種會員為基礎，又借助這三種

---

13 周紅雲：《社會資本與社會治理》，北京：中國社會出版社，2010 年，第 39 頁。

14 〈旅港潮州商會章程〉，《旅港潮州商會三十周年紀念特刊》，「特載」第 1 頁。

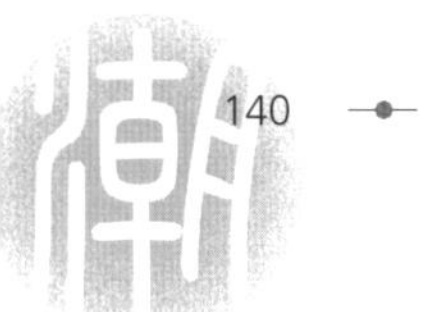

會員各自的家族宗族、親屬關係、鄰里關係、同鄉關係、同學關係、同門關係、同業關係等社會關係所形成的以潮商及其家族、親屬以及親朋好友為主體並由此而推及產生的種種弱關係的社會網絡。

第三節　外部制度環境

從 1842 年英國佔領香港到二十世紀初期，港英政府並無採取西方同化政策，而是任由各地旅港華人保留原先本土的生活方式和風俗習慣，形成中西文化共存的獨特社會人文景觀。與此同時，港英政府也無意在香港建立社會保障制度，彼時香港社會貧富嚴重分化，為保障華人利益，在華商和華人精英的領導下，各地華人自發組織了各色各樣的商會、行會以及民間互助團體，形成了一個具有濃厚中國傳統文化色彩的華人社會。因此，對於近代香港潮州商會所處的外部環境，主要應從當時的法律法規、政策環境以及商會與港英和內地政府之間的關係來進行分析。

一、相關法律法規

基於二十世紀初香港獨特的社會背景，港英政府主要是通過《香港法例》第三十二章《公司法例》來對在港的民間團體實施管理的。《香港法例》是香港現存的成文法法例編匯。由於香港的法律制度以普通法為依歸，對於有爭議的案例或有必要遵守的規定，都會以成文法的形式頒佈並實行。在當時，民間商會等民間團體只要依照香港《公司法例》在港府公司註冊處註冊，便可以成為合法的法人團體。1923 年「潮州八邑商會有限公司」就是依據 1911 年至 1921 年香港《公司法例》第三十二章第二十二段第四節的規定在港府公司註冊處註冊的。

二、政策環境

從 1842 年英國佔領香港至二十世紀初期，港英政府在香港建立了基

於《英皇制誥》、《皇室訓令》的一整套殖民統治制度。因此，近代以來，香港民間商會的制度環境主要受制於港英政府關於國家和社會權利關係的制度安排。從香港憲法性文件《英皇制誥》、《皇室訓令》的相關規定來看，可以發現，以上兩部憲法性文件一字都未提到公民權利，也就是說並沒有規定港人的政治權利和自由，只有規定香港居民必須服從作為英皇代表的港督及其制定的法律的義務。可見，早期香港並沒有一部集中規定港人自由和權利的法律文件，港人的基本權利只能是從各種法律和判例法中引申而來。可以說，港人並未具有主權國家的真正的公民地位，於是港人也就並不擁有公民權了。從香港憲制性文件《英皇制誥》和《皇室訓令》的規定看，英國從來不認為香港華人是英國公民，英國的國籍法早已把香港華人永遠排除在英國公民範圍之外，只有一部分港人中的精英人士被稱之為「英國屬土公民」（British Dependent Territories Citizen，簡稱 BDTC）。由於港人沒有主權國家的真正的公民地位，也就不可能享有真正的公民權。公民權中最主要的政治民主權利即公民可以享受依法參與國家政治生活的權利，但早期港人並未真正具有。長期以來，港人不僅沒有選舉英國政府的權利，也沒有組織香港政府的權利，對港英政府同樣沒有選舉權、監督權、罷免權和被選舉權，而是由英國人管理香港，組織政府，並擔任高官要職。

但是，不管怎麼講，從成立合法性角度來看，在二十世紀初期，早期香港潮州商會等民間社團組織得以在香港成立和不斷發展壯大，與其所處相關法律和政策規定相對寬鬆有密切關係。

三、商會與政府的關係

與前面法律法規及政策環境因素一樣，考察近代香港潮州商會與政府的關係，離不開要把研究對象 —— 香港潮州商會置於當時其所處的特定社會環境之中。由於早期香港潮州商會即「旅港潮州八邑商會」是離開大陸本土的潮籍商人旅居香港自願組織起來的異地民間商會組織，它的存在與發展必然與旅居地的政府即港英政府有相應的關係，而且事實上，與唇

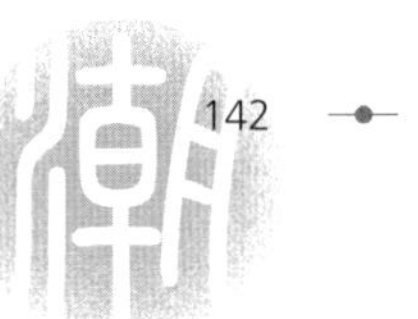

齒相依的內地政府也保持着千絲萬縷的關係。因此，下文將從港英政府及內地政府兩個層面來探討近代香港潮州商會與政府的關係問題。

1. 近代商會與港英政府的疏遠關係

早期香港潮州商會的產生，一方面是香港市場經濟發展以及香港特殊社會結構的必然產物；另一方面也是在港潮商力量壯大進而為了維護自身和謀求更多利益的必然結果。早期香港潮州商會作為體制外自主產生的中間組織，是旅港潮商為了維護在港潮籍工商業者的利益而自願組織起來的具有自主自治性質的民間性團體。可以説，創會早期的香港潮州商會與當時港英政府保持着較為疏遠關係，兩者的這種關係可以從香港潮州商會本身的特點得以體現。

第一，純民間的特點，使早期香港潮州商會得以擺脱政府的控制，保持了較強的獨立性。首先，從早期香港潮州商會章程來看，1921 年成立的「旅港潮州八邑商會」的章程是由蔡傑士先生、陳殿臣先生、王少平先生、方養秋先生等潮商傑出先進協商擬定的，它代表着全體潮商的共同利益，不受港英政府的任何干預和左右。其次，從商會機構設置尤其是商會領袖的產生途徑上看，早期香港潮州商會的領導人純粹是由在港潮商採取推舉與選舉相結合的方式產生的，不受港英政府的任何影響和制約。具體來説，是先由同鄉潮商們推薦候選人，而後由會員大會從候選人中投票選舉產生會董，再由會董們互選產生商會的首長。1921 年 6 月 8 日，報告徵得會員 251 名，募集基金 37,650 元，遂召集會議通過章程，並於同年 7 月 23 日召開會員大會選舉首屆會董 40 名，再由 40 名會董互選正副會長、司庫等職。再次，從資金籌措上看，香港潮州商會的資金是由會員繳納的會費、會員的捐贈等所構成的，沒有得到政府資助或來自於政府任何資金的支持。可見，早期香港潮州商會具有很強的獨立性與民間性。

第二，自主自治的目的，使早期香港潮州商會旨在關注營商環境和市場秩序的穩定，政治上趨於保守，無意涉入政治與社會變革中。首先，對於企業或會員來説，香港潮州商會主要是執行「自主自治」以及在必要時

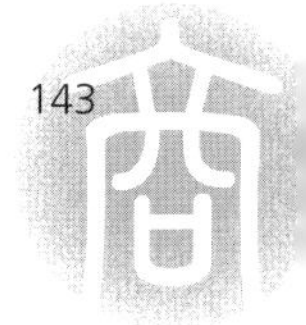

採取組織化集體行動向港英政府爭取權益的功能性組織。也就是說，一方面，商會被香港潮籍工商界視為其自律自治組織，對內維護行業秩序、促進工商貿易發展以及為會員提供各種服務等；另一方面，商會被視為潮商利益的代言人與管理機構，對外與政府和利益相關者進行協商或抗爭。但從港英政府的角度而言，依法註冊成立並無意與之作對的香港潮州商會等民間商會卻有着特殊的「行業或群體管理」的意義和功能，是政府推行財經政令以及實施各種政策的重要組織基礎，也是維護市場秩序以及社會秩序不可缺少的環節與力量。概而言之，在當時香港殖民社會裏，以「聯絡鄉誼、研究商務、促進貿易、協助社會家鄉公益」為宗旨的早期香港潮州商會是以一個經濟性功能組織或純粹的商業團體的身份出現的，既無意與港府作對交惡，也無意涉足香港的政治活動。這可以從香港潮州商會有限公司章程中組織大綱第三條第 15 節「不參與政治或參加政治活動」的表述中窺見其中的深刻意蘊。

第三，秉承「在商言商」的古訓，早期香港潮州商會與港英政府保持一定的距離，彼此間少有交集。自古以來，潮商的商業活動與王權官府有着較遠的距離，潮商堅持其在商言商的純粹商業人格，這種習慣甚至保持至今。唐宋以來，曾經一度被視為南蠻之地的潮州就是貶官的流放之地。「一封朝奏九重天，夕貶潮州路八千」，官場宦海是那樣的變幻莫測和難以自主。韓愈的詩文伴隨着「一朝一夕」的變化，似乎留予潮人以揮之不去的陰影。有人說這正是強化了潮人認為官場「不可為」和「無可為」的意識，使潮汕人普遍疏離官場，淡漠政治。事實上，自明清以來，由於崇尚海上貿易的潮商先輩飽受官府打壓，加上中國官府歷來奉行「重農抑商」政策，因此，歷史上擅長經商而又未曾或極少受惠於王權官府庇護的潮商早期在港仍然以「在商言商」為最高原則，且與港府保持着一種較為謹慎的或者說比較疏遠的關係。

當然，近代香港潮州商會與港英政府較為疏遠的關係，除了上述商會自身的緣由外，與港英殖民政府早期在香港營造的鬆散政策環境有關。如前所述，當時的港英政府既沒有推行社會保障制度，也無採取干預的同化

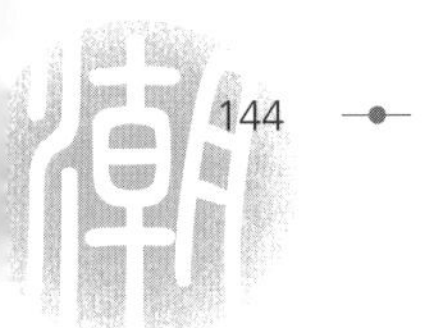

政策，而是任由華人按照自己的生活方式、風俗習慣去謀生度日，形成了一個與洋人完全不同的華人社會。因此，近代香港民間商會等社團組織自然與港府缺乏相應的交集。

2. 近代商會與內地政府既依賴又抗爭的關係

香港與內地唇齒相依，不管從哪個角度上説，諸如歷史、文化傳統、經濟、社會還是政治，都與內地有着密不可分的關係，或者説都天然地受到內地深刻的影響。近代海外潮商包括香港潮商基於對國家、傳統文化以及鄉土家園的認同和眷戀，都擁有濃厚的家國情懷。二十世紀初，香港潮州商會作為離開內地本土的潮籍商人旅居香港所自願組織起來的異地民間商會組織，它的根基仍然源於對中華傳統文化以及潮州鄉土文化的認同基礎之上，可以説，香港潮商與內地各個方面都存在無法割捨的關係，其中也包括跟內地政府的關係。

第一，由於經營「南北行」生意，潮商與大陸沿海諸多城市有着大量的生意往來，為了保護他們在國內的財產以及家人的安全，潮商多與內地政府保持某種關係，如募捐以接濟廣東的革命政府等。十九世紀末至二十世紀初，以經營南北行生意為主導的香港潮商經濟進入了興盛時期，南北行實際上就是潮商以香港為中心，將北線天津、上海、福州、汕頭等地的農副食品、土特產等商品運轉至東南亞各地，又將南線泰國、新加坡、馬來西亞、越南等地的大米、橡膠、椰油、香料等特產輸往汕頭、上海、天津等國內各埠的轉口貿易生意。二十世紀初，隨着南北行貿易規模的不斷擴大，香港經濟逐漸進入轉口貿易時代，其時，在南北行商號中，潮商佔了近七成。然而，經營南北行生意的香港潮商無論如何也與國內政府保持一定程度的關係，尤其處於軍閥割據的戰亂之中，為了保障切身利益以及借助內地政府的力量維護其在港利益，香港潮州商會與其他各邑商會一樣，通過各種形式支持和參與內地政府的相關活動。

第二、抗日戰爭時期，香港潮州商會積極支持內地政府抗日，表現出強烈的民族主義精神和愛國主義精神。1931 年 9 月 18 日，日本侵略東

三省，「九一八事變」消息傳到香港，旅港潮州八邑商會積極加入抗日風潮，與香港潮商互助社等團體一起派出代表數百人，在嶺東華僑互助社禮堂舉行國難致哀會。會眾議決「一律勿買賣日貨，勿乘日船，勿做日工，以致日經濟死命」。[15] 因此，為了響應抗日，香港潮商紛紛抵制日貨，有經營日貨的「廣興源」、「建昌隆」、「廣發祥」等數十家潮籍日貨出口商一致停業，以示抗日救國，並宣稱：「目下雖有重大之犧牲，然必須如此，然後無負國民之天職也」。[16] 與此同時，旅港潮州八邑商會還應募公債十六萬餘元，呈獻中央政府，並鼓勵潮商認購節約建國儲蓄券，達百萬餘元。另外，還徵募衣服數萬件，分贈政府部隊。[17]

可見，在日佔時期，國難當頭的時刻，香港潮商能以民族和國家大義為重，捨利救國，在物質上和實際抗日的行動上都給予內地政府以鼎力的幫助和支持。正如《旅港潮州同鄉會會刊》指出：「外人批評中國人只有鄉里觀念，而無國家意識，殆非虛語。然自日本勢力侵入整個中國以後…… 人民因受外力之直接壓迫，愛國之心，油然而生。故往日囿於地域之見，各固吾幸者，至是亦不得不打破其傳統之保守性，由愛鄉運動進而為愛國運動。本會產生之社會意義，謂為愛鄉心之表現也可，謂為愛國心之表現，亦無不可。」[18]

第三，作為旅港潮商的代表團體，同時也是潮商與內地政府之間的協調機構，早期香港潮州商會還以組織化集體行動的方式與內地政府進行抗爭，以此維護潮商的利益。1933 年香港潮州商會發起的「要求大陸政府撤銷洋米入口稅事件」以及 1934 年「請求大陸交通部恢復香港批信」兩個事件，一定程度上表明了早期香港潮州商會在應對當時政治變局的過程

15 《華僑日報》，1931 年 9 月 25 日，第 3 頁。

16 《華僑日報》，1931 年 9 月 25 日，第 3 頁。

17 蔡榮芳：《香港人之香港史》，第 202 頁。

18 劉蜀永：《簡明香港史》，第 231－232 頁；《旅港潮州同鄉會會刊》，1934 年香港出版，第 7 頁。

中，與內地政府的關係也發生了嬗變。由於內地政府在財政上需要依靠旅港潮商的支持，所以，香港潮商時而能藉此對內地政府有所牽制，甚至影響內地政府的相關政策制定。一定程度上體現了早期香港潮州商會與內地政府既互相支持又不失抗爭的互動關係。

第四節　近代香港潮州商會自主治理模式下的功能

近代香港潮州商會在社會合法性、內部自主治理結構、商會的社會網絡以及當時所處的外部制度環境等因素的共同作用下，其功能表現形式較為傳統，主要集中在自治、服務、維權、文教等內部自主治理功能上。當然，在社會公益、社會動員、影響政府政策制定等在社會治理中的功能也有所體現。

一、自定章程、自籌經費、自我管理與自治功能

一般來説，商會自治是商會最重要的表徵，商會自治包括了商會自主和商會自律兩個方面。事實上，近代香港潮州商會已經具有較為明顯的自治能力，從當時其自治權的表現形式來看，主要包括規章制定權、內部管理權、懲罰權以及爭端解決權等。在規章制定權方面，1921 年「旅港潮州八邑商會」章程的制訂，首先是由會董會初擬，後經會員大會通過生效，它既是潮州商會全體會員共同遵守的基本大法，又代表着全體潮商的共同利益，具有很強的獨立性，既不受任何其他主體的支配和介入，也不受港英政府的干預和左右。從內部管理權來看，香港潮州商會作為獨立的法人團體，能夠通過收取會員會費、接受會員捐助以及自有資產的保值增值所帶來的經濟收入等來獨立地籌措資金，保障商會的正常運作；與此同時，通過帶有一定民主色彩的選舉方式獨立地確定自己的內部領導機構及會董會或者理、監事會；除此之外，商會還通過會董會或者理、監事會授權的各部門負責理事以及總幹事、幹事來獨立地管理商會日常事務，如開

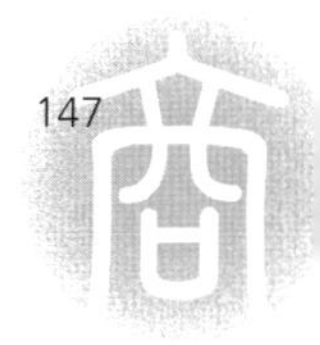

具工商業證明與鑒定事項以及關於商品徵集與陳列事項或開展各種對外活動等來履行自身的管理權。

自律是指商會成員共同制定規則，以此約束自己的行為，以實現內部的自我監管，保護成員的正當權力，它初期的表現形式包括懲罰權、內部爭端解決權、財務稽查權以及監事會的監督權等。懲罰權主要是指商會對自身權限範圍內的違規行為進行處罰的權力，如早期香港潮州商會對會員拖欠會費逾一年以上者，做出在未補交前實行停止其應享一切權利的處罰；另外，還規定會員或會員代表有藉本會名義，在外招搖，妨害本會名譽信用或不遵守本會章程者，經理事會查有實據得革除之等。在爭端解決權方面，早期香港潮州商會對內部會員之間或會員單位之間產生的工商業糾紛有進行調處及公斷事項的職責等。在財務稽查權方面，早期香港潮州商會會董會或理事會都設有負責稽查商會財務收支狀況的核數員或相應的調查部門，以防止和制約會員的不當行為。1946 年，香港潮州商會為了強化自我約束、自我控制的力度，達到實施自我監督的目的，專門修改章程來改變原先會董會的領導制度，代之實行決策權與監督權相分離的理、監事制度。其中，監事會所要履行的職責就是監督商會上至領導層即理事長、各部門理事，下至廣大會員的行為是否規範。特別是在財務稽查管理方面更加到位，比方說，監事會對於營私舞弊或有不正當行為者，經監事會提出檢舉彈劾，有據予以革職的規定，以及監事會有監察會務進行、稽核會內財政收支、凡理事會決議案及進支數目總結應送交監事會存查等規定或舉措，無疑都是早期香港潮州商會自主治理功能得以發揮的表現。

概言之，近代香港潮州商會在社會治理中的功能主要側重於自我管理、自我規範、自我約束、自我控制的自主治理等方面能力的體現。

二、辦「潮商學校」、修「潮州義山」與服務功能

於會員來説，近代香港潮州商會實際上是一個「互益性」組織，或者説可以被看作是一個俱樂部，他們可以憑會員的身份獲得商會提供的俱樂部產品。因此，我們將早期香港潮州商會的服務功能視為其主要向團體內

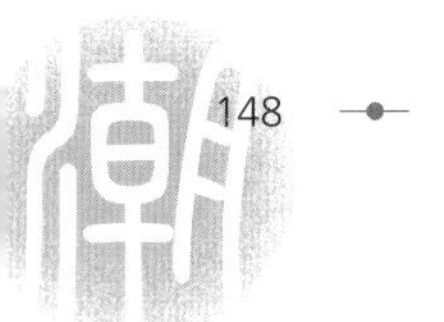

部會員提供各種服務或者説俱樂部產品的能力。可以説，早期香港潮州商會提供服務的範圍或邊界多限於內部會員及其家屬等強關係，服務的項目即提供的俱樂部產品主要包括以下各種：第一，為會員提供聯絡鄉誼，研究商務的會址（會館）；第二、修建「潮州義山」，為旅港潮州同鄉先人提供喪葬服務；第三，興辦學校，為潮商及其子弟提供文化教育等福利待遇；第四，為會員提供各類相關市場信息和商機，以促進工商和貿易發展；第五，通過舉辦各種聯誼會、交流會、研討會、培訓班以及民俗活動等，傳播和弘揚中華傳統文化以及潮州文化；第六，為會員提供融資服務；第七，維護會員合法權利，為會員提供內外部糾紛的調解等等。在上述早期香港潮州商會提供的眾多服務及其產品中，本書主要選取其中較為典型的服務即「興辦潮州學校」與「修建潮州義山」等俱樂部產品來考察其早期的服務功能。

1. 興辦香港潮商學校，教育潮商後代，傳承潮汕文化

從我國大陸商會發展歷史來看，民間商會一般都具有弘揚傳統文化與進行傳統道德教育的功能與作用，這與西方商會較為純粹地作為經濟性功能組織，普遍側重發揮經濟功能的特點有異。事實上，身處異地的香港潮州商會一方面採用西方商會的正式規則即章程來開展商會的各項會務活動；另一方面也運用文化信仰、價值觀念、行為模式、生活方式、思維方式、情感表達方式等一整套非正式的規則即中華傳統文化與潮汕文化來引導和約束會員的行為規範，以此發揮其文化傳承與傳統道德的教化功能，抑或説就是借助文化認同達到團結會員、統一思想觀念，增強團體凝聚力以及樹立權威、維護團體內部秩序的目的。因此，1921 年，香港潮州商會剛成立不久，會董會便將教育作為其最重要的事務之一，決定設立香港潮商學校，以培養後進，發揮其文化教育以及良好道德思想品德教化的功能。正如香港潮州商會自己撰文所述的：

> 教育為構成健全社會之基礎，訓導良好國民之根源，古

> 語云：「一年之計，莫如樹穀；十年之計，莫如樹木，百年之計，莫如樹人。」我國文化，源遠流長，先聖以人民不可以逸居無教，故為學校庠序以教之，其後歷代又不斷發揚光大之，保存整理之；因此我中華數千年光榮之歷史，輝煌之文化，得以遠被四表，廣及萬方。[19]

在 2010 年作者與國學大師饒宗頤教授的訪談記錄中，饒教授也就此問題做了闡述：

> 香港潮州商會極為重視潮汕文化，對弘揚和傳承潮汕文化起到積極的作用。尤其對我從事的學術研究極為重視，從廖氏家族開始，即廖烈文當會長期間就給予我很大的支持，而我的研究成果及學術貢獻也對香港潮州商會有積極推動作用。

旅港潮州商會從第一屆會董會開始，就將教育視為最重要的會務之一，議決設立專門招收潮籍人士子弟的潮商學校，至 1923 年 8 月第三屆會董就職時，會董方養秋先生以同鄉學齡兒童甚眾，建議在會所開辦學校，以便各同鄉子弟聚首一堂，互相切磋學習。該建議獲得會董們的贊成和通過，1923 年 8 月會董會先後推舉陳殿臣、鄭仲評、方養秋、陳培深、陳煥夫、陳湘波、林子豐、曾業文、王少平、蔡景雲諸位先生以及元成發行黃象初先生等作為學校籌備組成員，由會董會決議成立校董會，並議決商會每屆會董為校董。校董會成立後，馬上訂立辦學大綱，籌募辦學經費，會員中關懷教育者紛紛解囊題捐，而校董會成員們更是帶頭捐款，可謂出錢出力。

19 關汪若：〈潮商學校校史〉，《香港潮州商會成立四十周年特刊》，香港潮州商會出版，1961 年版，「專載」第 71 頁。

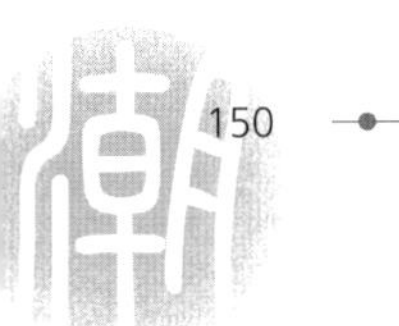

香港潮商學校校董會成立之後，着手制定校規，聘請關汪若為學校校長，並物色各科教師。經過近一年的籌備，1924 年 1 月 22 日，香港潮商學校舉行開學典禮了。第一年全校學生共 94 名，分為五個班，其中初小三個班，高小兩個班，所教授的課程，以國文、英文、算術為主，輔以歷史地理等科。經過近二十年的發展，至 1940 年香港潮商學校不僅擴充校園課室，而且還增設中學及夜校，受益學生逐漸增加。所料不及的是，1941 年冬，香港淪陷了，日佔時期香港潮商學校所有圖書、儀器以及辦公設備都損失殆盡；1945 年香港重光時，在商會馬澤民先生倡議下，香港潮商學校得以復辦。至 1951 年，香港潮商學校辦學共有二十屆，畢業生近千人，這些學生多數是潮籍人士子弟，其中後來成為香港社會精英人士的為數不少。

1921 年香港潮州八邑商會成立時，儘管潮商經營的南北行已走進興盛時期，潮商在港的經濟地位也開始崛起，但由於當時港英政府實行「強政府，弱社會」的社會政策，社會保障制度很長一段時間還未提上港英政府的議事日程，在當時特定的社會環境下，大陸旅港者諸多是因在家鄉窮困潦倒而背井離鄉到香港謀生的，他們當中儘管有因會打拼、善經營而發財致富，甚至成為一代巨賈的，但是，大多數人仍處於社會底層，其溫飽問題難以解決，更不要說接受教育了。早期香港潮州商會是在港潮商自願組織起來的，以維護會員合法權益、促進工商業繁榮為宗旨的社會團體法人或者說接近於經濟性的功能組織，一方面，它作為市場主體以及廣大會員共同利益的代表機構，對內要發揮維護和增進會員共同利益的功能和作用；另一方面，作為一個依然帶有濃厚中國傳統文化色彩和潮汕文化底蘊的民間組織，其公益性的特點也非常明顯，這從 1921 年旅港潮州商會成立時所定的宗旨之一——「協助社會家鄉公益」這一點便可見一斑。基於此，就不難理解早期香港潮州商會為什麼成立第二年就開始着手興辦潮商學校了。與此同時，也就不難理解潮商學校招生對象突破了商會會員子弟的圈子，其受益邊界由商會內部圈子擴展到潮汕同鄉及其子弟了。

二十世紀初期，在香港社會保障制度缺失的情況下，正是林林總總類

似於香港潮州商會的民間組織既在私域提供俱樂部產品，又一定程度上為公域提供了相應的社會服務，例如早期香港潮州商會致力於興辦潮商學校，為潮籍人士及其子女提供教育的服務功能。

2. 修建「潮州義山」，以符慎終追遠之義

「慎終追遠」是中華民族的傳統美德，意指慎重地辦理父母喪葬之事，虔誠地祭祀遠代祖先的意思。慎終追遠，葉落歸根，這種中華民族傳統的民俗文化心態，潮汕人也甚為強烈。潮汕地區的海外移民歷史悠久，從古代到近現代綿延不絕，是我國著名的僑鄉。移民海外的潮人對潮汕文化傳統都有着強烈的認同感和歸屬感，早年潮人無論漂泊到何方何地，也不管是成為一代巨賈還是平民百姓，一到年老哪怕是遠隔萬里都要飄洋過海，落葉歸根。回唐山、回家鄉就是他們心中不滅的念想。但是，由於經濟原因、戰亂、抑或疾病等不可抗拒的因素，遠涉重洋的海外潮人也多有在旅居國居留直到終老。由此，在異國他鄉，潮人為了遵循中華民族慎終追遠的傳統美德，就在旅居地修建義山，安葬故人，以讓先人安息。這個傳統一直流傳下來，香港也不例外，十九世紀末，潮人向香港等地大規模移民進入高峰期，尤其是背井離鄉到香港闖蕩成為當時潮人謀求生存的重要途徑。因此，為了符合慎終追遠的傳統和美德，潮商在香港潮州八邑商會成立之初，便馬不停蹄地為修建潮州義山一事奔走高叫，殫精竭慮。《香港潮州商會五十周年特刊》指出：

> 我潮人來居香港者夥且久矣，而組織團體，首有南北行之聚和堂開其端，嗣有本商會之成立繼其後，而繼本會之後者又有潮州總工會之設。當是時，彼此，以聯絡鄉誼，共謀福利是務，而有輝煌之事實表現。至於對同鄉之死亡在港地者，亦咸謀籌設義山，以為安葬之所。夫義山之設，香港東華醫院，早已有矣，吾人又何須另覓一地耶？其意無非欲使同鄉之死者，得共葬於一處，生者便於祭掃，易盡鄉誼，即

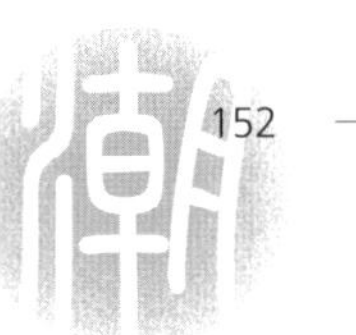

其後人不在香港，亦有同鄉為之照料，以符慎終追遠之義；且拜山之時，我行我俗，先友雖身葬異鄉，亦無殊骨歸故里。故尋覓創設義山，我潮人未曾一日忘懷也。[20]

1922 年，在旅港潮州八邑商會會長陳殿臣先生率領之下，眾潮商首長開始在港島尋找合適地方創設義山，經多番努力，1924 年，香港政府批准香港島雞籠環山地給予香港潮州商會作為修建義山之用，潮州商會馬上籌辦經費，進行工程招投標以及安排管理墳場等工作。1924 年 7 月 16 日，初設於香港島雞籠環山地的「潮州義山」得以啟用。1935 年 12 月，香港潮州商會再向香港政府領得鴨脷洲山地一段，作為雞籠環山地的遷葬之用。1947 年，香港政府因拓展其他需要，潮州商會雞籠環的墳地搬往九龍牛池灣。

概言之，早期香港潮州商會通過修建義山，解決了潮人在港居留的後顧之憂，使得潮籍先友在港逝世終有葬身之地，而每年清明佳節前後，在港潮人後人也要到義山為先祖掃墓、祭拜，以符慎終追遠之義。值得一提的是，香港潮州商會已形成這樣的傳統：每年清明日上午九時半，商會會長、會董必定帶領一眾會員至九龍地區彙集，分乘汽車，集體到潮州義山公祭，「使寂寞空山，頓呈熱鬧景象，且來義山者，非盡戚友，亦屬同鄉，其情誼因聚會而加厚焉。至於所用祭品、舉行儀式，全照潮俗，處身其中，如履故土，故同鄉之往山祭掃者，常能引起其愛群愛鄉之念。公祭畢，乃將祭品烹調，眾同鄉同於山地涼亭聚餐，閒談鄉情，倍覺親熱」。[21]

由此可見，移民海外的潮人，所到之處必做三件事：設會館、建義山，辦學校。

---

20 〈義山概要〉，《香港潮州會館落成開幕暨香港潮州商會金禧紀念合刊》，香港潮州商會編製出版，1971 年，第 151 頁。

21 〈義山概要〉，第 156 頁。

三、賑「潮汕八二風災」與社會公益功能

社會公益功能主要是指商會在自願的基礎上，以募集、捐贈和資助等形式對社會某一階層、群體或人士提供社會救助、社會福利的能力。

社會公益功能是近代香港潮州商會較為凸顯的社會治理功能之一，香港潮州商會成立後，除照章處理會務，研究商業，聯絡鄉誼，協助工商發展外，對於社會及家鄉公益，災難救濟，無不一秉至誠，竭力以赴。從 1921 年成立三十年來，商會致力於各種慈善事務，其受惠對象由內至外大致可分為幾大類：第一，對家鄉的救助，如第二屆時的籌賑潮汕八二風災（詳見下文描述），第四屆時的勸捐修葺韓江堤防經費，第七屆時的募捐潮安育嬰堂建築費，歷屆之勸募汕頭存心善堂，捐助汕頭貧民工藝院，協助汕頭救濟院募捐經費，第十二屆、第十三屆時的救濟潮汕冰災，第十四屆時的救濟潮汕九二四風災，第十五屆時的救濟潮汕糧荒，捐助長汀困苦同鄉等事。第二，對香港同胞的救助，如歷屆協助香港東華醫院、保良局、香港仔兒童工藝院賣花籌款；第十四屆時的救濟禎祥輪、祥發輪遇難者；第十六屆、第十七屆時的捐助香港防痨會經費；第十六屆時的捐助救濟九龍城火災難民；第十六屆的聯合各團體為災民施贈寒衣；第十七屆時的募捐救濟調景嶺難民等事。第三，對大陸其他地方的救濟，如救濟廣東三江水災、華北水災、長江水災、東北冰災、上海冰災、華南冰災及華北九省旱災等，以及對海外同胞的救助，如第十六屆時的捐助越南華僑等事。

下面以 1922 年籌賑潮汕八二風災為例，考察近代香港潮州商會的社會公益功能。商會上下同仁無不為災區的嚴重災情而動容，除了自己身體力行、慷慨捐輸之外，還熱切呼籲海外同鄉團體、善長，在港各邑團體、善長踴躍捐款救助潮汕同鄉，並舉派代表成立賑災團親臨汕頭辦理賑災事務，如此等等，凸現早期香港潮州商會社會公益功能。

旅港潮州八邑商會成立的第二年，即 1922 年 8 月 2 日晚，歷史罕見的強颱風猛烈襲擊了潮汕沿海各縣，災情慘重程度，為潮汕有史以來所無。正如香港潮州商會籌賑風災紀念碑序所記：

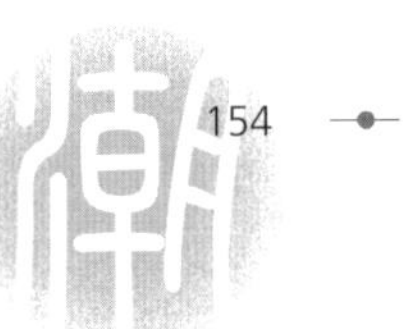

> 民國十一年八月二日，潮汕颶風暴起，驅海水，傾洞陸，地瀕海縣，胥為澤國，淹斃居民數萬，毀屋拔木，田園沒，堤圍決，牲畜器具，漂散多不可勝紀，災情之重，亙古未有。[22]

商會聞訊，立即召開會董緊急會議，報告潮汕受災情形，並商議救濟辦法。首先，由商會撥港幣五千元匯往汕頭總商會代辦急賑。其次，組織賑災團向旅港本族群各同鄉募捐救濟，由於當時商會會長陳殿臣先生因事回鄉，大家公推副會長王少平先生為賑災團主任，方養秋先生為總務，元發行為財務，李鑒初先生為庶務，全體會董擔任募捐員，向本族群各善長呼籲救濟外，並將災情通電東南亞各同鄉團體，同時函請本港東華醫院、華商總會、旅港各邑商會等團體，給予援助。本幫各行號、各善長踴躍題捐，本港東華醫院、華商總會、鐘聲慈善社，以及各邑商會，也都紛紛響應救濟。再次，商會鑒於家鄉災情之慘重，各界關懷之殷切，於是推舉代表前往汕頭辦理賑災事務。先由王少瑜、周華初、陳吉六、洪鶴友、鄭長松、林子豐、陳湘波諸先生等於 1922 年 8 月 10 日從香港乘燕南輪前往汕頭，另由商會聘請香港大學醫科畢業生揭陽同鄉蔡鼎銘先生為救生隊隊長連同謝景星醫生、詹錫章醫生，趕往汕頭負責商會賑災團救生工作。

香港潮州商會賑災團到達災區後馬上部署並展開下列各種救濟工作：（1）派調查員分赴各縣災區調查災情，分送醫藥物品。（2）風災之後，派救生隊用藥水洗滌汕頭街道，以重公眾衛生。（3）派周華初先生、林子豐先生，會同救生隊隊長蔡鼎銘先生，醫生謝景星先生，詹錦章先生等員役百餘人，攜帶中西藥品，分赴澄海、饒平、潮陽、揭陽各重災區，調查災情，療治災民。（4）派陳景端先生、黃台石先生、楊瑞璜先生、洪獻臣先

22 〈附籌賑潮汕八二風災概略〉，《香港潮州商會三十周年紀念特刊》，「會史紀要」，第 7 頁。

生、許少初先生、劉漢臣先生等，分別會同汕頭存心善堂、誠敬善社各社友，攜帶本會運汕賑米運往災區散賑。（5）撥款託存心善堂辦理急賑，以及在各災區蓋搭帳篷，作為災民棲留之所。抵汕賑災團將調查所得災情報告商會如下：「潮汕此次風災，猝起午夜，海水狂漲，山洪暴發，故濱海各縣，盡成澤國，淹斃居民達數萬人，其中澄海約四萬餘人，饒平約六千餘人，揭陽千餘人，潮陽四千餘人，毀屋沉船，浸沒田園，災區難民達數十萬人，流離失所，觸目皆是，牲畜器具，漂散不可紀數，災情之慘，損失之重，為潮汕有史以來所未見。聞者傷心！見者下淚！」[23]。基於上述彙報，香港潮州商會除加緊設法繼續籌賑，並及時將災情函報香港東華醫院、華商總會等，籲請加強救濟外，並即將災情概況及災區影片，送請本港各報館發表，並向本港各界呼籲香港各界振救潮汕災區。香港各界人士對此慘災深表同情，自動將捐款交與商會託為賑災者絡繹不絕。緊接着，東華醫院、華商總會也馬上推舉首長親自奔赴汕頭視察各災區情形以及香港潮州商會賑災情況，回港後都認為潮汕災情慘重，紛紛慷慨捐輸，並將所得捐款交由香港潮州商會主持賑災。除此之外，香港潮州商會為了增加善款，還在港舉辦拍賣會，邀請全港各界善士名流參會，各慈善家踴躍捐助，募得善款 5 萬多元。與此同時，東南亞各埠僑商捐款也紛沓而至，本次賑災，香港潮州商會共捐得賑款 30 多萬元，連同東華醫院、華商總會、本港各團體、南洋僑商賑款，共得 60 多萬元。賑款用於賑災的具體辦法如《香港潮州商會三十周年特刊》所言：

> 用諸急賑者約十餘萬元，用諸善後者約四十餘萬元，急賑以贈衣，贈藥，贈米，贈醫，蓋搭篷廠收容難民為主。善後以供給耕牛，修築堤圍，建築避災屋，協助生產為主。[24]。

---

23 〈附籌賑潮汕八二風災概略〉，《香港潮州商會三十周年紀念特刊》，「會史紀要」第 5 頁。

24 〈附籌賑潮汕八二風災概略〉，《香港潮州商會三十周年紀念特刊》，「會史紀要」第 6 頁。

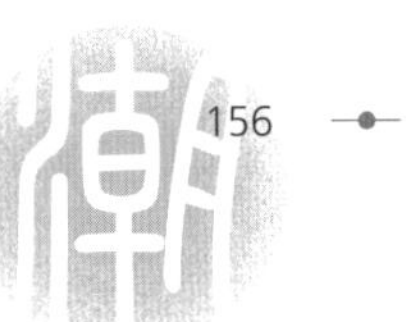

1922 年的潮汕八二風災，香港潮州商會由成立賑災團到賑災結束，歷經一年多，以王少瑜先生為代表的留汕主持賑災事務的商會同仁，急災區災民之急所急，為捐輸身體力行，為籌款奔走呼籲，為救災殫精竭力。賑災事務結束後，由賑災團在汕頭同平路立碑，紀念辦賑經過及捐款一千元者姓名以垂永久；並由香港潮州商會編印收支數目以及捐資各善士芳名以表彰善行。

從 1922 年「潮汕八二風災」籌賑事件中可以看到，香港潮州商會正是通過自願捐贈、社會募捐、親臨災區主持賑務等公益行為，在一定程度上彌補了政府社會保障的缺失。民間商會組織作為多元社會治理主體之一，它不僅要維護自身的利益，還自覺承擔一定的社會責任，從而發揮扶危濟困、養老善終、捐輸賑災等社會公益功能。

四、撤銷洋米進口税、恢復香港批信與維護會員權益的功能

一般來説，民間商會組織的維權功能與影響政府政策制定的功能往往是交叉重疊或者同時顯現的，一方面，民間商會作為行業共同利益或會員共同利益的代表機構，維護會員利益，整合業界訴求，並採取相應的方式來維護或爭取業內及會員的合法權益，應當是商會組織的基本功能之一；另一方面，為了維護行業或會員的共同利益，民間商會也往往需要借助組織化集體行動的途徑和方法與政府進行協商或抗爭，給政府施加壓力，以達到影響政府政策制定的目的。

發生於 1933 年的「請大陸政府撤銷洋米進口税」以及 1934 年的「恢復香港批信」兩個實例，一定程度上透視出早期香港潮州商會在維護會員權益以及影響政府政策制定方面的功能。

首先，從「請政府撤銷洋米進口税」這個事件來看，長期以來，廣東人口眾多而耕地狹小，所產大米向來非常有限，一直必須依賴從東南亞各地進口大米予以補充。1933 年，廣東社會經濟衰落，廣大老百姓外受世界不景氣的影響，內受各種税捐的壓逼，已經窮困到了極點。值得慶幸的是，恰遇盛產大米的南洋各國大米豐收，源源不斷運往廣東各地接濟，使

廣東糧食短缺的問題得以解決，人民稍微安定。但是，難以預料得到的是，當時的廣東政府卻以救濟和保護本地農業發展及農民利益為藉口，準備實行徵收洋米進口稅。而推行徵收洋米進口稅的政策，一方面政府可以增加稅收收入，是該項政策的最大利益者；另一方面，一旦對洋米實施徵稅，對潮商將產生巨大的損害和衝擊，其受害對象至少有以下兩種：其一是東南亞從事大米生產以及銷售的米商，因為在東南亞一帶從事米業的商家大多數是旅居或移民南洋的潮商，因此，對南洋大米徵稅必然損害了東南亞潮籍米商的利益；其二是在香港從事南北行轉口貿易的米商，二十世紀上半葉，佔據香港轉口貿易半壁江山的是潮商的南北行，而南北行大米的進口生意幾乎為潮商所壟斷。因此，廣東政府欲實行徵收洋米進口稅勢必影響或損害到在港潮商的商業利益，尤其是米商的行業利益，當然也損害了廣大老百姓的利益。

有鑒於此，時任香港潮州商會會長馬澤民先生以商會的名義，去電西南政務會議及廣東省政府，痛陳了政府徵收洋米進口稅所帶來的種種弊害，並向政府提出了撤銷洋米進口稅的請求，指出政府應以關心民食為重，若肆意徵收洋米進口稅必定徒然增加民眾負擔，損害在港和東南亞僑商的利益。除此之外，又向政府條陳了「保護農村，減輕捐稅，改良種籽，獎勵生產，務使農產日豐，民食充足，則農村自然復興，漏巵自然杜塞」的若干建議。香港潮州商會的據理力爭終於使政府為之所動，將徵收洋米稅的政策擱置了數年。然而，一波兩折，據《香港潮州商會三十周年特刊》中的「會史紀要」記載：

> 其後廣東還政中央，計吏又向政府建議徵收洋米稅。消息傳來，本會會長林子豐先生，貫徹本會請求維持民食宗旨，領導會董會同人，親往廣州晉謁當局，陳述徵收洋米稅有害無利理由，並請注意民生，勿隨意加重粵民負擔，當局重視民意，卒未實行。上述「請政府撤銷洋米進口稅」事件中香港潮州商會所扮演的角色，已經透視出其具有了在錯綜

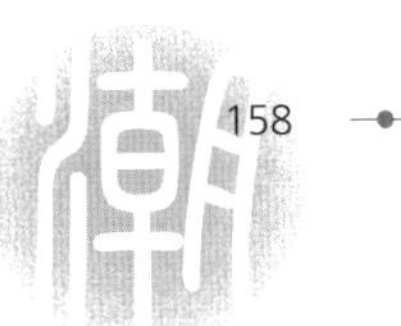

複雜的社會治理環境中，代表及維護會員的利益、迅速統一和整合米業的訴求、以組織化的集體行動與政府進行協商和抗爭，最終影響政府政策制定的功能。[25]

其次，從「恢復香港批信」事例來看，1934 年（民國二十三年）春間，中國內地郵政總局要求汕頭郵政局，命令其屬下各批局不得收寄香港批信，此消息一傳開，在港小本經營的潮商以及潮籍人士人心惶惶，也引起了香港潮州商會的極大關注。因為很長一段時間以來，旅港等各地華僑正是通過汕頭郵電局在各地設置的批局，將家信連同贍養或接濟家用的款項同時放進一個信封寄往潮汕各地批局，再由批局派送到家鄉親人手裏的。批局不管「批信」裏頭的銀兩多少，也不介意地址是在城鎮還是窮鄉僻巷，都會妥當投達。長期以來，汕頭因海外華僑眾多，為同時滿足海外僑胞寄信寄錢給家鄉親人的需要，汕頭郵電局便出現了專門設置為海外僑胞提供發送批信的機構，屬稱「批局」，「批局」事實上彌補了當時國內郵政業務的不足，數十年來以其遞送便捷而為海外各地僑胞包括香港僑胞所稱讚。然而，時至今日，內地政府反倒要取消香港寄往汕頭各批局的「批信」服務，對此，在港潮商及潮籍人士極為擔憂，尤其對那些一家老少都依賴批信裏頭銀兩過活的貧寒家庭無疑是一個致命的打擊。而且，1930 年代正值世界經濟不景氣，旅港工商各界均遭遇困難，若將「批信」業務取消，那麼旅港做小本生意或勞工界的潮籍人士寄付微薄家用回汕頭勢必發生阻礙，而家鄉的老幼，將有坐以待斃，活活餓死的危險。在港潮人的不安、民聲的哀怨，使當時的香港潮州商會同仁們看在眼裏，急在心裏。作為當時在港具有一定影響力的潮屬社團，香港潮州商會不僅以潮商會員的利益為重，也處處以潮籍人士的需求為重。時任香港潮州商會會長

25 《香港潮州商會三十周年特刊》，「會史紀要」第 5 頁。

馬澤民先生，以此事妨礙旅港潮屬僑胞寄付零星款項，贍養家屬以及影響平民經濟為由，召開會董會討論應付辦法。最後決議以香港潮州商會的名義去電內地交通部，據理請求政府將取消香港與汕頭之間「批信」服務的決定撤銷，以利平民。在香港潮州商會的斡旋之下，內地交通部終於覆電准予商會的請求，從而恢復香港寄往汕頭的「批信」業務。當時，內地交通部覆電准予商會所請的電文如下：

> 旅港潮州八邑商會鑒：［前據宥電，請取消禁寄香港批信一案，當經本部令飭郵政總局查明核辦，並電覆在案。茲據總局呈覆稱：查批局寄往香港批信，向系封作總包，按照總包重量繳納郵費，惟近來或有利用香港郵政收費較低，將寄往國外他處之批信，封入包封內送由香港寄遞，以圖省費，故曾令飭廣東管理局予以取締，奉令前因，該商會來電所稱不無相當理由，且民信局結束後，批信局業呈准暫行繼續營業，該汕頭經營香港批信局，自亦可暫准繼續營業。惟擬飭其將所收寄往香港之批信，一律按照寄費清單第八資（每封每重二十八公分收費五分）逐封繳納郵費，仍准封作總包寄遞，不得攙入寄往國外他處之批信，所有郵票粘貼總包封面，與寄往南洋群島馬來聯邦等處之批信同樣辦理，以防發生弊端］等情到部，經本部覆核尚屬可行，除指令照港外，合行電達該商會轉知遵照。交通部冬印（二三，四，廿）在本案未解決前，各批業同人及各同鄉，均認為極大不便，迭請本會為僑眾設法解決此種困難，迨得悉本會交涉有效，莫不歡欣鼓舞額慶不已。[26]

---

26 《香港潮州商會三十周年特刊》，「會史紀要」第 8－9 頁。

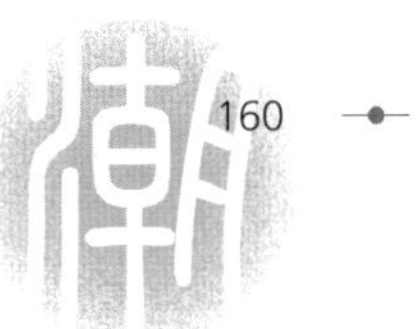

「恢復香港批信」事件再一次體現早期香港潮州商會作為民間組織在社會治理中的地位與功能，其勇於代表和維護潮商及潮屬人士的利益，敢於向政府傳遞潮籍人士的心聲和訴求，並以商會的名義即以組織化集體行動的方式與政府進行周旋，最後促使政府作出有利於潮商與潮籍人士利益的政策決定。可見，近代香港潮州商會已一定程度上發揮其維權和影響政府政策的功能，並正逐漸生成為香港社會治理中不可忽視的社會力量。

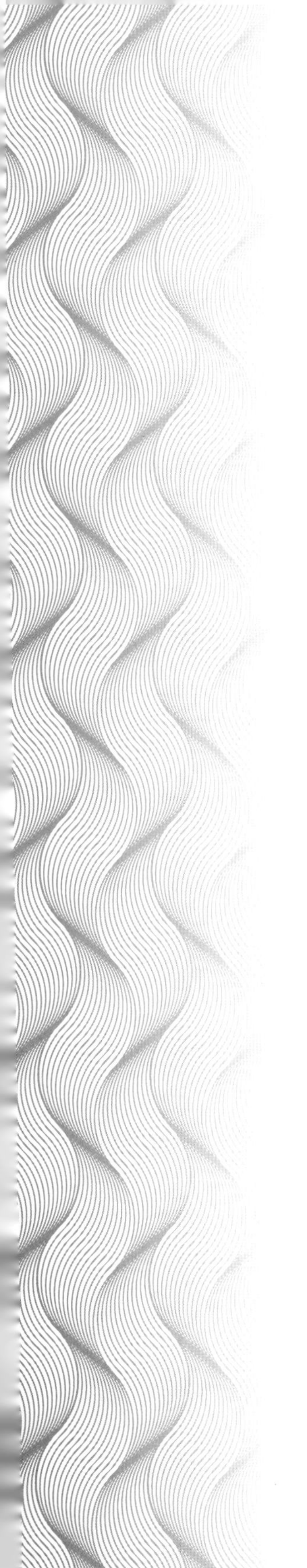

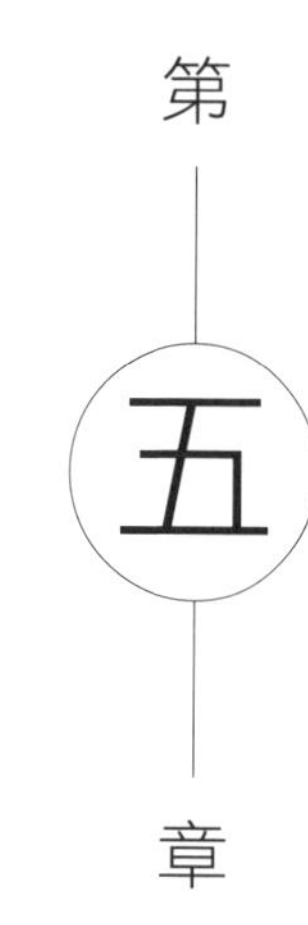

現代香港潮州商會協助治理及其功能

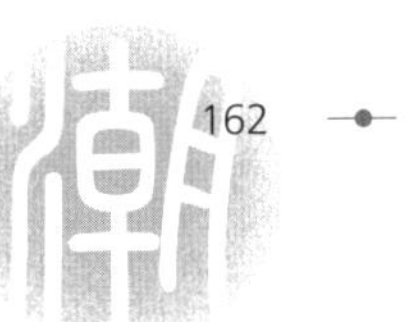

二戰以後，香港的國際自由貿易港地位日益突出，成為亞洲最大的國際貿易中心之一，長期從事轉口貿易的潮商逐步奠定了自己在港的經濟地位。自 1950 年代開始，香港進入了經濟轉型時期，潮商也在工業化道路上開始了艱難地爬坡。1960 年代香港經濟初步復興之後，世界各地潮商看好香港國際貿易中心地位，其資本和生意紛紛向香港轉移，香港就此成為現代潮商活動的中心。至 1960 年代，新一代潮商企業家呈現風起雲湧之勢，開始在香港商界嶄露頭角。到 1970、1980 年代以後，香港潮商迅速發展，以 1980 年李嘉誠成功控制老牌英資企業和記黃埔有限公司為起點，潮商開始超越英美商人，成為香港最強大的商人群體之一。而作為香港潮商最具有代表性的社會團體，現代的香港潮州商會也迎來了前所未有的黃金發展時期。隨着現代香港潮州商會內部治理結構的優化、以國際潮團聯誼年會為標誌的跨國社會網絡的初步形成以及港英政府政策環境的改善，香港潮州商會扮演的角色愈加重要，開展的各種會務以及參與的社會活動愈發多元，尤其與港英政府的互動關係較早期密切，其在社會治理中的功能得到一定程度的拓展和凸現。

第一節　法制型治理結構與權威型治理結構的融合

現代香港潮州商會的內部治理結構在保留早期自主自治性質的基礎上，在香港現代獨特的社會背景下，以其兼備英美法系商會組織和中國大陸傳統民間商會組織的雙重特徵而獨具特色，其凸現的功能在香港社會治

理中起到積極的無可替代的作用。為了適應時代發展的需要，現代香港潮州商會在歷經數次的修章以及實踐變革之後，其內部治理結構上呈現西方法制型與東方傳統權威型相融合的特點。對現代香港潮州商會內部治理結構特點的把握，主要也是從其內部機構設置、運行機制、自治規則以及商會領導人自身領導才能等方面來進行考察和討論。

一、現代商會內部的組織機構設置

1956 年，香港潮州商會第十九屆理事會以商會會章制定不符合當時香港實際環境需要，且中文章程又與 1923 年向香港政府公司註冊署註冊的英文章程差異較大為由，提出應該對以往會章進行適時修訂，以適應新形勢發展的需要，並使中英文章程統一。於是，1956 年 4 月 7 日下午 2 時在香港島干諾道西 29 號 3 樓香港潮州商會會所召開會員特別大會，討論並通過新修訂的會章草案，此次修改會章的要點有：（1）將會名改為「香港潮州商會有限公司」；[1]（2）恢復會董制，由會員選出會董 50 名，會董互選會長 1 名，副會長 2 名，常務會董 12 名，正副會長為當然常務會董，其餘常務會董 9 名，分別兼任總務、財務、常務、組織、福利、交際、調查、稽核、教育各部主任。[2] 1961 年 8 月 9 日修訂的會章又規定：凡任本會首長者，為當屆當然會董，其權責與會董同，茲將是次修訂之會章，詳列如後。一是將本會章第廿七條（甲）改為第廿七條（甲）及（乙）即第廿七條（甲）歷屆會長、主席、理事長仍在本港居住，不違本章程第三十八條之規定者為當然會董，其權益責任與當選會董相同，其名單由會董會決定，改選日期等事之會議中審定之並列明於選舉名冊中。第廿七條（乙）本會最高會議為會員大會，有創制、選舉、複決、罷免之權，每

1 〈香港潮州商會有限公司章程〉，《香港潮州商會四十周年暨潮商學校新校舍落成紀念特刊》，香港：香港潮州商會出版，1961 年，第 105 頁。

2 〈香港潮州商會有限公司章程〉，《香港潮州商會四十周年暨潮商學校新校舍落成紀念特刊》，第 109 頁。

屆選舉由會員大會選舉會董 50 名，其當選會董與當然會董共同組織會董會，以辦理會務。以曾任本會副會長、副主席、副理事長而未擔任本屆會董者為本屆顧問，以曾任本會永遠會董而未獲選為本屆會董者，為本會當年名譽會董，遇有重要事務時，得由會董會組織特別委員會辦理之特別委員人選，會董及會員均得改選充任。二是將原有章程第廿七條（乙）改為第廿七條（丙）。三是將原有章程第廿七條（丙）改為第廿七條（丁）並將原文內會董 50 名改為「全體會董」。四是將原有章程第廿七條（丁）（戊）（己）（庚）（申）各項順序改為（戊）（己）（庚）（申）（壬）各項。[3]

1965 年，香港潮州商會第二十四屆副會長張蘭夫先生以該會章程，對會長或副會長，在任內出缺，應否補選或遞補，向來無明文規定為由，提議再次修訂章程。1970 年 3 月 25 日，香港潮州商會特別會員大會在主席廖烈文先生主持下，討論修訂章程事宜，經一致議決通過，完成了法定程序，產生了 1970 年版的新的「香港潮州商會有限公司章程」。

概而言之，歷經 1956 年、1965 年的章程修改以及 1970 年 3 月 25 日特別會員大會通過修訂的「香港潮州商會有限公司章程」，現代香港潮州商會內部的組織機構已經從早期的理、監事機構並存改變為以會董會為核心的組織結構，即由會員大會、會董會、常務會董會及其屬下總務部、財務部、商務部、組織部、福利部、交際部、調查部、稽核部、教育部、特種委員會及潮商中學校董會 11 個部門以及執行會董會決議和負責商會日常事務的總幹事、幹事所組成。

3　《香港潮州商會金禧紀念特刊》，香港：香港潮州商會出版，2001 年，第 126 頁。

圖 5.1 現代香港潮州商會內部架構圖

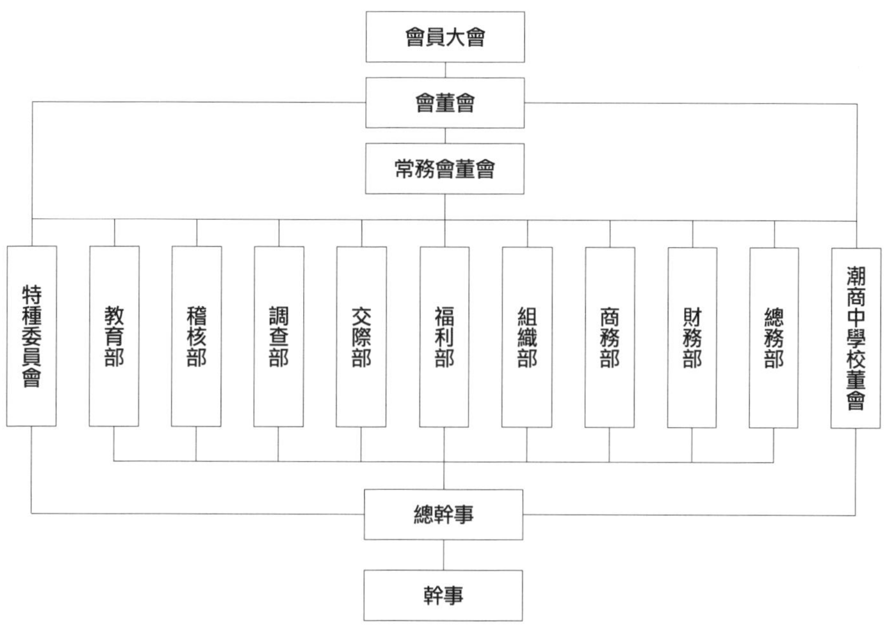

資料源自：《香港潮州商會四十周年暨潮商學校新校舍落成紀念特刊》，香港潮州商會出版，1961年版。

二、現代商會的運行機制

現代香港潮州商會的運行機制與早期相比，具有如下特點或變化。第一，決策機制由會董會制代替之前的理、監事會制，其領導權更為集中，相對來説在辦事效率上也有一定的改變；第二，選舉制度維持原狀，沒有進行相關的變動；第三，監督機制方面，儘管商會組織機構撤銷了監事會，但是在會董會內增設了稽核部以及財產管理委員會兩個部門，以加強對商會財政等事務的規範與監督。

如前所述，由於現代香港潮州商會選舉制度不管是在歷次章程的修改中，還是在實踐的具體運作中都沒有產生明顯的變化，因此，以下主要從決策機制和制約機制兩方面來探討現代香港潮州商會的運行機制。

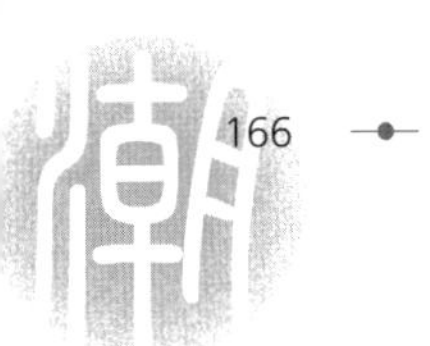

1. 決策機制

從 1951 年起，為了適應時代發展的需要，現代香港潮州商會歷經數次修章，會董會作為決策機構的核心，其權利愈來愈為集中，可以説是兼具決策權、執行權、監督權為一體。具體來説，現代香港潮州商會決策機制的運作方式如下：

首先，該會最高權力機構是會員大會，會董會是會員大會的執行機構，也是商會的最高領導機構。1971 年修訂的「香港潮州商會有限公司章程」第七章《會董會之組織及其職權與任期》第廿七條（甲）規定：有創制選舉複決罷免之權，每屆選舉由會員大會選舉會董 50 名，其當選的會董與當然會董共同組織會董會，以辦理會務，以曾任本會副會長，副主席，副理事長而未擔任本屆會董者，為本屆顧問，以曾任本會永遠會董而未獲選為本屆會董者，為本會當年名譽會董，遇有重要事務時，得由會董組織特別委員會辦理之，特別委員人選，會董及會員均得被選充任。[4]

對於會董會的職能範圍，第七章《會董會之組織及其職權與任期》第廿六條規定：本會一切事務，與乎財產物業等，概由會董會管理之（包括買賣按揭）。凡經會議所決之事，除法例或細則規定須由會員大會處決者外，會董會亦得執行之。會董會經議決後，得以指定方式執行，關於該決議一切事項，包含產業及一切財產之買賣及按揭事宜，但以不抵觸法例，或本細則之原則為限，惟設立新規則時，對於該新規則未立以前所辦之事，不得作為無效。而第廿七條則規定：歷屆會長、主席、理事長，及在 1969 年籌建會館時一次捐款超過二萬元以上的副會長、副主席、副理事長仍在本港居住，不違本章程第三十八條之規定者，為當然會董，其權益責任與當選會董相同，其名單由會董會於決定改選日期等事之會議中審定

4 〈香港潮州商會有限公司章程〉，香港潮州商會出版，1970 年 3 月 25 日特別會員大會通過修訂本。

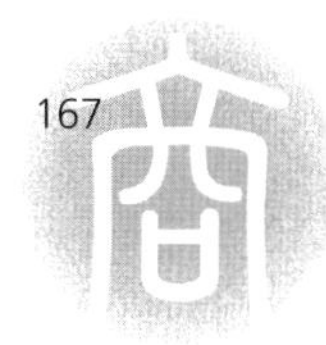

之，並列明於選舉名冊中。[5] 另外，會董會得聘請潮籍德望昭著名流為當屆名譽會長，或名譽顧問，並為獎勵教育或其他福利工作，會董會得視需要聘請有功本會人士為本會名譽會長，或永遠顧問，或校董會永遠名譽董事長，永遠名譽校董或永遠名譽學校顧問。

在會董會的機構設置與人員配備方面，現代香港潮州商會會董會設會長 1 名，對外代表本會，對內主持一切會務，並根據會章及議決案，辦理一切事宜；副會長 2 名，主要職責是襄助會長辦理會務，及副署本會各文件，如會長缺席，則代會長執行其職務；會董 50 名主要職責是籌劃發展會務，促進商業繁榮；會董會下設常務會董會，共有常務會董 12 名，除會長、副會長為當然常務會董外，其餘常務會董 9 名，均為由全體會董互選之。常務會董的職責是負責策劃一切會務，遇有要事，即行集會討論，決議執行，然後提報會董會追認，倘遇有特別要事，或常務會董會不能取決之事，則由常務會董會將案交會董會辦理之。除此之外，12 名常務會董還分別擔任總務、財務、商務、組織、福利、交際、調查、稽核、教育 9 部主任，各部主任事務職責如下:（一）總務部:管理文書，編纂，計劃，考核，及不入他部之事。（二）財務部：管理本會經常費之預算、決算、銀項、出納、帳務等。（三）商務部：管理關於工商業證明、鑒定，保障徵集、陳列、改良、發展，調解各事。（四）組織部:管理關於會員登記、聯絡感情、促進學術等事。（五）福利部:管理關於社會福利、桑梓公益、義山等事。（六）交際部：管理有關本會對內對外，交際聯絡事宜。（七）調查部：掌理有關各項調查事務。（八）稽核部：掌理有關本會稽核財政等事務。（九）教育部：管理教育事務並監督依照 1952 年教育則例實施本章則第四十九條第五十條之規定。[6]

---

5 〈香港潮州商會有限公司章程〉，《香港潮州商會四十周年暨潮商學校新校舍落成紀念特刊》，第 108 頁。

6 〈香港潮州商會有限公司章程〉，《香港潮州商會四十周年暨潮商學校新校舍落成紀念特刊》，第 109 頁。

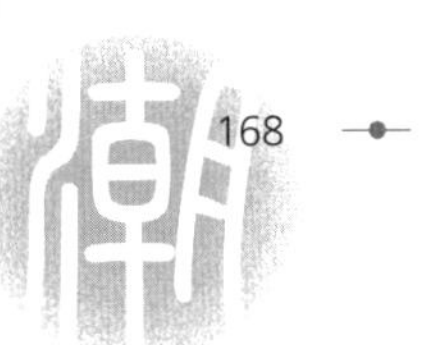

至於會長及會董的被選資格以及任期，章程相關規定如下：凡被選為本會會董者，須入會滿一年，方有被選權。（一）本會會長被選資格需具備下列各規定：（1）曾在香港居住及主持正當商業五年以上者，而其身份係屬公司之股份持有人或商店之股東，其職位在該公司或商店中係屬經理或以上之職者。（2）曾任本會會董二屆，或常務會董一屆者。（二）本會副會長，及常務會董之被選資格，規定如下：（1）曾在香港居住及主持正當商業五年以上者。而其身份係屬股東，其職位係屬經理或以上之職者。（2）副會長須曾任本會常務會董一屆，或會董二屆者。常務會董須曾任本會會董一屆者。正副會長及常務會董，均為義務職，任期為二年，連選得連任，會長以連任一次為限，[7] 但 1970 年至 1972 年這一屆不在此限。具體原因如《香港潮州商會六十周年特刊》中所載：「本會第二十六屆會董任期，在一九七零年八月即告屆滿，且原任會長廖烈文、副會長呂高文，兩位先生，均已連任兩屆，為期四年，依照本會會章規定，亦不能再予蟬聯。惟因是屆主持建築會館大廈，責任艱巨，有待完成，若驟選新人接手，對建築工程之進行，不無妨礙。本會歷屆會長有鑒及此，乃於一九七零年七月十日聯函提請將第二十六屆全體會董、兼籌建潮州會館委員會全體委員之任期，順延一屆，任期二年，俾得駕輕就熟。嗣經於同月二十九日第二十六屆第二十三次會董會議，決議原則接納；復於八月二十六日召開會員特別大會，提會通過，完成連任程序。又本會未來會務，以及同鄉福利事宜，有待發展者多，為加強領導陣容，決定就原有會董中，增選副會長一名，以為之助。結果永遠名譽會長兼會董蔡章閣先生，以眾望所歸，當選為第二十七屆副會長。」[8]

其次，現代香港潮商在經濟領域取得巨大成功的同時，也開始以商

---

7 〈香港潮州商會有限公司章程〉，《香港潮州商會四十周年暨潮商學校新校舍落成紀念特刊》，第 109 頁。

8 〈會史〉，《香港潮州商會 60 周年紀念特刊》，香港：香港潮州商會出版，1981 年，第 248 頁。

會領袖的角色在工商界嶄露頭角，他們的領導能力、奉獻精神以及個人威望，對現代香港潮州商會的發展具有積極的推動作用。可以説，在現代香港潮商商會裏，商會領袖就是商會領導機制的靈魂人物。從 1951 年至 1981 年這三十年間，由於香港傳統的南北行貿易日見衰落，香港潮商被迫進行結構性調整。香港潮商經濟發展大致經歷了兩個時期：一是由貿易轉入工業領域時期，二是由工業走向多元化、國際化時期。由貿易轉入工業領域，香港潮商歷經了一個艱苦的轉型時期。自 1950 年代開始，香港潮商就在工業化道路上開始砥礪前行，至 1960 年代，新一代潮商企業家開始在香港商界重新崛起。到 1970 年代，潮商在許多領域都取得了成績。如塑料製造業：1969 年香港塑料產品出口額為 14.4257 億元，其中潮商塑料產品出口佔 55%，潮商已經開始執香港塑料製造業之牛耳。與此同時，潮商在紡織業、製衣業、鐘錶眼鏡業、金屬工業、電器業、飼料業、金融業…… 幾乎全面開花，百業興旺。隨着在港事業的成功，潮商們更加熱情地投身於香港潮州商會的公益事業，湧現出一大批有社會影響力的商會領袖…… 廖創興銀行的第二代掌舵人廖烈文先生就是現代香港潮州商會眾多首長中傑出的代表，他於 1966 年至 1971 年，連任三屆香港潮州商會會長，至今還無人刷新該項記錄（從 1925 年開始，香港潮州商會章程規定，會長任期 2 年，不得連任）。在他任期內，最重要的貢獻就是興建了香港潮州會館大廈。廖烈文作為廖寶珊的長子，是在其父親去世，廖創興銀行岌岌可危時臨危受命的。廖烈文處事穩重、波瀾不驚，不僅善於經營管理，而且宏才大略，膽識過人，在他的領軍之下，廖氏家族獲取了新生。1972 年，在廖烈文主持下，廖創興企業有限公司成為一家上市公司，實現了家族企業多元化；1973 年，廖氏企業進行了多項成功的收購，從此奠定廖氏企業以廖創興銀行為骨幹兼營地產、貨倉、保險的綜合企業基礎，廖氏家族再度走向輝煌。在為家族企業投入巨大精力的同時，廖烈文同樣熱心公益，對社會公益事業做出了無私的奉獻。他兼任香港很多社會職務：例如東華三院總理、香港潮州會館永遠名譽主席、國際潮團聯誼年會首屆主席（永遠名譽主席）、香港中華總商會永遠名譽會長、廖寶珊

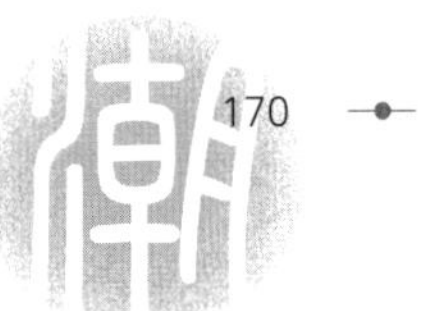

紀念書院創辦人兼校董、香港中文大學新亞書院校董、潮州會館中學創辦者等。

香港潮州商會自 1921 年成立以來，辦公的會址一直是租借的，並無一處固定會所，來滿足潮商聯絡鄉誼、研究工商、促進貿易、服務社群的需要。然而，在香港彈丸之地，買地建會館談何容易，儘管潮州商會各屆會董以及廣大鄉親早在抗日戰爭前，就多次議及建立潮州會館大廈一事，但由於戰亂以及經費籌措等原因，建立會館遲遲未能實現。直到 1966 年，第二十五屆香港潮州商會會長廖烈文、副會長林繼振、呂高文等再次倡議籌建潮州會館事宜。廖烈文一上任香港潮州商會會長時，便開始落實為潮州商會設立永久會址的計劃，他不僅身體力行，慷慨捐輸，而且積極向海內外潮商募捐，在他率先垂範和個人威望共同作用之下，不僅香港鄉耆碩彥、工商領袖踴躍捐資，而且南洋各地鄉親也紛紛解囊贈款，大力襄助，終於促成香港潮州商會大廈的順利竣工。廖烈文說：「當時商會一個固定辦公的會址也沒有，而在以前我的父親就一直希望這一方面能做得更好。」廖烈文希望可以「承先啟後」，完成他父親這個遺願，因此，建成後的香港潮州會館 10 樓的大堂也以其父廖寶珊的名字命名。

1971 年，耗資 200 多萬港幣的潮州會館大廈終於建成，並於當年 4 月 29 日邀請香港總督戴麟趾主持落成開幕儀式。潮州會館大廈的落成，標誌着當時香港數十萬潮人終於建立起自己統一的同鄉機構，象徵着香港潮人與桑梓父老聲氣相通的團結互助精神，令許多海外潮人特別是香港潮人十分感慨。從此，潮人在香港不但有了自己固定的會址，還擁有把空餘樓房出租後的收入。這些收入除了支付會務費用外，每年均有盈餘用於支持社會公益事業。值得指出的是，在首屆國際潮團聯誼年會籌備過程中，廖烈文先生同樣慷慨出錢出力，身先士卒，在潮商中贏得了崇高的威望。1981 年 11 月國際潮團聯誼年會首屆大會在香港舉行時，已卸任香港潮州商會會長的廖烈文先生仍被推選為大會主席。有香港媒體這樣評論：「這

也正反映了廖氏對潮州人事務影響力之大。」[9]

上述可知，香港潮州商會大廈作為香港潮州商會的永久基業，是多少代潮商心中可望而不可及的夢想，然而，廖烈文先生作為商會領袖，正是以他的能力、膽識以及領袖風範統帥一眾商會同仁，動員和整合當時能夠起作用的社會資源，最終實現建成香港潮州商會大廈的夙願。香港潮州商會大廈的落成，標誌着香港潮州商會的發展已進入了新的里程碑，其影響力與凝聚力與日俱增。當然，廖烈文先生是香港潮州商會領袖的典範和縮影，對現代香港潮州商會的發展做出巨大的貢獻。正是一屆又一屆的商會領袖帶領着商會的同仁，勇於擔當，無私奉獻，薪火相傳，才促使香港潮州商會發展成為現代香港社會中有較大影響力的商會團體。概言之，商會領袖對現代香港民間商會的發展具有重要的積極推動作用。

2. 規範機制

1956 年，香港潮州商會恢復了會董會制，商會內部治理結構中的領導機制由以前的理、監事制改為會董會制了。從形式來看，理、監事會制是更側重於決策權與監督權相分離的領導制度，而會董會制則相對強調領導權的集中即偏重決策權與監督權合一的領導制度。但是，從實際操作層面來看，1970 年修改章程之後，香港潮州商會會董會開始增設稽核部以及財產管理委員會等機構，同時還外聘專業註冊核數師稽核商會的財務收支狀況，目的就是為了加強體制內自我規範、自我制約和自我監督的力度。

首先，章程作為現代香港潮州商會的根本大法，它明確地規定了商會的組織大綱、會務範圍、會員條件、會議程序、會董會之組織及其職權與任期、選舉辦法、會產與財務之管理等。1971 年修改後組織大綱第三條章程規定：（1）將當地之法例翻譯及詮譯，以增進會員之常識並得用稟或

9 〈廖烈文：廖氏家族第二代掌門〉，潮汕網，2010 年 11 月 19 日，http://www.chaoshanw.cn/Article/Comment.asp?ArticleID=26630。

書面或其他方法，向政府機關或政府人員請願對於關於本會會員一切事項。（2）搜集及向會員廣佈關於貿易、商務、航務及廠務之統計或其他情況報告。（3）發給物資來源證書並擔任及進行鑒別各種物品發給各等需要之證明書。（4）擔任裁判員仲裁由於貿易、商務、航務及廠業而發生之一切糾紛。（5）根據公司法例（第卅二章）第十七段所規定，得以購買、租賃或用其他方法取得認為對於本會需要或合用之任何實業、動產、或權益。（6）得以售賣、租出、按揭、改良、管理、發展，或隨意安置及支配本會一部分或全部所有之產業。（7）提倡教育，設立獎學金及展覽會並建築維持管理監察及補助學校費用。（8）建築策劃及維持一處或多處墳場，為本會會員及其父母妻子埋葬之用。（9）為實行本會宗旨起見，得以接納餽贈金及義捐金並擔任為該等款項之受託人、保管人，或司理人。（10）可用免擔保或用本會產業按揭方法借款以應本會會務需要。（11）本會會董會，據會章細則內所規定之權力，設立會所及俱樂部等。凡屬本會會員，榮譽會員，以及與本會有關之人等，均有享受此種設備之權益。（12）創立、承擔、監督、管理及捐助任何慈善基金，此種基金可用以捐助或貸給值得援助之從事教育或慈善事業工作者，以及捐助，協勷或維持任何教育或慈善機構等福利事業。（13）本會得倡導或組織觀光、貿易、旅遊、康樂、體育等活動。（14）本會可將所有暫不需用之資金作投資之用，所取具保證及其他方式，由本會隨時決定之。（15）不參預政治或參加政治活動。（16）進行所有配合或導致達成上開全部目的或其中任何一項之合法事宜。[10] 可見，現代香港潮州商會通過商會組織大綱的修訂，相對加強了其對會員以及會務的規範管理。

其次，以會董會制代替理、監事制，從客觀上來看，商會決策權、監督權以及執行權都集中於會董會，這一定程度上使商會的領導權較為集中。因此，為了進一步完善商會的監督機制，提高商會自我規範、自我約

---

10 〈會史（三）：修改會章及更職員制度〉，《香港潮州會館落成開幕暨潮州商會金禧慶典合刊》，第 126 頁。

束的能力，現代香港潮州商會在實際運作中做了一些新的嘗試。其一，恢復會董會制，增設稽查部。1956 年，第十九屆理事會以會章某些規定不符合當時的香港環境，提出會章修訂草案，並由會員特別大會審議通過恢復會董制的決議，新的常務會董會下設總務、財務、商務、組織、福利、交際、調查、教育、稽核九個部門，其中稽查部作為新增設的部門，主要掌握和管理有關本商會稽核財政等的事務，同時還外聘專業註冊核數師稽核商會的財務收支狀況。其二，財權上採取權力制衡方式。為了防止商會首長權力過分集中而導致不當行為，同時也是為了有效遏制產生腐敗，1956 年香港潮州商會新修訂的會章第九章《會產與財務之管理》第三十三條規定：本會所有資產及款項，須由會董會負責管理之，並設立簿據，以資稽核，所有支票，由會長、副會長、總務部主任、財務部主任，五人中有三人聯署，但此三人中之一人必須為總務部與財務部主任，方為有效，正副會長及財務主任告假他往時，事前須由會董會另舉人員代表簽署，其支票圖章由財務主任保管，至於會中一切進支帳目之月結，須由本會稽核部主任，按月公佈，而每年帳目之年結，須經註冊核數師稽核，然後公佈於會員大會。另外，第 34 條規定：本會事務所現金存款，以不超過弍千元為限，如有餘存，得由會董會議決，依照下列四項辦法中，擇其穩當而有利者，將該餘存款項置業或生息。（1）依照公平利率，儲於本港註冊殷實銀行。（2）按入香港屋宇物業，但此等屋宇物業之官批，必需尚有不少過四十年剩餘期限者。（3）買受屋宇物業，其地契期限，與前項所述相同。（4）買受本港各大公眾事業有限公司股份。關於上述之舉須有詳細紀錄，載明其帳目及一切辦理手續，以資稽核。而第 35 條則規定：本會會董依照章程第廿九條（丙）、卅三條及卅四條之規定，行使職權，以處置本會資產，既經審慎從事，倘仍有意外之損失者，各會董可不任其咎。[11] 其三，設立財產管理委員會。1971 年修訂的會章第三十七條規定：

---

11 〈香港潮州商會有限公司章程〉，《香港潮州商會四十周年暨潮商學校新校舍落成紀念特刊》，第 112 頁。

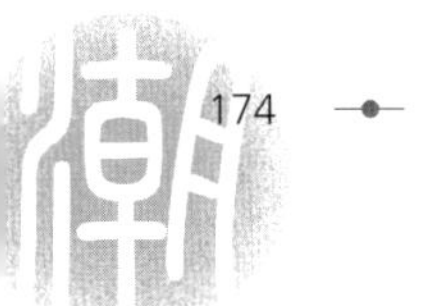

（1）本會設立一財產管理委員會，以妥當保管及處理本會所有之物業、文件、證券、股票及契據等。（2）財產管理委員會應將收到或移交與該委員會之所有本會款項用本會名義存入銀行戶口。提取款項時需由該財產管理委員會之主任委員及副主任委員兩人，或由該委員會所委派之該會委員三人聯合簽署支票揭取。（3）財產管理委員會移讓任何文件、證券、股票、或契據時，需由該委員會大會循正式手續議法通通之。並須有全體委員百分之二十出席，方足決定人數。（4）曾任職本會為名譽會長、會長、副會長、而又在 1969 年籌建會館時一次過捐出不少過二萬元者，或任何人士在 1969 年籌建會館時一次過捐出不少過四萬元者均為該委員會當然委員。歷屆會長、副會長捐款在一萬元以上以及此後歷屆會長則為該委員會委員。所有財產管理委員會委員與本會細則第卅七條第六節抵觸者除外，均為永遠職。（5）財產管理委員會有權制定章則，俾該委員會委員有所遵循。（6）財產管理委員會委員遇有下開情事即予除名。（甲）破產或停付欠債或與其債權人作有關債務上之協議者。（乙）有神經病或精神不健全者。（丙）退出本會不再為本會會員者。（丁）用書面向本會辭去其職務者。（戊）經財產管理委員會，當然委員會議決議予以開除者。（巳）經裁定犯有刑事罪者（違犯交通則例者除外）。[12]

至於負責執行會董會及其常務委員會決議並且擔負商會日常會務處理的是該會聘請的總幹事及數名幹事。

第二節　構建跨國社會網絡雛形

1950 年代以來，隨着華人經濟地位的改變，其社會地位也開始有所改善，港英政府開始較前關注港人的社會保障問題，然而，民間商會組織

12 〈會史（三）：修改會章及更職員制度〉，《香港潮州會館落成開幕暨潮州商會金禧慶典合刊》，第 127 頁。

作為維護現代文明社會正常運作不可缺少的社會力量，更加成為彌補「政府缺陷」和「市場缺陷」的有效制度安排。步入現代社會的香港潮州商會也蓬勃發展，其原有的社會網絡體系不僅得到進一步的加強和鞏固，而且不斷突破原有邊界，由裏及外迅速拓展。1981 年 11 月 19 日，由香港潮州商會主辦的首屆國際潮團聯誼年會在香港隆重召開，來自世界各地的潮屬社團及潮人同鄉代表六百多人齊聚香江。與此同時，國際潮團聯誼年會秘書處也落戶香港潮州商會，這標誌着香港潮州商會跨國社會網絡體系的雛形已初步形成。如果說早期香港潮州商會的社會網絡是一個以血緣、地緣關係佔據重要地位的熟人小社會的話，那麼，現代香港潮州商會的社會網絡就是一個突破原有邊界由熟人到半熟人甚至是包括非熟人關係的跨國界的大社會。以下從現代香港潮州商會內部訴求、外部客觀環境條件以及文化認同三個方面來進一步闡述現代香港潮州商會跨國社會網絡體系雛形形成的動因。

一、跨國社會網絡建構的動因

首先，從現代香港潮州商會的內部訴求，或者說從潮商擴大商業往來的需求來看。二十世紀初期，香港經濟主要就是轉口貿易，而經營中國與東南亞轉口貿易的主要就是潮商的南北行。南北行轉口貿易「早期佔了香港貿易總額的四分之一，成為本港華商經營的主要項目」。香港南北行轉口貿易的興旺，得力於近代香港潮商，特別是暹羅（現今泰國）潮商的開發。十九世紀中期起，暹羅潮商為了鞏固其在中暹貿易的地位以及擴展汕－香－暹－壢國際貿易圈，十分重視香港的轉口貿易地位，很早紛紛湧入香港從事南北行轉口貿易，他們依託東南亞潮人社會的經濟貿易網絡，「來往東西洋，經營南北行」，長期控制着「汕－香－暹－壢國際貿易圈」，形成以泰國和香港為中心的近代潮人商幫。在這期間，因生意的相互依賴關係，香港潮商與東南亞各國潮商及其潮人團體保持着密切而友好的關係，從這意義上講，當時香港潮商與東南亞各國潮商的關係也是其社會網絡體系中不可缺少的組成部分。

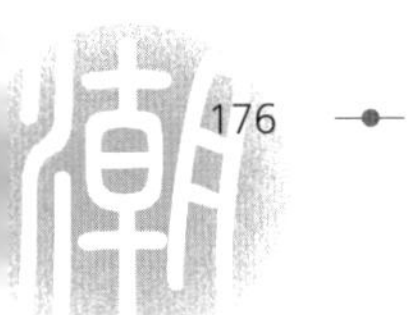

然而，進入 1950 年代以後，由於香港傳統的南北行貿易日漸衰落，香港潮商被迫進行結構性調整，他們在工業化道路上開始新的爬坡。至 1960 年代，新一代潮商企業家開始在香港商界重新嶄露頭角。與此同時，鑒於香港的遠東經濟中心與金融中心以及亞洲貿易中心的地位，東南亞的潮商銀行家也紛紛挺進香港銀行業，其中最突出的當屬泰國潮商陳弼臣家族。陳弼臣於 1954 年在香港設立盤谷銀行分行，成為香港最有實力的商業銀行之一。新加坡潮商銀行家連瀛洲也來香港設立「華聯銀行」，泰國潮商的京華銀行也與香港潮商合作開設「香港京華銀行」。一時間，香港潮商銀行紛立，為香港經濟發展提供了資金動力。

由此可見，不管是出於與東南亞潮商商業往來的需要，還是東南亞潮商移師香港發展，實際上也成為香港潮商的組成部分，甚至是成為商會成員的客觀事實。總而言之，現代香港潮商與東南亞各地的潮商保持着良好的互動與合作關係，而這種與東南亞各國潮商保持着緊密與良好的互動關係，正是現代香港潮州商會跨國社會網絡構建的原因之一。

其次，從現代外部環境條件來看。華人社團社會網絡國際化發展趨勢並非一個孤立的現象，它是冷戰後世界、尤其是亞太地區急劇的社會經濟變遷的產物。隨着交通與資訊的發達以及資本的全球性流動，新興的環球資本主義也隨之興起，這是全球化浪潮掀起的結果。具體地說，第一，進入 1980 年代之後，由於香港潮商重新獲得商業上的成功，手中握有大量閒餘資金的潮商把投資眼光投向了世界各地；第二，戰後整個亞太地區包括歐洲大陸的政治經濟形勢相對穩定，有利於潮商開拓和進軍歐美市場，發展與歐美潮商及其團體的友好關係；第三，在海外華人最集中的東南亞，新的政治環境也有利於潮商跨國社會網絡的發展與建設。除印尼之外，東盟國家的領導人都意識到海外華人的跨國經濟活動有利於本國的發展；只要這些活動不會導致本國華人政治忠誠的改變，他們對華人社團的跨國社會網絡通常採取支持或容忍的態度。例如，新加坡內閣資政李光耀在 1993 年香港舉行的第二屆世界華商大會上明確指出，「如果我們不利用華族網絡，擴大和掌握這些機會，那將是很愚蠢的。」第四，1978 年，

伴隨中國內地的改革開放，香港以及世界各地潮商及其社團組織與國內東南沿海潮商的聯繫也日益密切。因此，在這種大環境下，世界各地潮商能夠迅速地衝破地域和空間上的限制，適時調整有利於潮屬社團國際化發展的戰略。

再次，從文化傳統認同的視角來看。如前所述，潮汕文化是指定居在潮汕地區或祖籍是潮汕人現散居於國內外的潮籍居民、潮籍華僑和華裔所形成的文化。潮汕文化如同其他文化現象一樣具有歷史連續性的特質，即文化的連續性在潮人身上得到充分的展現。所以，我們看到的是這樣一種現象，全世界各地的潮人即使他們遠涉重洋，在異國他鄉生活多年甚至已經是幾代定居該地，但是，講潮州話、喝功夫茶、吃鹵水鵝、看潮劇、喜好潮州民間工藝等習慣仍然在他們身上及其後代得以保留和傳承，語言、生活方式、風土人情、價值觀念等文化符號仍是潮汕人「自我認同」或判別其異於其他族群的標誌之一。因此，對潮汕文化的認同不僅成為了全世界潮人及其社會團體彼此間敦睦鄉誼、團結互助的基礎，而且也是現代國際潮團聯誼年會得以應運而生的核心和根基。正是這種共有的歷史、相同的文化傳統，成為了維繫世界各地華人移民的一個共同紐帶。而國際潮團聯誼年會作為現代潮人跨國社會網絡的具體表現形式，則是通過強調潮州地緣群體的特殊性及其相關的各種文化活動，為世界各地潮人的同鄉同宗們提供了一個重溫並強化本族群意識的平台和機會。

二、建構跨國社會網絡的標誌：國際潮團聯誼年會的成立

一百多年來，世界各地潮人社團，從產生發展到不斷壯大，與海外潮人（包括潮商）的不斷增長、實力日益增強以及對文化認同歷久彌堅的態度等都有很大的關係。二十世紀六七十年代，潮人社團借助亞洲經濟騰飛的機遇，迅速發展跨國業務，潮團之間跨國聯繫日益密切。1970 年代末，隨着移民和跨國業務的進一步拓展，潮團之間的網絡也由東南亞地區逐步擴展到美洲、歐洲等地。至 1980 年代，潮人社會網絡體系從小到大，從分散到凝聚，不斷衝破地域的限制，逐漸發展形成具有跨國性的社團組

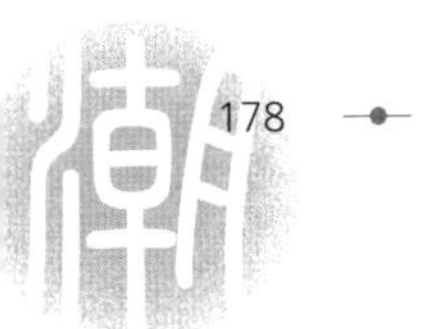

織。可以說，國際潮團聯誼年會就是在集聚全球各地潮人社團組織的基礎上，在世界各地潮人的共同推動以及全球化加強的現實條件和社會背景下應運而生的時代產物。

國際潮團聯誼年會（簡稱「年會」）是國際潮人團結一致、共同發展的標誌。1979 年至 1980 年間，旅居港澳及東南亞的潮籍知名人士多次舉行聚會，商討創辦一個能聚集各國潮人的組織，以加強潮團之間的聯繫，建立今後合作的基礎。年會由馬來西亞的馬潮聯會（即馬來西亞潮州公會聯合會）首先倡議，由陳亞發先生組織馬潮聯會訪問團，對東南亞和香港地區的潮人社團進行訪問，商量建立年會的相關事宜。1980 年 8 月 18 日，為加強潮屬同鄉之間鄉誼文化、經濟等各方面的交流與發展，東南亞潮團聯誼座談會假馬來西亞雲頂高原召開，出席的代表團體有泰國、新加坡、馬來西亞和香港的代表團，經過代表團的討論，達成今後每兩年分別在各國家（或地區）召開「國際聯誼年會」的歷史性決議，即成立國際潮團聯誼年會，今後每隔兩年分別在世界各地召開「國際潮團聯誼年會」，以加強潮屬同鄉的聯繫，進而促進貿易活動，提高潮人的經濟地位和世界影響力。國際潮團聯誼年會的宗旨是：敦睦鄉誼、弘揚文化、促進工商、服務社會。[13]

時任香港潮州商會的會長陳有慶先生作為香港代表團的團長專程來到馬來西亞參加會議，為響應馬潮聯會的號召，承諾於 1981 年 11 月在香港舉辦首屆國際潮團聯誼年會。年會的常設秘書處設立於香港（即由香港潮州商會秘書處兼任），負責處理日常事務，協調全球數十個國家和地區的潮團活動。1981 年國際潮團聯誼年會的成立，是潮商構建跨國社會網絡的標誌，也預示着潮商社會網絡國際化發展的趨勢。

---

13 〈國際潮團總會簡介〉，潮人在線，2019 年 12 月 7 日，haoren.com/intro/about.html。

三、跨國社會網絡的初步形成

1981 年國際潮團聯誼年會成立，旨在促使世界各地潮人及其社團，能夠借助每兩年舉辦的聯誼年會活動，聯繫全球近五千萬潮籍鄉親，凝聚世界各地潮人資源，為弘揚中華傳統優秀文化，促進所在國與祖籍地的經濟、政治、文化、科技交流而發揮應有的影響與作用。至 1990 年代末，國際潮團聯誼年會跨國社會網絡的構建已逐漸從東南亞和港澳地區擴展到全球五大洲。

1. 起步階段：緣起東南亞及香港

1981 年至 1987 年在東南亞舉辦的前四屆年會，是國際潮團聯誼年會的起步階段。在這一階段，年會經過每次與會代表的商議來確定活動的基本形式。1981 年在香港舉行的首屆國際潮團聯誼年會確定了年會的會期、會徽和每屆年會舉行的時間，並把香港作為國際潮團聯誼年會聯絡中心；1983 年在泰國曼舉行的第二屆國際潮團聯誼年會決定出版《國際潮訊》並把它作為年會的機關刊物；1985 年在馬來西亞吉隆坡舉行的第三屆年會確定「國際潮團聯誼年會會歌」。在這一起步階段，年會舉辦地基本都是在香港或東南亞地區，其規模和影響力較小，但是，北美和法國的潮人社團也開始積極參與。

1981 年 11 月 19 日，在香港舉行的第一屆國際潮團聯誼年會，是世界潮人邁入新發展時期的重要節點，對潮團跨國社會網絡的發展具有開創性意義。來自泰國、馬來西亞、新加坡、印度尼西亞、菲律賓、加拿大、英國、美國以及香港地區的六百餘名潮人同鄉代表，雲集在九龍香格里拉酒店，出席由香港潮州商會主辦的第一屆國際潮團聯誼年會。當日整個會場車水馬龍，其壯觀場景實為海外潮人史無前例的盛會。除了香港、泰國、馬來西亞、新加坡、印尼、菲律賓等地外，美國舊金山、紐約、南加州都有代表趕來赴會，尤其是美國加里福尼亞州州長布朗先生，為表示對此次活動的重視和支持，將 11 月份宣佈為該州「潮州月」，並特派專使抵會致送賀詞，宣讀其親筆簽署的宣言書。首屆國際潮團聯誼年會大會由

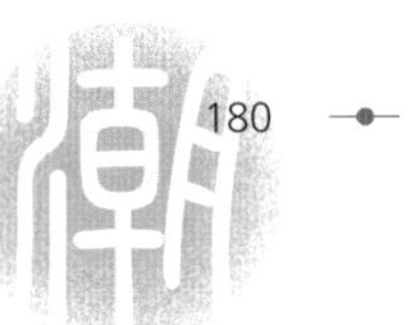

香港民政司黎敦義司憲主持開幕典禮，香港大學校長黃麗松博士作專題演講，大會主席為前香港潮州商會會長廖烈文。

第二屆國際潮團聯誼年會在泰國曼谷舉辦，來自世界三大洲九個國家（地區）12 個代表團的 1,042 名潮籍代表雲集曼明拉犇大酒店，加拿大安省潮人社團代表也第一次出席年會。第三屆國際潮團聯誼年會在馬來西亞雲頂大酒店召開，出席的各地潮人社團代表共有 1,150 人，澳門潮人社團第一次派代表參加年會。[14]

第四屆國際潮團聯誼年會在新加坡舉行，來自 10 個國家地區 19 個代表團的 1,360 人參加了此次年會，參加的人數和社團數再創新高。[15] 此次年會舉辦了「國際潮人書畫觀賞會」並把文化交流作為今後年會活動的一項重要內容。第五屆國際潮團聯誼年會確定了由香港潮州商會負責編輯出版《國際潮訊》的出版工作。從此，「世界各地的潮人通過《國際潮訊》這座『橋樑』，溝通信息，密切聯繫，逐步改變了昔日彼此各處一方、少有通氣、訊息不靈的狀況」。[16] 社會資本是「實際或潛在資源的集合，這些資源與由相互默認或承認的關係所組成的持久網絡有關，而且這些關係或多或少是制度化的」。[17]

通過前面四屆年會的召開，國際潮團聯誼年會確定了基本框架和活動原則，即每屆年會開幕式「邀請主辦方所在國政府的重要官員做開幕式的主持嘉賓，主辦方潮州商會會長或會館首長為大會主席，社會著名賢達或精英人士做大會的主題演講，年會期間針對大會的主題召開專門的研討會；研討會的大致範圍是圍繞經濟貿易的合作，潮人文化的交流和增進海外潮人的鄉誼」。[18] 潮團之間的各種資源，如人脈關係、貿易合作等通過

14 〈國際潮團聯誼年會歷屆概況〉，《第十五屆國際潮團聯誼年會紀念特刊》，2009 年，第 186 頁。

15 《第四屆國際潮團聯誼年會紀念特刊》，1987 年，第 57 頁。

16 《第四屆國際潮團聯誼年會紀念特刊》，1987 年，第 60 頁。

17 俞可平：《社會資本與社會發展》，北京：社會科學文獻出版社，2000 年，第 3 頁。

18 《第四屆國際潮團聯誼年會報告書》，1987 年，第 16－30 頁。

「年會」這一「橋樑」得以共享，從而拓寬潮商跨國社會網絡體系。

2. 成長階段：擴展至歐美地區

「任何個人或組織，要想在競爭中獲得、保持和發展優勢，就必須與無關聯的個人和團體建立廣泛的聯繫，以獲取信息的控制。」[19] 經過前面幾屆年會的舉辦，潮團之間的交流日漸增多，年會的規模迅速擴大，參會的社團和人員數量逐年上升，參會社團和人員也由香港及東南亞地區拓展到歐美地區，其會務也不斷得以開拓，國際潮團聯誼年會進入了快速發展的成長階段。至此，國際潮團聯誼年會由大會和大會前後兩次秘書長團長會議組成。會前的秘書長團長大會審議決定大會的日程安排以及其他相關事宜，會後秘書長團長會議總結此次大會情況並選定下屆年會的主辦者。大會是年會最重要的組成部分，主辦地的潮團領袖擔任大會主席，邀請當地政要擔任主禮嘉賓，正式的聯誼活動持續兩天，大會期間，來自世界各地的潮團領袖、潮商代表、各界別潮人精英、潮人父老鄉親們歡聚一堂，敦睦鄉誼，共謀潮人之共同發展。

除此之外，為弘揚潮商精神，發揚潮汕文化，第五屆年會在舉辦的過程中，增加了國學家饒宗頤教授主講的「潮人文化傳統的繼承和發揚」這一專題演講，並開展潮劇欣賞、書畫大展等活動，加強了各地潮人之間的聯誼，潮團之間的關係網絡也得到進一步的擴展。隨着年會影響力的逐漸擴大，各國家及地區潮團對年會的舉辦都躍躍欲試，有實力的潮團都希望自己能承辦一屆年會。

第六屆年會的召開地點曾因法國和美國潮團都要求舉辦而「舉棋不定」，通過進一步溝通商量，「大會決定第六屆年會在法國巴黎舉行」，[20] 這是國際潮團聯誼年會走向歐美地區的開端。此屆大會除了延續傳統的舉辦模式，值得指出的是，「大會與法國擁有一百多萬家大中小企業的僱主

19 張光宇等：《模糊社會網絡理論與應用》，北京：科學出版社，2016 年，第 9 頁。

20 黃綺文、宋佩華：《潮人同鄉社團遍全球》，廣州：汕頭大學出版社，1997 年，第 82 頁。

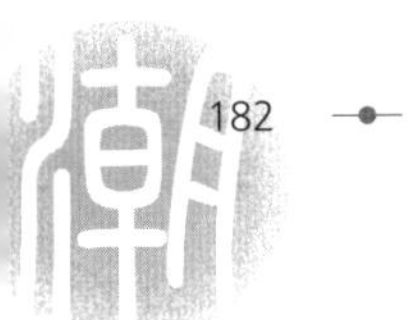

協會聯合主辦了一項經濟活動——『歐亞經濟研討會』，這一舉動前所未有，各地代表在與法國企業家的接觸和洽談中，進一步溝通了商務往來的渠道，為實際的貿易投資活動提供有利條件。」[21]

在美國加州聖荷西國際會議中心舉行的第七屆國際潮團聯誼年會，由全美潮人社團聯手主辦。第六、第七兩屆年會的舉辦都得到了當地政府的大力支持，法國巴黎第十三區區長杜蓬代表巴黎市市長主持開幕式。

綜上所述，受中國傳統文化的影響，香港民間組織結構的特徵決定了現代香港潮州商會也是一個以血緣、親緣、地緣關係佔據重要地位的以熟人與半熟人為主體的不斷拓展至非熟人關係的社會網絡體系。1980 年國際潮團聯誼年會的成立以及 1981 年國際潮團聯誼年會在香港的成功舉辦，標誌着現代香港潮州商會的社會網絡體系突破早期的邊界，已經由香港、潮汕本土以及東南亞的熟人到半熟人圈子；而第六屆年會在法國巴黎召開和第七屆年會在美國舉辦，使年會拓展到歐美包括非熟人關係在內的跨國界的大會，以香港潮州商會為核心的潮人跨國社會網絡格局已初步形成。

可以說，現代香港潮州商會跨國社會網絡的構建是基於對傳統潮汕文化的認同，以信任、團結、互惠和合作為主要表徵的以香港潮州商會為中心，由內至外推及世界各地潮商及其團體所產生的種種關係的國際化發展的社會網絡。

至 1950 年代以後，現代香港政治體制是依據 1917 年經過重新修訂公佈的《英王制誥》和《王室訓令》這兩個文件建立起來的，儘管 1917 年後又有一些改變，但這兩個文件的許多條款仍保留了十九世紀時的原文，從這兩個文件的內容和香港的實際情況可以看到香港現代政治制度的殖民性特點。從港英政府執政香港一百多年的歷史來看，早期其行政、立法兩局中沒有華人，到 1880 年立法局才有一名華人議員，1926 年行政局

21　黃綺文、宋佩華：《潮人同鄉社團遍全球》，第 83－84 頁。

只有一名華人議員，到 1970 年代以後，行政、立法兩局中逐步增加了華人議員。現代香港的行政、立法兩局議員大都是英國委任的，只是到了 1984 年中英聯合聲明簽訂以後，英國才提出要在香港實行代議制，1985 年才有了部分民選議員的產生。可見，現代香港的政治體制與早期相比並沒有根本性的變化。以下主要從法律法規，以及分別與港英政府和內地政府之間的關係，來闡釋和分析現代香港潮州商會所處的外部環境。

第三節　外部制度環境

一、在法律法規方面

在法律法規方面，現代港英政府主要是通過兩個途徑來對在港的民間團體實施管理的。第一，香港現存的成文法法例編匯《香港法例》第三十二章《公司法例》規定，民間商會等民間團體只要依照香港《公司法例》在港府公司註冊署註冊便可以成為合法的法人團體。1923 年「潮州八邑商會有限公司」就是依據 1911－1921 年香港《公司法例》第三十二章第二十二段第四節的規定，在港府公司註冊處註冊的。第二，是根據 1949 年《香港法例》第一百五十一章（由 1961 年第 28 號第 2 條代替）的《社團條例》規定：任何會社、公司 1 人以上的合夥或組織，不論性質或宗旨為何都可到香港警務署進行社團註冊。可見，與現代香港民間商會適用的法律法規與早期相比較增加了《社團條例》，因此，在港社團組織的設立多了另外一條可供選擇的途徑。成立於 1970 年代的香港潮州會館，全名為「潮州會館（保業）有限公司」，就是 1972 年在香港註冊、由政府批准的慈善團體。

二、現代香港潮州商會與政府的互動關係

1950 年代起，香港經濟進入了快速發展時期，至 1980 年代香港已成為亞洲最大的國際貿易中心之一，隨着華商經濟實力反超英商，港英政府開始推行較過往開明的重視華人利益的社會政治制度與政策，比如在香港政治體制內開始招納華人精英進入立法局、行政局等，並且通過授予「太平紳士」的稱號以及頒發各種獎章來表彰對香港社會有突出貢獻的港人。隨着香港潮商經濟的崛起，在香港潮州商會舉行的一些重大活動或典禮上也開始出現了港英政府高官的身影，現代香港潮商與近代相比，與港英政府的關係產生了一些新的變化，表現為彼此的互動增加了。與此同時，二十世紀六七十年代，內地正經歷着「文化大革命」，加上資本主義陣營國家對新中國的孤立政策，使包括香港在內的海外潮商與內地政府關係呈現較為敏感而且疏遠的狀態。因此，以下仍從港英政府及內地政府兩個角度來討論現代香港潮州商會與政府的關係問題。

1. 現代香港潮州商會與港英政府的互動關係

隨着現代香港潮商在經濟上的重新崛起與興盛，一大批對社會有貢獻的潮商紛紛受到香港政府的關注與褒獎，與此同時，香港潮州商會在港的社會地位及影響力也日益俱增，其發揮的功能與作用也為港府所重視。香港潮州商會改變姿態，開始參與香港政府主辦或倡導的社會活動，旨在與香港政府保持一定的互動關係。

首先，香港潮州商會支持和響應由香港政府主辦的各種社會活動。如果説早期香港潮州商會作為一個自主自治的經濟性功能組織或較純粹的商業團體，旨在關注營商環境和市場秩序的穩定，政治上趨於保守，無意與港英政府進行互動的話，那麼現代香港潮州商會則在自主自治的前提下，隨着潮商經濟地位的崛起以及香港政府政治社會政策的調整，開始改變其以往迴避港英政府的立場，主動響應和參與由港英政府主辦的各種社會活動。其中較為突出的有兩個事件。

第一，積極響應和參加港英政府主辦的第一屆香港節。1969 年 12 月

9日至15日香港潮州商會率領其他39個潮屬社團隆重參加了第一屆香港節。當年，香港政府為促進香港繁榮，與民同樂，決定舉辦第一屆香港節，並發動本港各社團熱烈籌備節目以及巡遊會景慶祝。香港潮州商會積極響應港府號召，與九龍潮州公會、香港潮商互助社、香港潮僑塑膠廠商會、香港潮汕文教聯誼會、香港潮僑食品業商會等四十家潮籍社團一起成立了聯合組織——「潮州各界慶祝香港節巡遊會景籌備委員會」，並與九龍潮州公會一起擔任主任委員，其他各社團為委員，下設總務、財政、遊藝、交際、糾察五組。財務組由潮州商會負責，總務組由潮州公會、潮商互助社、惠來同鄉會、荃灣福利會負責，遊藝組由長洲潮州會館、潮僑塑膠廠商會、榕江福利會、大長隴鄉萃渙堂負責，交際組由潮汕文教聯誼會、潮陽同鄉會、潮僑食品業商會負責，糾察組由從德善社、顏氏宗親總會、郭汾陽崇德總會、潮陽成田同鄉會負責，並推選香港潮州商會總幹事林萬任先生策劃搜集資料，將參遊節目於報紙上發表，廣為宣傳。此次參與香港節匯演的預算費用約港幣兩萬餘元，由香港潮州商會負責籌款。在香港節前兩天即1969年12月9日、10日晚上，受邀而來的的潮劇團分別在西營盤東邊街佐治公園及西營盤堅尼地城五號巴士總站廣場，公演潮劇名劇《杜王斬子》上下集，為香港民眾提供娛樂享受，同時也表現潮人的團結精神，弘揚潮州文化，加強與香港各族群、各階層的交流。香港節期間，由「潮州各界慶祝香港節巡遊會景籌備委員會」策劃演出的節目有潮州英歌、潮州大鑼鼓、潮州高蹺隊、潮州會景花車隊等項。香港節最後亦即最高潮的一個娛樂節目「會景花車遊行」於當月15日晚上如期舉行，該節目在香港歷史上寫下了嶄新的一頁，當時觀眾超過50萬人。潮僑隊伍排列為：（1）頭牌旗幟，（2）潮州英歌隊，（3）潮州大鑼鼓，（4）潮州高蹺隊，潮僑塑料廠商會之花車則另排在大會花車隊中。潮人隊伍於5時半左右齊集九龍花墟市政局球場待命，到場指揮者有香港潮州商會會長廖烈文先生，九龍潮州公會理事長黃志強先生，及各潮僑社團首長，由楊木盛先生擔任巡行總領隊。7時出發巡遊，途經彌敦道，達尖沙咀，潮僑隊伍達數百人，旗幟繽紛，陣容鼎盛，各種樂器之聲，清脆幽美，動聽之旋

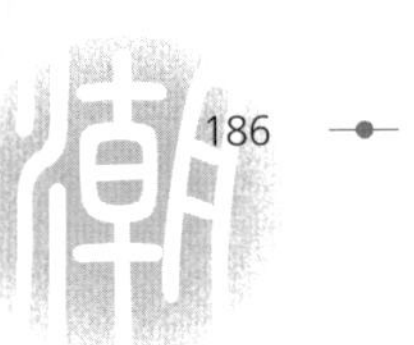

律，具有強烈的潮州地方文化色彩。會景節目多姿多采，除富有康樂價值外，更兼顧青少年教育的道德培養，所到之處，港九市民無不駐足觀賞，深獲港英政府的好評，為潮籍社團及潮籍鄉親增添光彩。

第二，巡遊演出，慶祝英女皇伊利沙白二世伉儷訪問香港。1975 年 5 月 4 日，英國女皇伊利沙白二世伉儷蒞臨香港訪問，香港各界為表示慶祝，於 5 月 6 日晚在彌敦道舉行隆重會景巡遊。巡遊路線以九龍尖沙咀九龍公園為起點，至大角咀塘尾道為終點。香港潮州商會也率領在港其他 82 個社團，參加了本次巡遊，而且還出人出錢出力，精心準備了潮州大鑼鼓和英歌舞兩個節目，以示對女皇到來的歡迎。另外，1977 年 4 月 21 日即英國女皇登基銀禧慶典，香港潮州商會也派出浩蕩的巡遊隊伍以及潮州大鑼鼓、龍舟獻瑞兩個精彩節目參與表演。

由上可見，現代香港潮州商會積極響應港英政府的號召，大力支持和參與港府組織的多項大型社會活動，體現其與香港政府較前密切的關係。當然，現代香港潮州商會作為潮商「自主自治」的功能性組織或者說是潮商利益的代言人與管理機構，為了維護會員權益，在必要時採取組織化集體行動向港英政府爭取權益依然是其不可推卸的職責。

其次，港英政府給予潮州商會較高的地位，並對潮人精英加以褒獎。經過數十年的拼搏，現代潮商在港百業興旺，尤其是進入 1970 年代以來，潮人在商界更是出類拔萃。從香港最大的行業——地產業來看，潮商的地產公司不斷湧現，如長江實業、鷹君、廖創興企業、大生地產、麗新發展、華人置業、中華娛樂、世紀城市、百利保國際、正大國際、英皇地產等均為香港地產鉅子，其中李嘉誠的長江實業早已於 1979 年就擁有樓宇面積 1,500 萬平方英尺，超過擁有 1,300 萬平方英尺的英資怡和系置地公司而成為香港最大的私人地產商。為了表彰香港潮人對港經濟及其社會發展所做出的貢獻，港英政府表現出對潮人明顯的關注。第一，港督及政府各部門政要出席香港潮州商會的盛大典禮，對商會會務開展給予高度的支持。1971 年 4 月 29 日，香港潮州會館落成開幕暨香港潮州商會金禧慶典儀式在港舉行，香港政府各部門首長、行政、立法、市政三局議員、

香港商界精英、社團首長、東華三院、保良局諸位總理、社會名流及同鄉各屆逾千人，雲集會館大廈，車水馬龍，盛況空前。當天，由港英總督戴麟趾主持揭幕，並致訓詞。港督戴麟趾在致辭中盛讚潮商為促進香港經濟繁榮所作的貢獻。儀式結束後，港督戴麟趾還興致勃勃巡視了香港潮州會館大廈的圖書室、會議廳、辦公廳、工商業陳列中心等部門和會員活動設施。第二，委任潮籍人士為官守議員，1974 年，港府任命香港潮州商會名譽會長李春融為香港社會福利署署長，1976 年再委任其為立法局官守議員。第三，委任潮籍人士為非官守議員，1976 年，香港潮州商會會董兼法律顧問王澤長榮任立法局非官守議員；1977 年，香港大學校長黃麗松博士任非官守議員。第四，授予一批對港有貢獻的潮籍人士為非官守太平紳士，如 1971 年香港潮州商會法律顧問顏潔齡女士被授為非官守太平紳士、1975 年香港潮州商會永遠名譽會長廖烈文為非官守太平紳士等。第五，頒授榮銜予有作為港人，以表彰其對香港的貢獻。例如，時任長江實業（集團）有限公司董事局主席兼總經理李嘉誠當選 1980 年香港風雲人物；1980 年香港潮州商會副會長劉世仁榮膺非官守太平紳士及英女皇頒授 M.B.E. 勳銜，以及香港潮州商會永遠名譽會長鄭植之獲英女皇頒授 O.B.E. 勳銜；林輝波鄉親榮獲英女皇頒授 O.B.E. 勳銜等（獲英女皇頒授勳銜的人員，詳見下表 5.1）。[22] 可見，港英政府正是通過上述提拔和表彰潮人精英的途徑來體現其對在港潮商及其團體的重視。

22 《香港潮州商會 60 周年紀念特刊》，第 190 頁。

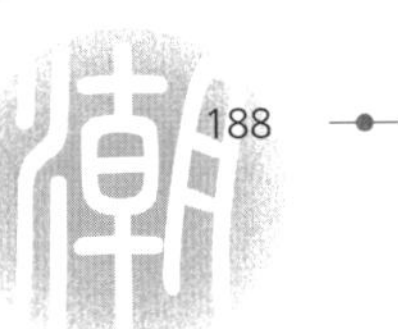

表 5.1 1971－1980 年潮人獲勳章及榮銜表

勳 銜	姓名（含授予時間）
司令勳章（CBE）[23]	1976 年：黃麗松 1977 年：李春融
官佐勳章（OBE）	1971 年：王澤森 1972 年：林思顯 1979 年：王澤長 1980 年：鄭植之、林輝波
員佐勳章（MBE）	1979 年：黃松泉、林浩彬、劉世仁 1980 年：黃錫江
榮譽獎章	1972 年：陳覺軒、陳卓平、高 學、黃松泉
太平紳士[24]	1972 年：王澤森、林思顯、李春融、王澤長
非官守太平紳士[25]	1971 年：顏潔齡（女） 1975 年：黃麗松、廖烈文、陳維梁、莊鐘賽玉（女）、黃松泉 1976 年：洪祥佩 1977 年：林浩彬 1979 年：劉世仁 1980 年：黃勵文、倪少傑
傑出市民獎	1979 年：黃麗松

資料來源：《香港潮州商會 60 周年紀念特刊》，香港潮州商會，1981 年。

23 英國授勳嘉獎制度中的騎士勳章，共設爵級大十字勳章（GBE）、爵級司令勳章（男性 KBE，女性 DBE）、司令勳章（CBE）、官佐勳章（OBE）、員佐勳章（MBE）五種級別。

24 太平紳士都是公職人士。在政府官員當中，一般而言只有在政府有十五年以上經驗者的副署長、副秘書長又或者如助理署長，才會獲選為官守太平紳士。另外，全港十八區的民政事務處的民政事務專員，會自動成為「當然官守太平紳士」，方便協助執行職責。

25 非官守太平紳士一般要經過由政務司司長為主席的非官守太平紳士遴選委員會委員作遴選，再由行政長官（回歸前則為港督）委任，委任人士並沒有特別要求，一般都是熱心公益事務人士，又或是對香港社會有貢獻者。

2. 現代香港潮州商會與內地政府的變動關係

1950 至 1970 年代，解放後的內地正經歷着史無前例的政治運動，打倒地主的土地改造運動、工商合營改造運動、批資批修批反的「文化大革命」等一系列政治鬥爭，使香港潮商在內地的親人朋友備受迫害，加上資本主義陣營國家對新中國的孤立政策，使包括香港在內的海外潮商與內地政府關係呈現較為敏感而且疏遠的狀態，尤其是香港潮州商會內部的右派即親台灣國民黨政府的潮商與內地政府基本斷絕關係。時任香港潮州商會的首長 ZCX 有如下回憶：

> 我主要是受父親（ZZG 曾任香港潮州商會常董、香港汕頭商會會長、香港九龍潮州公會創始人之一）的影響和薰陶，小時候經常跟父親來商會開會或參加活動。我父親是左派的代表人物，人稱「左仔」。他 1927 年就參加大革命，有熾熱的愛國熱情，十多歲時從普寧到陸豐、海豐參加革命，是當時蘇維埃政權成立的代表之一。1927 年大革命失敗後，輾轉坐船於 1930 年到香港經商。1949 年解放後參加香港的進步團體，被稱為當時的左派大佬，也是當時香港九龍潮州公會的創辦人之一。在港期間，扶危救困，多有善舉。1950 年，響應祖國的號召，將在港的「亞興祥織布廠」全部設備搬往廣州，最後公私合營時全部歸給國家。父親後來還加入香港中華總商會，中華總商會也是屬左派，是掛五星紅旗的，而香港潮州商會解放前是偏向國民黨政府的，曾經是懸掛青天白日旗的，而解放後至改革開放國共兩邊的旗幟都不掛了，以示中立。隨着大陸改革開放，即七八十年代後中國的形勢開始發生變化，香港潮州商會會員們與大陸的經濟貿易愈發頻繁之後，商會與內地政府的關係才愈來愈為緊密。

可以說，1950 至 1970 年代這二十年時間裏，香港潮商與內地政府關係

並不密切，直到 1978 年內地改革開放之後，香港潮商才慢慢恢復與內地政府的正常往來關係。然而，從另一個角度講，建國至文化大革命時期，正是資本主義陣營實施孤立內地政府的政策，使世界自由港的香港，成為聯繫內地與世界各地經濟的橋樑與紐帶，從這意義上説，香港左派潮商（親內地共產黨的潮商）與內地政府始終保持經濟上的貿易往來關係。

第四節　協治治理模式下的功能

現代香港潮州商會在社會合法性、權威型與法制型兼備的內部治理結構、商會跨國社會網絡以及當時所處外部制度環境等因素的共同作用下，其社會治理功能的表現形式較前趨新，除了早期自主自治、服務、社會公益等治理功能進一步強化外，其社會動員與聚合、參政議政等方面的功能得以顯現，尤其是與港英政府關係的調適，使其參與香港社會事務、協助政府施政的社會治理功能有所強化。

一、香港潮州會館的落成與自治功能的凸顯

會館是指明清時期商人在異地建立的一種由同鄉或同業組成的基層社會組織，按不同功能大體可分為三種。第一，是各地同鄉官僚、縉紳和科舉之士為居停聚會或參加科考而設在北京的側重政治功能的會館，故又稱為試館；第二是北京的少數會館和蘇州、漢口、上海等工商業城市設立的以工商業者、行幫為主體的同鄉會館；第三，是四川的大多數會館，是入清以後由陝西、湖廣、江西、福建、廣東等省遷來的客民建立的同鄉移民會館。但明中葉以後，隨着商品經濟的發展，具有工商業性質的會館大量出現，會館制度開始從單純的同鄉組織向工商業組織發展，其設立的目的大都是保護同一地域的商人、同行的利益以及照應在外謀生的同鄉，以免受到外界勢力的欺凌或在遭遇困境時可以施予幫扶和救助。因此，早期會館作為一種商人自發的民間社會組織，主要是以鄉土或者説是以血緣與地

緣為紐帶，以共同認可的傳統文化、價值觀念、生活習慣等為基礎的，以敦睦鄉誼、互通信息、娛樂互助及彼此的互律為活動方式，力圖建立一種穩定和諧，能以不變應政治、經濟、文化、社會生活之萬變的社會秩序。潮商作為近現代以來中國的三大商幫之一，在區域貿易與對外移民上成績突出。潮汕人士為了仕宦或經商而旅居在外的時候，面對異鄉的生疏和商場的激烈競爭，潮商必會結力量以應之，而潮州會館正是提供聯絡鄉誼、互通商情、扶貧救困的最佳基層組織。可見，香港潮州會館就是指潮州商人在香港建立起來的由同鄉工商業者組成的基層社會組織。它不僅僅是「聯鄉情於異地」,「敍桑梓之樂」的潮州同鄉們活動的場所，而且也是近現代社會變遷中基層社會的自我管理組織。所以，近現代海內外潮人離開潮汕本土出外謀生，在站穩腳跟，事業上取得一定成就後，必定要在居住地做的頭等大事就是「設會館」，可以說，「潮州會館」已成為潮人在外的歸宿，也是潮商團結的象徵符號。香港潮州商會時任秘書長 LFL 先生第一次與我訪談時就述及這個問題：

> 我們海內外潮州人有一個共同特點，就是不管去哪裏，是國外也好，國內也好，只要移居異地，當其在居住地落地生根後就會想辦法建立商會或會館，基本模式也幾乎就是辦會館、建學校、設義山等等。而就香港潮州商會的首要功能來說，就是敦睦鄉誼，潮州人離鄉在外，要有個鄉情在這裏，必定要辦會館；第二就是弘揚文化，這個是潮州人好有特色的，他把文化擺在很重要的位置；第三就是促進工商，這個是一個商會組織，促進工商是在商言商；最後一個就是服務社會，這個都是潮州商會一個宗旨來噶。那當時商會成立時，基本上所有活動啊，所有功能啊基本都是圍繞這些來做的。

1971 年香港潮州會館大廈的落成，對於在港潮商及其團體來說，具

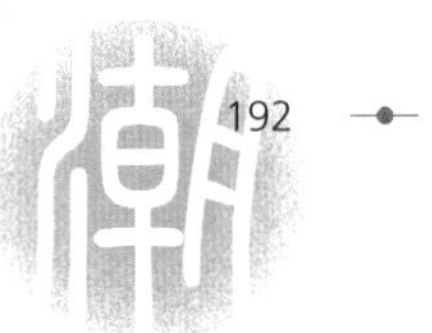

有里程碑的意義，它標誌着香港潮州商會自主自治根基的鞏固和發展。在港潮商無不以之為豪，同時對籌建會館的以廖烈文為代表的商會首長充滿敬仰之情。這也是商會為了建設會館之需，特意修改章程，使廖烈文先生連續三屆連任香港潮州商會會長而至今仍無人破此紀錄的緣由所在。香港潮州會館大廈的建立，進一步凸現了香港潮州商會的自主自治功能。

第一，便於在港潮商聯絡鄉情、敦睦鄉誼。會館作為同鄉活動的場所，客居他鄉的人們不僅能夠通過聚居會館，聽到熟悉的鄉音，而且會館裏栽種的家鄉花草、擺放的家鄉書籍、工藝品等一系列文化象徵符號作為故鄉文化在物象上的投影，往往可以排解人們思鄉的孤寂，從而找到心靈的共同歸宿。香港潮州商會自 1921 年成立很長一段時間，辦公的會址一直是租借的，並無一處固定會所，因此，1971 年香港潮州會館大廈的落成，為潮商以及潮籍人士提供了聯絡鄉誼、研究工商、促進貿易、服務社群的重要場所。每逢閒暇或工作之餘，甚至是忙中偷閒，潮商們都習慣到會館小聚，聊聊家鄉話、喝喝功夫茶、聽聽潮曲⋯⋯這種鄉情的延續，使他們獲得心靈上極大的滿足。香港潮商正是通過集資建設富有濃郁鄉土文化氣息的潮州會館，為無形的鄉土地緣關係找到了有形的可供依賴的物質載體，借助會館這個特有的場地，潮商們得以敍鄉情，結鄉誼。

第二，促進潮商的自治和自律。潮商通過會館定期或不定期地開展會務、研究商務、制定或規範行業秩序，促進工商的發展。也就是説，香港潮州會館在為潮商會員們提供聚會議事，溝通商情方面發揮着重要的作用。可以説，香港潮州會館是潮商們聯絡鄉誼的紐帶以及交流信息資源的窗口，同時也是潮商們制定各種規章制度的決策中心以及實施自我治理的機構所在。因此，潮州會館既是潮商們定期或不定期商討會務、圖謀共進的辦公場所，也是他們自主自治能力得以強化的有力保障。香港潮州商會首長 CWN 在訪談時如是説：

> 我是在 1980 年代開始較為關注商會的，那時候自己的生意有了較好的發展，事業也較為穩定，而且內地改革開放

後也經常回去看看，發現家鄉還有很多方面非常落後，尤其教育、文化、醫療衛生等方面相當滯後，急需改善和發展。而香港潮州商會對內地特別是家鄉有很多的幫助和貢獻，跟這樣的社會團體打交道，可以獲取很多在港同鄉以及家鄉的資訊。

第三，為潮商提供更加豐富和便捷的服務。香港潮州會館大廈位於香港島德輔道西路八十一號至八十五號，在 1970 年代的香港，十一層樓的會館無疑是氣勢壯觀而又美輪美奐。正如國學大師饒宗頤先生在其所撰的《香港潮州商會創建潮州會館碑記》所言：「觀夫巨棟巍峨，飛甍輪奐；遐朝近拱，吐納滄溟。自是潮人得以時聚於斯而燕於斯，雍濟和睦，用收琢磨之益。崇基既閎；嘉會靡間，山海在望，桑梓可親。喜大業之方新，瞻前規而莫忘，注滅其德，沾溉無窮。宗頤旅港有年，早聞碩畫，睎此壯觀，能不忻忭；倍興梓材之思，益懍同舟之訓。見命為記，敢詳顛末，俾鐫貞石，以垂方來！」[26]

香港潮州會館面積 4,000 多平方米，樓高十一層，內設有圖書室，藏書很多，除了中外圖書文獻之外，更多的是由商會籌資出版的與潮州文化相關的書籍，如《潮州文獻叢刊》、《韓江聞見錄》等，目的在於傳承和弘揚潮州文化，並且借助對潮州文化的認同，使潮商更加團結，商會更具凝聚力。與此同時，香港潮州商會作為國際潮團聯誼年會常設秘書處所在地，還肩負國際潮團聯誼年會的重託，創辦及出版《國際潮訊》，這對於溝通世界各地同鄉團體之間的信息，弘揚鄉邦文獻，具有十分重要的意義。另外，香港潮州會館還設有辦公廳、工商業品陳列中心、會員活動室、潮州私房菜餐館、大型會議廳等設施。自從香港潮州商會大廈落成以後，會館為商會會員們提供的服務愈發多元而豐富，比如有娛樂休閒、看

26 《香港潮州商會金禧暨香港潮州會館落成開幕合刊》，第 105 頁。

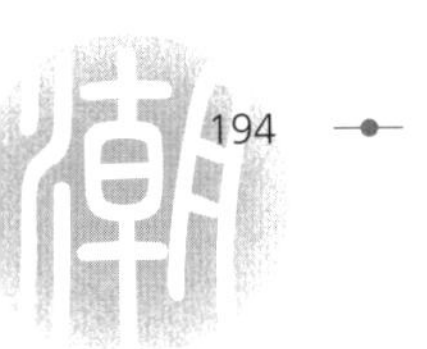

書讀報、各行業商業信息、研討會、工商業產品展、私家餐飲等等眾多的俱樂部產品。正所謂香港潮州會館既為潮商蹤跡之所彙集，亦為潮商精神之所維繫。因此說，香港潮州會館的落成不僅成為潮商敍鄉誼、聯桑梓、通商情的最為重要的去處，而且也成為香港潮州商會自主自治功能得以強化的標誌。

二、新春團拜、宴賀鄉彥與社會動員功能的加強

民間商會的社會動員功能指的是民間商會通過自組織運作對各種資源的動員與聚合的能力，主要是包括其在人才資源、經濟資源與社會資源等層面的動員和聚合的功效與能力。現代香港潮州商會的社會動員功能主要集中表現在通過一年一度的新春團拜、宴賀鄉彥的方式來達到與潮商以及社會各界潮籍精英聯誼和團結的目的。

首先，舉行聯合新春團拜，以敦睦鄉誼，加強潮籍人士的團結。時任香港潮州商會第 27 屆會長廖烈文，副會長蔡章閣、呂高文諸先生借香港潮州會館業經落成，萬象更新，為敦睦鄉誼，特發起邀請本港潮籍各界人士，於 1971 年 1 月 28 日下午二時，在潮州會館十一樓大禮堂舉行新春團拜。該日禮堂佈置一新，喜氣盈庭。參會者除了有香港潮州商會會長、副會長外，還有同鄉名流碩彥，香港潮州公會、香港潮商互助杜等六十餘個團體正副首長，商會會董數百人，濟濟一堂。下午二時正，團拜開始，在全體同鄉相向行一鞠躬禮之後，先由本會會長廖烈文致賀詞，接着是進行隆重的酒會，並播送潮州音樂助興。鄉音洋溢，鄉情益增，各同鄉分別語新敍舊，氣氛愉快；而對同鄉福利事業，參會者多提供寶貴意見……自此以後，即自 1970 年潮州會館大廈落成之後，為敦睦鄉誼，加強團結，香港潮州商會特於每年農曆正月初二邀請各鄉親碩彥、社會賢達、社團首長、同鄉各界，舉行新春團拜。此舉對於增進潮人友誼，團結各界潮人精英極有意義。

其次，聯合宴賀鄉彥，以動員和聚合潮籍精英人才。香港的潮州同鄉為數眾多，工商、政經、教育文化、科技、律師、醫療各個行業，都有表

現不俗的精英人士。因此，歡宴的對象，以同鄉被委為香港太平紳士、或獲英女皇頒授勳銜、或任議員、或任政府高官為原則；香港潮州商會歷來注重團結潮籍精英人才，對於為香港社會做出傑出貢獻的鄉彥，每年都要與香港九龍潮州公會一起邀請各同鄉團體，聯合設筵歡宴，藉敦鄉誼。1972 年，香港潮州商會會長蔡章閣太平紳士，副會長廖烈武太平紳士、潮州公會會長黃兆東、理事長黃金源等，以同鄉黃麗松博士榮任香港大學首任華人校長，本會副會長林思顯太平紳士榮獲英女皇頒授 O.B.E. 勳銜，陳覺軒、陳卓平、高學、黃松泉等榮獲英女皇頒授榮譽獎章，於當年 11 月 23 日聯合同鄉 47 個團體，在香港大會堂酒家設筵歡宴。當天，除各被邀嘉賓伉儷均依時蒞臨外，復柬請行政局首席非官守議員羅理基爵士、行政局首席華人非官守議員簡悅強爵士伉儷、顏成坤太平紳士伉儷、王澤森議員、張奧偉議員伉儷、李春融太平紳士、港大副校長、醫學院長、工學院長、社會科學院長等蒞臨指導，場面隆重。晚上八時入席，先由主席團主席本會會長蔡章閣太平紳士起立致歡迎詞，並介紹黃麗松博士、林思顯太平紳士及各位鄉彥之略歷，由潮州商會永遠名譽會長廖烈文先生、潮州公會會長黃兆東先生代表大會致送紀念品與各位鄉彥後，隨由香港大學校長黃麗松博士致詞，即對香港大學未來發展計劃發表個人建言。隨後，林思顯太平紳士代表嘉賓向同鄉各界致謝詞，鄉情洋溢。[27] 值得一提的是，1980 年 12 月，香港潮州商會假座大會堂酒樓，宴賀該會名譽會長李嘉誠先生當選為香港風雲人物，並聯合邀請各同鄉團體 76 個單位參加本次歡宴鄉彥，時任潮州商會會長陳有慶先生在致詞中指出：

> 尤以李嘉誠先生，比年嘉猷展佈，國際蜚聲，對本港的繁榮，貢獻至大，為中國人帶來了前所未有的光彩。至於本港各大善團，連年我同鄉出任要職者，為數甚多，這可以證

27 《香港潮州商會 60 周年紀念特刊》，第 197－199 頁。

明我們潮州的鄉親，對於服務社會，出錢出力，向未後人，
實在是值得慶賀與鼓勵的。[28]

事實上，僅從 1971 年起至 1980 年近十年間，受香港潮州商會及其他數十家團體聯合設筵歡宴的鄉彥不斷湧現出來。

總而言之，現代香港潮州商會正是透過聯合舉辦宴賀鄉彥的方式，使在港潮籍精英得以彙聚一堂，不僅廣泛團結各界潮人精英，而且使香港潮州商會的社會網絡也由本會潮商擴展到在港潮籍的各界精英人士，有效發揮了社會動員和聚合潮籍精英人才的功能和作用。

三、致力於社會公益事業與社會保障功能的拓展

在社會治理的視角下，民間商會作為多元社會治理主體之一，它不僅要維護自身的利益，還應當在公共空間中承擔其相應的社會責任，使社會公共秩序和公共利益保持動態的平衡。因此，民間商會被視作為維持社會正常秩序不可或缺的一種制度安排，在一定程度上緩解了不同利益群體之間的矛盾，起到了社會保障的功能。

現代香港潮州商會除了照章處理會務，研究商業，聯絡鄉誼外，對於社會及家鄉公益，救災恤難，無不一秉至誠，全力以赴。自 1950 年代以來，香港潮州商會致力於各種慈善事業，從地域上來劃分，其參與過的較大社會公益事件有兩個類別。第一類屬本港的有較大影響力的公益事件是：第二十三屆會董會組織義演潮劇救濟「九一溫黛風災」災民。1962 年 9 月 1 日，颶風溫黛襲擊香港，災情極為慘重，商會當時正值會董會改選，沒來得及採取集體救濟行動，只是由各同人分別自由捐款救濟，到第二十三屆會董就職後，會長鄭光，副會長陳維信、張蘭夫，認為此次受災區區域遼闊，所需賑災數目巨大，於是召開會董會商討對策，議決成

28 《香港潮州商會 60 周年紀念特刊》，第 213－214 頁。

立「籌賑會」籌劃救濟事宜，並定於10月7日下午8時假座香港大會堂公演潮劇新天彩班，籌募善款救濟災民。「籌賑會」推舉會長鄭光為大會主席，副會長陳維信、張蘭夫為大會副主席，常務會董林炳祺為總務組主任，馬錦煥為財務組主任，高鳳生為票務組主任，張蘭夫、林炳祺、馬錦煥、丘士俊為委員，林拔小為交際組主任，全體會董為委員。邀請香港華民政務司麥道柯司憲，前立法行政兩局議員顏成坤先生為大會名譽主席，華民政務司副司憲陳樹青先生、市政局議員王澤森先生，本會名譽會長馬澤民、林子豐、陳漢華、馬錦燦、鄭植之、洪祥佩、湯秉達、馬璧魂、蔡章閣、林俊璋、陳弼臣、廖烈文諸先生為大會顧問。決策制定後，馬上分工合作，開展一切賑災事務。到10月7日晚上8時，由潮劇新天彩班義演潮州名劇《碧玉簪》，在場嘉賓及熱心人士踴躍捐款，共計籌得善款六萬零八百八十七元正，由鄭光會長、張蘭夫副會長將善款如數送交社會福利署亞力山大署長接收，代為賑濟災民。香港華民政務司麥道軻司憲為了表彰潮州商會熱心慈善，親題「慈善為懷」扁額一方贈予紀念。[29]

進入現代的香港潮州商會秉承大會宗旨，一如既往地致力於社會公益事業，在香港所作的善事數不勝數，除了上述救濟「九一溫黛風災」災民之外，第十七屆會董會還建設和合石及羅湖墳場以及第二十六屆增闢羅湖義山；第十八屆會董會捐助西區福利會福利經費，演劇籌賑石硤尾六村火災災民；第二十屆救濟坑西花墟村木屋區火災災民；第二十一屆之救濟老虎岩、東頭村火災災民以及元朗水災災民；第二十二屆反對賽球博彩；第二十三屆擴建潮商學校、籌募助學金資助潮商學生；第二十五屆捐贈潮商學校圖書；第二十五屆、第二十六屆、第二十七屆籌建潮州會館等等。

第二類屬家鄉和國內各地有較大影響力的公益事件是：如歷屆之救濟潮汕風災、廣東三江水災、華北水災、長江水災、東北冰災、華南冰災、華北九省旱災、捐助建築廣東忠烈祠，救濟廣東西北江水災等。[30]

29 《香港潮州商會60周年紀念特刊》，第244頁。

30 《香港潮州商會60周年紀念特刊》，第242頁。

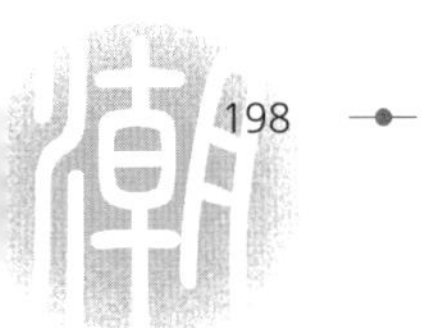

香港潮州商會的「公益性」特點，強調了其扶危濟困、養老善終、失業救濟、助學濟貧等善舉，往往被稱為社會的第三次分配。香港潮州商會正是通過自願捐贈、義演等社會公益行為的形式對社會資源和社會財富進行再分配，從而在一定程度上彌補了政府社會福利制度的缺失，起到了社會保障的功能，使社會分配更趨公平。

四、反對重估地稅與影響政府政策制定功能的體現

在第二次世界大戰之前，由於港英政府的殖民統治政策，香港民間商會一般「在商言商，不談政治」，主要發揮同業自助的功能。[31] 二戰之後，隨着原有殖民體系的崩潰，港英政府在香港的管治失去了應有的合法性，特別是 1950 年代以後，隨着在港華商經濟和社會地位的變化，港英政府也開始採取較前開明的相關制度，尤其重視提高包括潮商在內的華商的政治地位。與此同時，香港民間商會的政治態度也在發生變化，以香港潮州商會為例，早期香港潮州商會秉承「在商言商」的一貫作風，以至於在其章程中也作出「不參預政治或參加政治活動」的規定。但是，二戰之後，隨着社會形勢的變化，香港潮州商會開始積極參與到香港的社會與政治事務之中，一方面，為了維護會員以及公眾利益，反對港府的某些政策制定和執行；另一方面，為了與港府保持良好的關係，積極響應、支持政府開展的活動。這在一定程度上是現代香港潮州商會參政協政的功能顯現。

一般來説，某一項政策的制定或出台就是一個利益重新分配的過程。民間商會作為一個有組織的利益群體，往往會通過各種體制內、體制外的途徑和方法對違背會員利益以及社會公共利益的政策與政府進行協商或施加壓力，以達到影響政府政策制定或執行的作用。以下透過 1969 年「港英政府重估地税政策」這一事件，來分析現代香港潮州商會作為潮商利益代表所作出的反應及其顯示出來的功能。

---

31 劉在山主編：《香港經濟運行和管理體制》，北京：中國財政經濟出版社，2003 年，第 586 頁。

1969 年 5 月 31 日，香港政府發佈了一份與地契有關的「綜合公佈」，提出政府重估地稅的計算方法，就是以土地的市價，並加息五厘為基礎，續約時按 75 年累計地稅，這樣一來，應繳納的新地稅驟然就變成土地市價的 4 倍以上。如此重估地稅的計算方法，相比之前，驟增千數百倍。舉一例子說明，九龍長沙灣某地段，面積 2 千餘呎，每年納地稅 13 元，由於承批人申請續期，隨後接到政府覆信：「續期 24 年，補價 477037 元；或每年繳交地稅 29134 元。」如此計算方法，跟以前每年繳納地稅 13 元相比，將地稅提高了 2,241 倍。這消息發佈以後，香港各界輿論一片譁然。香港中華總商會、香港中華廠商聯合會、九龍總商會等全港各大團體無不紛紛反對，而輿論界也極力支持商界態度。1960 年代末至 1970 年代初，居港的潮籍人士有近八十萬人，為數眾多，他們紛紛向香港潮州商會提出投訴，時任商會會長廖烈文、副會長蔡章閣、呂高文等商會首長馬上召開會董會議，提出組成「反對政府重估地稅研究小組」的決議，並公推廖烈文、蔡章閣、呂高文、洪祥佩、陳維信、湯秉達、黃天榮等為該小組委員，以廖烈文會長為召集人。經過多次集會商議，起草了〈為反對政府重估地稅政策呈輔政司署文〉一文，並於 1972 年 2 月 1 日以中英文兩種文字在香港各大中英文報紙刊登。而英國各大報章也紛紛反映香港民意，聲援市民訴求。廣大市民、尤其是商會團體以及輿論聲勢浩大的反對聲浪，引起了英國政府的高度關注，港府最終迫於強大的社會壓力，以民意所趨，俯順輿情，撤消了該項重估地稅政策的執行，這是現代香港歷史上以民間商會等利益團體為主導的透過社會輿論促使港英政府改變政策制定的一次勝利。而當時香港潮州商會，急會員以及公眾之急所急，領導商會成員，以組織化集體行動的方式，透過輿論，代表潮商及潮屬人士發表反對聲音，痛陳其反對的觀點和理由，並與其他各大商會團體遙相呼應，終於匯成合力，迫使港府做出順應民意的決定。在港府重估地稅政策此事件中，香港潮州商會反對的堅決態度與立場，可從其在香港各大報刊上刊發的〈為反對政府重估地稅政策呈輔政司署文〉一文中可見一斑（全文詳見附錄四）。

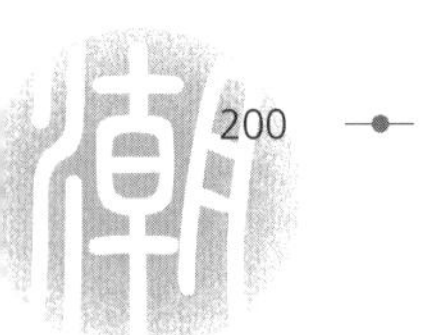

綜上所述，從「反對政府重估地稅政策」事件可以看出，香港潮州商會基於自身利益以及公眾利益的維護而展開集體行動，主要運用輿論手段，通過在報刊公開發表〈為反對政府重估地稅政策呈輔政司署文〉，反對政府重估地稅政策，即在聯合行動中它通過一種合法的方式向政府相關職能部門施加壓力並取得一定成效。從這個過程中來看，現代香港潮州商會實際上已經涉及了影響政府決策或者説已經在一定程度上影響了政府的政策制定或執行，其參政議政的政治功能在這一事件中得以顯現。

五、積極參與社會公共事務與協助政府施政功能的漸現

在遵循自主自治原則的前提下，隨着香港華商經濟地位的崛起以及香港政府重視華商及其團體相關政策的調整，現代香港潮州商會開始改變其以往對政治的漠視態度以及迴避立場，主動響應和協助由香港政府主辦的各種社會活動，並在社會活動中漸現其參與社會治理的功能。具體表現如下：

首先，香港潮州商會積極響應和參加香港政府主辦的第一屆香港節。如前所述，1970 年代，隨着經濟的快速發展，香港已成為「亞洲四小龍」以及世界最大的貿易中心，香港政府為了彰顯其社會的繁榮，與民同樂，決定於 1969 年 12 月 9 日至 15 日舉辦第一屆香港節，並發動本港各社團熱烈籌備節目以及巡遊會景慶祝。香港潮州商會積極響應港府號召，與九龍潮州公會、香港潮商互助社、香港潮僑塑膠廠商會、香港潮汕文教聯誼會、香港潮僑食品業商會等 40 家潮籍社團一起成立了「潮州各界慶祝香港節巡遊會景籌備委員會」，策劃演出了潮州英歌、潮州大鑼鼓、潮州高蹺隊、潮州會景花車隊等一系列帶有濃厚潮汕特色的精彩節目。1969 年開辦的「香港節」內容較為龐雜，可謂包羅萬象，除了藝術節目表演外，也有各地美食以及帶有地方特色的工藝品展銷的嘉年華，場面熱鬧，歷來為港人所矚目。

其次，配合港府促進社會繁榮發展的需要，應邀協辦「香港藝術節」。從 1973 年起，香港政府每年春季，都會舉行一年一度為期一個月

的「香港藝術節」。「香港藝術節」與前面所述的「香港節」不同，它主要是集中進行各地方戲劇的匯演。香港藝術節旨在透過提倡民間娛樂，一方面促進東西方文化交流，一方面體現香港社會娛樂升平，經濟繁榮穩定的局面。每當藝術節期間，香港政府除了聘請歐西的舞蹈、音樂等名家蒞臨演唱外，還有本港各類著名劇種的公演，通過公演，使東西方文化得以交融，例如借助戲劇藝術等的表演，得以互相觀摩，互相借鑒，這對於促進香港社會安定和諧具有積極意義。

潮州戲為我國著名地方劇種之一，歷史悠長，為各地潮人所喜愛。1976 年，應香港藝術節大會主席邵逸夫先生的邀請，潮州戲即潮劇首次參加在香港藝術節演出。大會聘請民政司司憲黎敦義先生為贊助人，同鄉碩彥顏成坤太平紳士、香港大學校長黃麗松博士、立法局非官守議員王澤森太平紳士、社會福利署署長李春融太平紳士為副贊助人。香港潮州商會永遠名譽會長馬錦燦、鄭植之兩位先生為名譽會長，香港潮州會館主席廖烈文太平紳士為主席、洪祥佩太平紳士、蔡章閣太平紳士、林思顯太平紳士、陳維信先生、呂高文先生、廖烈武太平紳士、陳有慶先生為副主席。李郭惠吟女士為潮劇演出的負責人。另外，以香港潮汕各社團首長以及潮州商會全體會董為委員，各界潮籍同鄉們統籌策劃，出錢出力，終於使潮劇在香港得以成功公演，並獲各界好評，從此，潮劇作為地方性戲曲之一經常在香港重大的節日慶典中粉墨登台，使潮人以之為傲，港人喜聞樂見。

另外，正如前所述，1975 年 5 月 4 日，為了慶祝英女皇伊利沙白二世伉儷訪問香港，香港潮州商會還組織盛大的巡遊演出，而 1977 年 4 月 21 日即英國女皇登基銀禧慶典，香港潮州商會也派出浩蕩的巡遊隊伍以及潮州大鑼鼓、龍舟獻瑞兩個精彩節目參與表演。

由此可見，從 1970 年代開始，隨着以李嘉誠等一代潮商在香港經濟與社會地位的提升，香港政府對潮商以及香港潮州商會等潮籍社團的關注度較前提高，而香港潮州商會也開始積極回應港府的號召，為港府主辦的社會活動出錢出力，積極發揮其協助政府實施社會治理的功能。

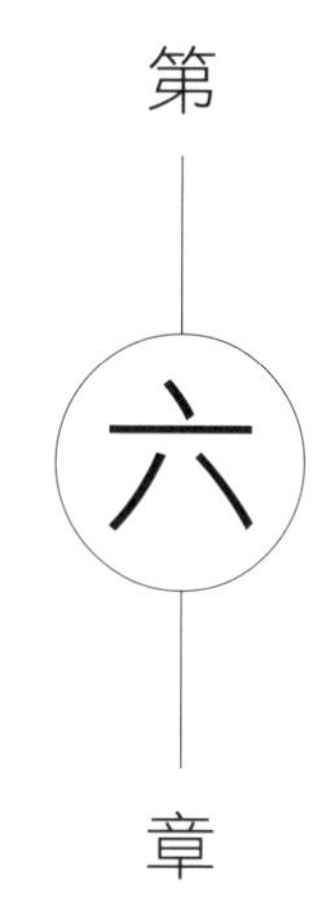

當代香港潮州商會合作治理模式及其功能

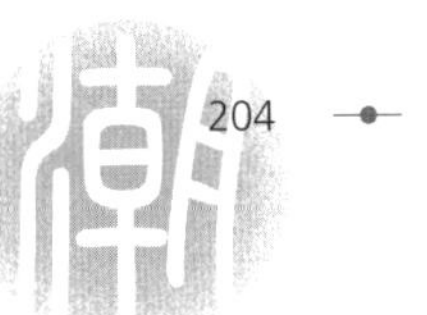

一般來説，治理實現的基礎是社會中形成了各種成熟的民間組織，並且能夠有效地參與社會治理活動。社會治理的有效性主要指從事社會管理的效果，它至少包涵以下三個方面的含義。第一，管理機構設置合理、權力體系健全、運作機制高效，能發揮預期的功能作用，至少是預期的一部分功能作用的發揮；第二，與政府形成平等、協商、良好的制度化合作關係；第三，擁有龐大的社會網絡體系。因此，判斷民間商會社會治理功能是否有效，總是以它的實際活動過程為依據，用最終所取得的實際效果來衡量它的有效性，即是説，在完成預期目標方面達到多好的程度。[1] 當代香港潮州商會正是通過上述三個方面體現其參與社會治理的有效性。作為香港潮商中最具有代表性的工商團體，當代香港潮州商會以「敦睦鄉誼、弘揚文化、促進工商、服務社會、興學育才、扶貧救災」為宗旨，在推動香港與內地的工商交流及國際貿易、參與社會公共事務管理以及參政議政方面有積極的表現，尤其彰顯了其在社會治理中的政治功能。

第一節　合縱連橫治理結構的建立

為了培育新秀、繼往開來，也為了更好地凝聚香港潮籍社團的力量，發揮潮屬社團在香港社會事務中應有的積極影響，當代香港潮州商會在內

1　吳巧瑜、王文俊、周潭：〈香港民間商會組織社會治理功能研究 —— 基於香港工業總會的個案分析〉，《武漢大學學報（哲學社會科學版）》，2011 年，第 4 期。

部治理結構上有了較大的調整與發展。1992 年 12 月，香港潮州商會成立了「香港潮州商會青年委員會」（簡稱「青委會」），「青委會」的成立，成為吸收年輕有為潮商進入商會決策層行之有效的途徑，為商會注入了新鮮的血液；2001 年 10 月，在香港潮州商會的積極籌備和牽頭之下，「香港潮屬社團總會」（以下簡稱「總會」）也正式成立，這標誌着全港潮屬各界更加緊密的團結起來，在各種社會事務中將發揮更大的作用。「青委會」及「總會」的成立，使當代香港潮州商會內部自主自治功能更加鞏固與強大。

一、當代香港潮州商會的機構設置

香港潮州商會在百年的發展歷程中，儘管歷經滄桑但仍保持蓬勃生機，究其原因，其中重要的一點就是能夠適應社會發展的需要，適時地對自身進行調整和改革。進入 1990 年代以後，運作八十年的香港潮州商會內部出現了一些老化的跡象，比如數十年前形成的會章條文與社會脱節；會員年齡偏老，會員資料久未更新，不少失去聯絡；老一輩潮人故去，新一輩潮人對社團缺乏向心力；商會的內部服務偏重聯誼性質、未能提供多元化及與時並進的業務；與會員聯繫的方法方式較為落後；秘書處的人力資源短缺，辦公設備陳舊，不能為會員提供更加優質的服務。面對以上的困境，香港潮州商會及時進行了內部機構的自我調整和改革，適時成立了「青委會」、內地事務部、社會事務部、「婦委會」四個機構，拓展了商會的橫向結構，為商會注入了新的生機與活力。

1. 成立「青委會」、內地事務部、社會事務部、「婦委會」，拓展商會內部的橫向結構

第一，成立「青委會」。香港潮州商會「青委會」成立於 1992 年，是在香港潮州商會當屆會長劉奇喆、全體副會長及會董的積極推動下，為吸收年青一輩加入商會，增強商務活動、促進會務發展而制定的高瞻遠矚

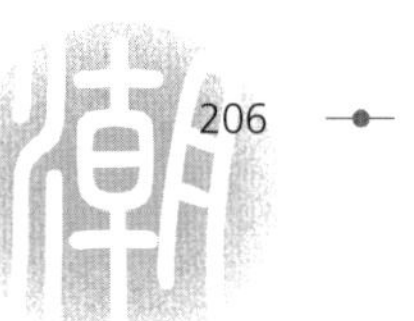

的長遠策略。[2]

「青委會」的內部架構較為簡單，下設主任委員 1 名，由商會常務會董兼任；副主任委員 8 名，皆為商會會董；主任委員及副主任委員下設 8 個小組，每個小組都配備有召集人，分別負責召集本組委員開展各種會務活動。另外，為了使「青委會」能夠得到更多的支持與幫助，以更好地運作和發展，近年「青委會」還邀請前首長擔任首席參贊，以承擔諮詢和顧問的角色。「青委會」的宗旨是組織各項活動，其中包括以聯絡本會青年會員為目的；推動本會青年會員關心會務；接受會董會或常務會董會之委派，協助組織各項活動；聯絡本港及海外青年工商專業團體；吸納本港潮籍青年工商專業人士加入本會為會員。「青委會」成立至今，在歷屆主任莊學山先生、林孝信太平紳士、陳幼南博士、葉志光博士、高永文太平紳士、劉文文 M.H. 太平紳士、張俊勇先生及全體委員的共同努力下，積極參與商會會務，並成功舉辦了多次商務、社會公益及文娛康樂活動，受到社會各界的好評。例如，舉辦的演講會曾經邀得李嘉誠博士、中英聯合聯絡小組郭豐民大使、饒宗頤教授、金融管理局任志剛總裁、衛生福利及食物局周一岳局長等作為演講嘉賓，就社會發展各個範疇，發表真知灼見。1997 年 4 月，香港潮州商會「青委會」組團前往北京拜訪全國人大副委員長王光英、中共中央統戰部部長王兆國及國務院僑辦、國務院港澳辦、全國工商聯、全國青聯、北京青聯等機構的領導。為了加強與本港各界及海內外青年一代的團結和聯繫，委員會曾多次組團到內地及世界各地進行友好訪問和交流，如到新加坡、馬來西亞、泰國，以及澳門、北京、上海、汕頭、潮州、廣州、珠海和深圳等地拜訪當地的潮籍社團。2002 年至 2003 年，「青委會」應國務院僑辦邀請，分別組團前往重慶、成都、昆明等地考察訪問，取得圓滿成功。2009 年到北京訪問交流，拜訪了全國僑聯、國務院港澳辦、中華文化學院、全國青聯、國務院僑辦等機構領

---

2 《香港潮州商會成立 80 周年紀念特刊》，香港潮州商會出版，2002 年，第 137 頁。

導，並參觀了奧運主場館鳥巢及水立方。

事實上，「青委會」從其人員構成來看，尤其是領導層主任委員及副主任委員的身份來看，大都是香港潮州商會前會長或會董會首長們的後代或親屬，例如，「青委會」首屆主任莊學山先生即為香港潮州商會永遠名譽會長李嘉誠先生的表弟，第三屆主任陳幼南先生為香港潮州商會永遠名譽會長、香港潮屬社團總會創會主席、當代著名僑領陳偉南先生的兒子，張俊勇先生為香港潮州商會時任會長張成雄先生的兒子⋯⋯當然，「青委會」並不排斥非潮商世家子弟的加入，「青委會」也會從潮州商會會員中選拔出人品優秀、學有專長、事業有成且熱心服務的有為青年包括律師、醫生、會計師、建築師、工程師、大學教授等專業人士加盟，使之具有廣泛的代表性。「青委會」的成立目的就是為香港潮州商會培養後備力量以及接班人，以此來保障商會的可持續發展。香港潮州商會時任秘書長 LFL 在訪談中有這麼一段口述：

> 商會從其前身計起，已有近百年歷史，能夠長盛不衰，其發展的動力是不斷改革創新，以適應新形勢的發展。潮州商會近幾年主要的改革成效有：第一是成立青年委員會，吸納更多的年輕新潮青加入商會，使商會更加充滿活力。近年來，商會更將目標放在較為年輕 —— 人品優秀、學有專長、事業有成、熱心服務的潮籍人士。十多年前，成立了青年委員會，近幾年新會員的統計指出，中青年人佔了 90%，而專業人士及企業家或高層管理人員也佔了 95%。由於這批新潮青的加入，也影響了在港的其他年青潮籍人士，帶動愈來愈多的潮籍人士加入到商會中來。在商會和青年委員會的組織下，青年委員們積極參與到社會各領域的社會活動中去。

LFL 強調：

有計劃有步驟培養好接班人是香港潮州商會的一大特點。十幾年前商會成立青年委員會就是基於培養接班人的考慮。現在這些青年委員會領導成員已經逐漸承接起商會的重要領導職務。例如首屆青委會主任莊學山已經擔任過香港潮州商會會長，現正積極推動各個屬會建設青年組織。陳幼南是首屆青委會副主任，也擔任了香港潮州商會第 47 屆會長。目前，商會會董比例將近一半是潮青。潮青大多數具有高學歷、專業技術水平高、人脈廣、眼光前瞻、更具時代感等特徵，同時又秉承潮人勤勞拼搏團結等優良傳統。

第二，增設內地事務部、社會事務部。進入 1990 年代以後，香港潮州商會為了能夠適應社會發展的需要，尤其注重構建自身合縱連橫的治理結構。為了使會員能夠對香港事務、內地事務及國際事務及時做出反應，香港潮州商會會董會於 2008 年增設了社會事務部和內地事務部，以鼓勵會員踴躍參加香港立法會和區委會的投票選舉，積極參與內地的社會事務，通過人大或政協的途徑，勇於擔當社會責任。2009 年 4 月 3 日，香港潮州商會總幹事 LFL 在香港接受了《天下潮商》專訪時講到，香港潮人潮商十分熱心慈善和公益事業，然而歷來參與社會活動比較少。近幾年來，總會及商會有意識推動成員更加廣泛參加各種各樣的社會活動。香港潮屬社團總會亦成立發展委員會，專職專注社會事務。商會董事會成立社會事務部，鼓勵成員參加立法會和區委會的投票選舉；總會及商會的領導及管理層，保持清醒頭腦，緊跟時代脈搏，對於國際事務及香港事務及時做出反應。[3]

第三，設立「婦委會」。2012 年，為了更大力度發揮潮籍婦女的積極作用，成立香港潮州商會婦女委員會，宗旨是組織本會女會員，推動委員

3 〈林楓林 —— 香港潮州商會不可或缺的「大管家」〉，搜狐網，2016 年 9 月 13 日，http://www.sohu.com/a/114260592_481645。

關心本會會務；協助會方組織各項活動；聯絡本港及海外婦女工商專業團體；吸納本港潮籍女性工商專業人士加入本會為會員，以加強與各工商界婦女團體之合作，促進委員間之聯繫為職責。架構包括主任委員、副主任委員、榮譽顧問、名譽顧問、名譽參事（名譽委員）、召集委員（召集人）、委員（成員）。[4]

2. 創辦「香港潮屬社團總會」，擴展商會的縱向結構

進入二十一世紀，香港的潮籍人士已超過一百多萬，林林總總的潮籍社團在香港不僅有悠久的發展歷史，而且數量也多，共計有一百多個。長期以來，潮籍人士為香港的經濟發展作出了積極的貢獻，但潮籍社團在其他各項香港社會事務中，並沒有發揮其應有的影響力。隨着 1997 年香港的回歸，愈來愈多的聲音要求潮籍社團聯合起來，凝聚鄉親的力量，表達潮人心聲，支持香港特區政府依法施政，為社會作出更大的貢獻。

2001 年，在陳偉南先生等一眾商會領袖組織和推動之下，籌備了兩年多的香港潮屬社團總會（簡稱總會）終於正式成立，總會由近三十個社團組成，屬下公司及團體會員近千個，總會創會主席為陳偉南先生。香港潮州商會名譽會長、國學大師饒宗頤教授特贈墨寶「團結」二字給總會，表示潮籍人士從此要更加團結起來，不僅要凝聚所有潮人的力量，而且要推動潮籍人士和其他族群人士和諧相處，為社會進步發展做出更大的貢獻。總會在招收會員的問題上，為了避免矛盾及複雜性，規定只吸收團體作為會員，而不考慮接受個人會員，但聘請榮譽職位（如：名譽會長、名譽顧問、名譽會董）則例外。總會的宗旨是：團結香港潮屬社團和各界人士，為香港社會安定、經濟繁榮作貢獻，促進香港與外地的交往與合作，配合及支援家鄉潮汕三市的發展。

---

4 〈香港潮州商會婦女委員會簡介及架構〉，香港潮州商會官網，2012 年 10 月 18 日，http://www.chiuchow.org.hk/%E6%9C%AC%E6%9C%83%E4%BB%8B%E7%B4%B9/%E5%A9%A6%E5%A5%B3%E5%A7%94%E5%93%A1%E6%9C%83/。

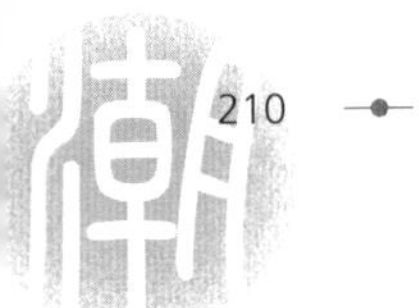

總體上說，香港潮屬社團總會也是實行會董會制，其具體機構以及運作方式按照香港潮屬社團總會章程第三章《組織》規定如下：

（1）會員大會為最高權力機構，所有會員均有出席會員大會的權利。

（2）會董會是本會之最高行政機構，人數最多不超過八十人，會董任期兩年，可連選連任。當選為主席之團體，可連選連任。而出任此一主席職位之團體代表，其任期則以不超過二屆為限。

（3）創會社團為會董會之當然會董。首屆會董會正副主席卸任後以個人身份出任當然會董。歷屆會董會正主席亦於卸任後以個人身份出任當然會董。當然會董與選任會董共同組成會董會，選任會董之選舉辦法由選舉委員會制定產生。

（4）會董會成員若有宣佈破產、或觸犯本港刑事法律而被判決有罪、或據公司法例之規定被禁止出任會董者，其會董之資格即行喪失。若是團體之代表，則由該社團另委代表人。

（5）會董會設：總務部、財務部、公關部、稽核部、福利部五個部門。各部設正主任一名、副主任一名。香港潮屬社團總會組織架構圖，見圖 6.1。

（6）會董會成員均屬義務性質，不得接受任何薪酬。

（7）每屆會董之任期為兩年（首屆會董會會董例外）並定於選舉年十二月份完成選舉，翌年一月份為新一屆會董會就任之期。以常務會董會為選舉委員會，負責有關改選事宜。

（8）常務會董會之組成：

（8.1）香港潮州商會首長五人；

（8.2）香港潮州會館、香港九龍潮州公會、香港汕頭商會、香港潮商互助社、香港潮僑塑膠廠商會、香港潮僑食品業商會六社團各一位首長出任；

（8.3）首屆會董會正副主席卸任後以個人身份出任之當然會董；

（8.4）歷屆會董會正主席卸任後以個人身份出任之當然會董。

（9）常務會董會產生主席一名及副主席五名，主席由香港潮州商會首

長出任。

（10）秘書處在主席之領導下處理日常會務，協調各部門工作。

（11）常務會董會可根據工作需要成立各種委員會或小組，並授予相應之職責。

（12）常務會董會可根據需要聘請社會地位崇高、對本會有重大貢獻的人士以個人之身份出任本會榮譽會長、名譽會長、名譽顧問、名譽會董。此名譽職有發言權，沒表決權及被選舉權。

（13）卸任之主席，以其個人身份受聘請為本會永遠名譽主席。

圖 6.1 香港潮屬社團總會組織架構圖

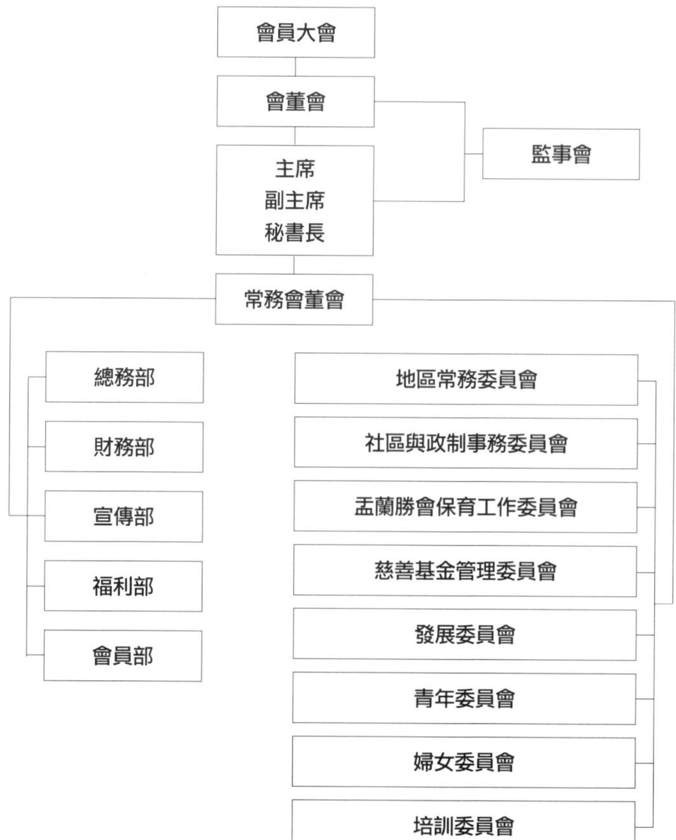

資料來源：香港潮屬社團總會官網

由此可見，香港潮屬社團總會的組織結構體現如下特色：一是總會採取會董會制的領導體制，並規定了總會主席由香港潮州商會當屆會長出任，這就確立了香港潮州商會在總會中的領導即龍頭位置。二是總會副主席由香港潮州會館、香港九龍潮州公會、香港汕頭商會、香港潮商互助社、香港潮僑塑膠廠商會六個具代表性的、涵蓋潮汕地區的地緣性或行業性社團組織的首長擔任，這就確定了上述六家社團作為總會最高領導決策層的地位。三是其他會員以社團為主體，每一社團以其首長為代表，作為總會的會董，以保證總會能夠和各會溝通，並保證總會的決定能夠在各屬會得到貫徹。四是邀請潮屬各界知名人士以個人身份出任總會的名譽職位，例如邀請李嘉誠、莊世平為榮譽會長，洪祥佩、廖烈文、陳有慶、林百欣、饒宗頤為名譽會長，港區多位潮籍全國人大代表、政協委員以及香港立法會多位潮籍議員為名譽顧問，以此增加總會的知名度和影響力。五是取得香港潮州商會的支持，盡量和其資源共享，以有利於兩會在工作上的協調。

綜上所述，由於按照總會章程，其主席必須由香港潮州商會當屆會長出任等相關規定，總會可以被視作為香港潮州商會內部架構對外的延伸或拓展。

香港潮屬社團總會成立之後，其地位及代表性得到香港各潮屬社團的認同。因此，潮屬社團首長聯席會做出了決定，今後，凡是涉及全香港性的活動，或是參加海外有關活動，只要是要求本港以單一代表團出現的，都由香港潮屬社團總會牽頭組織。從 2011 年成立以來，總會支援特區政府依法施政，積極參與各項社區活動；組織本港鄉親參加國際潮團聯誼年會；舉辦國慶酒會，慶祝祖國生日；考察海外投資環境；主辦各類政經研討會及醫療衛生講座；舉辦敬老活動及獎學助學活動；資助長者健康計劃；邀請本港各界人士赴潮汕三市及內地參觀考察……總會從事的事業及開展的各種會務活動得到香港各潮屬社團的認同，也獲得了社會各界的好評，有力地促進潮籍鄉親與香港其他族群的人士融洽相處，為香港的繁榮及祖國的建設做出應有貢獻。

概言之，香港潮州商會「青委會」、社會事務部、內地事務部、「婦委會」以及「香港潮屬社團總會」的成立，一方面使香港潮州商會內部結構上呈現合縱連橫的特點，標誌着香港潮州商會自主治理機構的進一步自我強化；另一方面，也促使香港潮州商會龍頭地位得到進一步的加強，標誌着以香港潮州商會為首的香港潮屬各界社團的進一步聚合與團結。現時香港潮州商會的內部機構如圖 6.2 所示。

圖 6.2 現時香港潮州商會內部組織架構圖

資料來源：香港潮州商會官網

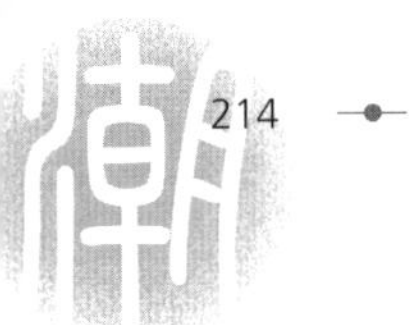

二、當代商會的運作機制

為了適應社會發展的需要，當代香港潮州商會決策機制仍然採取會董會制。但與現代相比，其運行機制也適時進行了相應的調整和改革，其變化集中表現在兩個方面。第一，決策機制中會董會領導權較前有了新的拓展，會董會為了應對會務的擴展，不管從副會長、會董人數的規定上還是部門的設置上都有新的增加；第二，除了潮州商會自身龐雜的會務外，當代香港潮州商會秘書處還作為國際潮團聯誼年會（即國際潮團總會）以及國際潮青會等多個大型社團組織的常設秘書處，為了有效地提高工作效率以應對日益增加的會務，香港潮州商會秘書處進行了全方位的改革。此外，由於當代香港潮州商會的選舉制度及其監督機制較前沒有明顯變化，因此，本書以下主要從決策機構會董會以及執行機構秘書處這兩個部門的改革來探討當代香港潮州商會的運行機制。

1. 擴大會董會的職責權限以及增加會董人數和增設有關機構

當代香港潮州商會作為香港潮籍人士具有較高地位和影響力的工商業團體，同時也是當代香港社會治理結構中不可或缺的主體，除了要強化自身的自治能力之外，它還必須對社會事務有更多的責任與擔當。因此，為了應對日益增加的會務以及更好地發揮其應有的作用與功能，香港潮州商會會董會做出一系列的改革，並以修章的形式保障了其改革的正當性。第一，增加會董數額。由於商會會務擴展之後，會董會需要更多的會董參與相關事務的運作，關於會董會當然會董的數額，2006 年修訂後的章程規定：每屆會員大會選舉的會董不少於五十名及不多於一百名，但每屆選任會董的確實名額則由各該屆選舉委員會決定，由當選會董與當然會董共同組成會董會，以辦理會務。但值得指出的是，在近年商會會董會的實際運作中，其當然會董不受會董名額限制，例如原來當然會董佔了會董會 10 個名額的話，在修章後的那一屆，多出的這 10 個位置可以騰出來選舉出更多的新人進入會董會，使會董會較前擁有更多的人力資源，同時也能夠激發年輕會員為商會服務的積極性與活力。第二，增加副會長 1 名。以往

商會會董選出後，是由全體會董再互選出會長 1 名與副會長 3 名，但是，2006 年會章修改後，副會長由之前的 3 名，增加到 4 名，依次為第一、第二、第三及第四副會長。副會長名額的增加，無疑為商會吸收新的首長提供了新的空間和機會。第三，會董會增設了社會事務部與內地事務部兩個部門。為了鼓勵商會會員更為主動地投入和關注香港以及內地的社會事務，也為了增強香港潮州商會在香港以及內地社會事務中應有的積極影響，2006 年修訂的章程規定，會董會可依據情況，自行決定增加或減少任何部門。每部門設有部門主任及副主任各一名。部門主任由常務會董出任，副主任則由會董會選任。副主任除協助部門主任處理一切事務外，經部門主任授權，可代表部門主任出席本會常務會董會議，並有表決權。依照上述章程規定，今天香港潮州商會會董會確實增設了社會事務部與內地事務部兩個部門，以應對外界社會的發展與變化。

2. 對秘書處進行了大刀闊斧的全方位的改革

香港潮州商會秘書處作為香港潮州商會本會以及國際潮團聯誼年會、國際潮團聯誼年會青年委員會等大型社團組織的常設秘書處所在地，如何應對龐雜的會務，提高工作效率刻不容緩。

第一，加強秘書處的人力資源建設。潮州商會會董會作出決議，加強秘書處建設，包括人力資源及物質資源。由於商會是一種服務性行業，服務具有「無形性、不可分割性、可變性、易逝性」等特點，直接關乎服務質量的提高，故商會上層重視職員的整體質素，要求職員以會員的要求為依歸，為會員提供高質量的服務。首先，進行組織設計和職務分析，對現有員工能力進行考察以決定人員配置的數量及其工作要求。即是說把組織內的任務、責任、權利和利益等進行有效的組合和協調，確定工作崗位之職責任務和工作要求，嚴格考勤制度，並每隔一定時間內進行績效考評。其次，加強對員工的培訓，主要以內部培訓為主，應工作需要，一些員工也實行短期脫產培訓；同時，組織員工與其他兄弟社團進行交流，考察其他社團的運作情況；組織員工出席其他社團舉辦的活動，從中學習與觀

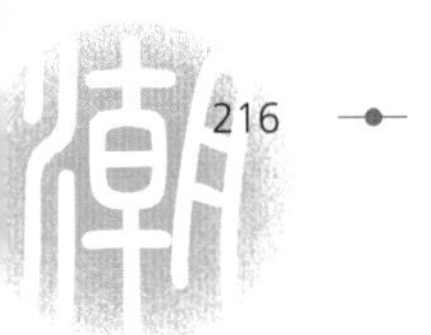

摩。再次，健全激勵機制，建立健全職員的公積金制度、醫療保險制度、有薪假期制度，使職員增強對商會的歸屬感與認同感，安心工作，降低流失率。另外，秘書處還注重吸收大學本科以上學歷的員工，從整體上提高職員的質素。秘書處經過整頓後，各部門職責分明，員工各司其職。具體來說，秘書處各部門及其員工的職責如下：秘書長處理全面日常工作，負責對外事務及協調中小學校董會工作；主任秘書協助秘書長工作，負責秘書處內務及青委會工作；財務負責商會之財務、會計及教育基金、慈善基金之撥款審核工作；會員事務負責涉及會員各項活動之協調及聯絡，包括新會員入會申請之處理，安排各種會員組團出訪事務，處理或轉介會員之查詢、投訴；宣傳、負責出版《香港潮州商會會訊》、《國際潮訊》及潮州商會之其他出版物，聯絡傳媒，發放新聞稿；行政負責商會之各項行政支持事務，包括物料採購、大廈維修、租務及訪客之接待；會務拓展負責會務的拓展，商洽有關商號、酒店、醫療教育機構，為會員提供各種優惠活動，潮州義山之管理；青委工作負責為青年委員會提供各種秘書及支持服務，出版《潮青會訊》。可以看出：這種功能結構是一種扁平式組織結構形式，反應敏捷，責任明確。例外的是「青委工作」部門，其採用的是類似矩形結構。但在處理一些特別個案時，如商會組織的全港性的大型活動或國際性活動，則用團隊結構去完成任務；不同技能、經驗、類型的人員密切配合，更為靈活地完成特定任務。除此之外，香港潮州商會亦和本港各潮屬或非潮屬社團的秘書處形成一種策略聯盟，即在籌辦大型活動中，例如商會每屆的會董會就職典禮、香港潮屬各界社團慶祝國慶酒會、商會的周年慶典以及在港承辦國際潮團聯誼年會等大型活動，都獲得其他社團秘書處工作人員的支持，這種互相借力的做法在香港民間組織之間非常流行和受用。

第二，採用信息新技術手段，提高工作效率。隨着信息科技的迅猛發展，加強辦公室自動化程度，是提高工作效率的重要一環，有鑒於此，商會會董會專門通過決議案，增加秘書處辦公設備，特別是購置較為先進的計算機及文字處理系統。同時，培訓職員掌握自動化辦公設備和採用電子

商務。這些舉措，大大提高工作效率，充分發揮了秘書處的溝通、協調的作用。

第三，為會員提供更多的服務與產品。香港潮州商會傳統的服務多是一些聯誼性的活動，如每年的春茗、祭拜義山、宴賀授勳鄉彥、接待來訪嘉賓等。隨着年青會員的加入，商會的服務及產品應予適當的調整，除了原有的傳統活動外，現在增加了各式各樣的商務、科技及康樂方面的活動。例如每月會董會舉辦的財經政商社情民情研討會；邀請香港政界、工商界、學術界等部門知名人士來商會做專題講座；青委會舉辦潮州話班；組織考察團赴國內外考察投資環境；聯絡有關商號，為會員提供各種優惠服務等……通過這些服務的開展，提高了商會的向心力與凝聚力。

第四，建立健全的財務制度以保障充裕的資金。香港潮州商會建會以來，一直制訂並執行嚴格的財經制度，除了前文述及的商會設立有財產管理委員會，專責監管商會的會產及產業的一切事宜外，香港潮州商會秘書處也實行量入為出的理財原則。首先，協助商會會董會管理好會員繳納的會費以及發動募捐或者其他各種捐款；其次，協助會董會處置商會各種物業以及運作積累的租金，對於前輩在 1970 年代建立的香港潮州會館，除了滿足商會運作所需的樓層外，其他空餘樓層用作出租以收取租金並做相應投資；再者，又選取穩健藍籌股用作長線投資，以獲得穩定的回報。總之，健全的財務制度以及充足的辦會資金，有效地保障商會的正常和高效的運作。

概而言之，自香港回歸以來，香港潮州商會秘書處承載着香港乃至國際數個大型社團的會務工作，其工作繁忙且複雜，但實際運作起來確是有條不紊，相當高效。

第二節 良好的外部制度環境

進入 1990 年代，尤其是 1997 年香港回歸祖國以後，由於香港特區政

府按照《基本法》，實行「一國兩制」，「港人治港，高度自治」的方針政策，當代香港的政治體制和政策環境與回歸前相比，呈現出新的特點。那麼，在這樣的政策與法律環境下，當代香港潮州商會與香港特區政府及內地政府的關係有什麼新的變化或發展呢？對於這個問題，LZL 回答説：

> 我感覺到現在香港潮州商會與香港政府溝通很多。商會曾經邀請過警務處等高官來訪問，也邀請過大陸中央聯絡辦的官員，甚至中央的領導也來過，以前是不接觸的。

而 CJL 是這樣認為的：

> 從 1970 年代開始至今，香港的經濟逐步發展起來，商會的作用就更加重要了。另外，香港回歸階段中央政府也很重視社團，特別是潮州商會這樣一些社團，因這裏面的人在社會有一定的經濟實力；這幾年回歸後，潮州人表現也非常活躍，而且另外成立了香港潮屬社團總會，將潮汕人的力量統一起來，所以就逐步建立起潮汕人在政治方面的影響力。

如上所述，自 1978 年內地改革開放以來，受內地經濟體制改革、政治體制改革以及 1997 年香港回歸祖國等因素的影響，香港潮州商會與香港特區政府和內地政府之間的關係產生了較大的變化。所以，本章主要從與香港特區政府和內地政府之間的關係來分析當代香港潮州商會所處的外部環境條件。

一、商會與香港特區政府友好的合作關係

香港潮州商會從 1921 年成立至今，已度過百多個春秋，多年來，在一代代潮商的支持和領導下，逐漸演變成為香港一百多萬潮籍鄉親的中堅代表，為香港的繁榮穩定做出積極貢獻，由此奠定了它在香港社會中的地

位和影響力。2009 年 3 月 25 日，香港政務司司長唐英年出席香港潮州商會第 46 屆會董就職典禮時稱：「香港潮州商會歷史悠久，是本港具代表性和影響力的商會，在潮僑社團當中的地位舉足輕重。多年來，商會致力團結潮籍人士，推動本港工商百業發展。商會也十分重視弘揚文化，積極參與社會事務和慈善事業，開辦學校，設立獎學金。幾十年來，商會通過扎實的工作，惠及鄉親，造福社會，對香港經濟騰飛和社會穩定，做出了巨大的貢獻。」由此可見，進入當代以來，香港潮州商會致力於參與各種社會公共事務的管理，積極參政議政，其與香港政府的關係也由之前的友好互動關係演化為今天的友好合作關係。在討論當代香港潮州商會與香港政府和內地政府的關係時，CJG 有如下的表述：

> 潮州商會由商人組成，所以係回歸前歷屆嘅取態都係親政府、親商界噶。對於政治果方面，據我了解，因為我入會唔係好耐，如果無記錯我係 1991 年入會噶，（到現在大概）二十年左右，所以對會（的了解）唔係好深，但從同老會長嘅接觸當中、通過自己嘅觀察，覺得距地係政治上要求比較中立（一些）。當時有台灣、有北京政府即係中國大陸，亦都有香港嘅港英政府，所以當時距地係三者之間嘅取態方面比較持平、中立。當然我知道有 D 商會，好似汕頭商會 1949 年組成，明顯距地嘅旗幟就好鮮明了：愛國、親中甘樣。但距就唔係噶，因為（潮州）商會裏面有 D 商人係做台灣生意，係台灣有關係，有 D 當然同內地有關係啦，就好睇主席或副主席、常務委員會當中主事果 D 人嘅政治取態了，所以基本上對三方面嘅關係都係好噶。（這是）香港都幾多潮籍人士嘅一個總會，以前無總會（潮屬社團總會）之前，呢個潮州商會就代替左總會嘅地位，所以港英政府也好、台灣駐港嘅機構也好、當時嘅新華社即宜家嘅中聯辦，對潮州商會都比較重視，都經常有 D 人來我地會拜訪啊，請我地去距嘅機

構果度啊，或者過年過節大家會交往，所以回歸之後（1997年以後）啲幾年呢個關係都仲有維持嘅。回歸前夕，有D會長，好似陳偉南會長、歐陽盛潮，仲有我地汕頭商會第一代會長莊世平先生都係潮州商會一個顧問級人物，對國家啲關係就開始拉近了，開始係商會啲領導地位佔左一個主流意見啦，親台啲開始無咩聲氣了，唔會提出一些唔同意見啊。但是，97年回歸之後，香港潮州商會的主流啲思想或立場就偏中了，其實，商會親政府呢個大家都無異議嘅，如果政府穩你做野啊，幫政府做野啊，都唔會好大意見，主要係親台同親中兩者之間有重心啲轉移，隨住97回歸前開始有呢個轉變啦，大家開始睇到個勢（形勢），心理上都開始有準備。果D同中國關係比較活躍啲，譬如陳偉南、莊老，呢D（人）係商會啲影響就越來越大了。有好多人，果D會長啊，以前同台灣關係好果D（人）都低調落來了，同中國關係好果D（人）啲聲音就越來越大了，從好多會長啲身上可以睇到。總啲來講，我地歷屆會長同政府啲關係都係好好嘅，從距地以前拿太平紳士、拿好多以前啲勳銜到宜家啲銅紫荊或者榮譽獎章都有好多嘅，每年都有，好似今年吳哲歆拿左銅紫荊，所以歷屆授勳都有我地潮州人。除左呢D表彰之外，委任做社會公職都多嘅，特別回歸之後潮州商會有一班會長都有遠見啦，就組織左青年委員會簡稱青委，（這些）潮州人啲下一代通常都係外國翻黎或者係香港拿到專業資格、大學生啊都係社會上有一定啲地位，距地走埋一齊都好想為社會做D野，為商會做D野，所以呢D人都比較活躍於香港政府啲一些諮詢架構或者參與一些慈善各方面系統啲活動，所以呢D授勳、委任啊，每年都好重視，其實就係鼓勵推動距地參與各個大啲慈善組織、係大啲機構裏面做一些業務工作或者佔一些比較重要啲職位。其實潮青也好、潮州商會也好，都係

鼓勵會員參政。所以基本上整個潮州商會係近十幾年來，都比較主張同鼓勵青年人出來參與管理、參與社會事務，仲有就係為自己商會培養接班人啦，也為社會培養一些潮籍咖精英，呢方面係取得一定成績噶。

由此可見，當代香港潮州商會是在強化自主治理結構的基礎上，隨着內地改革開放以及九七香港回歸之後其所處政治生態環境的變化而逐漸轉變自己的政治立場，並主動參政議政，通過各種渠道代表潮商支持香港特區政府依法施政以及支持中央政府的大政方針。

首先，香港潮州商會支持香港特區政府依法施政。第一，2008 年，香港潮州商會配合香港特區政府，號召會員參與香港第四屆立法會選舉。香港第四屆立法會於 2008 年 9 月 7 日選舉，為了響應特區政府呼籲符合選民資格的香港市民，踴躍登記做選民，香港潮州商會專門向會員（三千多人）發出「致各位會員：請支持選民登記工作」的信函，以商會的名義倡議各位會員及其親友，支持選民登記工作，履行公民的權利和義務，屆時選出愛國愛港之人士進入立法會，確保香港的繁榮穩定，締造更美好的明天。「致各位會員」請支持選民登記工作」的信函內容如下：

登記選民資格：凡年滿 18 歲，通常在港居住的本港永久性居民，均有資格登記成為地方選區選民。

登記時間：登記選民者由即日起至 5 月 16 日下午 6 時前將登記表交達選舉事務處。（注：在此時間之後仍可登記，惟未能參加今年九月之立法會選舉。）

遞交表格方法：可郵寄或傳真至選舉事務處（郵寄地址：香港灣仔愛群道 32 號愛群商業大廈 10 樓；傳真：28911180），或於網上登記，或提前交由本會秘書處代為遞交。

另外，閣下若已登記為選民，而有更改住址，須即向選

> 舉事務處更新數據，閣下的住址更改後，所屬之選區可能要相應作出更改。更改資料截止日期為6月29日，在此日期後更改資料，只能在原選區參加今年之立法會選舉。敬請留意。[5]

以上有關香港潮州商會為響應香港特區政府號召，呼籲市民踴躍登記選民而向該會會員發出「致各位會員：請支持選民登記工作」的信函一事，表面看上去是細小的事情，但是從其專門擬寫信函合併登記表寄予三千多位會員及其家屬來看，一方面為會員提供了便捷，一方面表示商會對這一事情的重視。總之，寄三千多信函對商會秘書處來說，其工作量可想而知，商會此舉無疑是支持香港特區政府施政的具體表現。

第二，登報發表聲明，公開支持香港特區政府2012年「政改」方案。

自從香港在1997年7月回歸祖國以來，有關香港政治改革的爭議一直是一個備受各方關注的問題。2005年12月，香港特區政府提出的第一份政改方案在立法會投票時以34票贊成，24票反對，1票棄權遭到否決，因為根據有關規定，有關議案必須獲得立法會三分之二以上的支持票才能通過。2009年，香港特區政府再次推出政改方案，就2012年香港特區行政長官及立法會產生辦法提出建議。香港特區政府是根據香港《基本法》附件一、附件二的規定，向立法會提交關於2012年行政長官和立法會產生辦法修改議案的。香港特區《基本法》附件一規定，2007年以後各任行政長官的產生辦法如需修改，須經立法會全體議員三分之二多數通過，行政長官同意，並報全國人民代表大會常務委員會批准。香港特區《基本法》附件二規定，2007年以後香港特區立法會的產生辦法和法案、議案的表決程序，如需對本附件的規定進行修改，須經立法會全體議員三分之二多數通過，行政長官同意，並報全國人民代表大會常務委員會

5 《香港潮州商會會訊》，香港潮州商會出版，2008年第59期，第3頁。

備案。根據這一方案，立法會將增加 10 個議席。行政長官選舉委員會由 800 人增至 1200 人，並提升民選區議員的參與。港府推出 2012 年「政改」方案之前已進行了為期約三個月的公眾諮詢，共收到逾四萬份意見書。港府認為民意是清晰的，就是希望 2012 年政制能向前邁進，不要原地踏步，為 2017 年及 2020 年普選鋪路。然而，2009 年香港特區政府推出的這一循序漸進的「政改」方案仍然遭到香港泛民主黨派的猛烈攻擊和反對。根據港府引述的民調顯示，多數香港市民期望 2012 年政改方案獲得通過，市民不希望香港的政制原地踏步。但是，港府始終在票數上存在風險，無法完全確保獲得三分之二的立法會議員的支持票。

在這關鍵時刻，香港各黨派、各階層、各界別、各社會團體紛紛發表意見或聲明，以表明自己對政府 2012 年「政改」方案的態度和立場。2009 年 12 月 31 日，香港潮屬社團總會以全體同仁即近 30 多家潮籍社團的名義，代表全港潮屬社團在香港《大公報》刊發了題為〈循序漸進發展民主，維護社會和諧穩定〉的廣告，廣告如下：

循序漸進發展民主　維護社會和諧穩定

日前，特區政府發佈《2012 年行政長官及立法會產生辦法諮詢文件》（下稱《諮詢文件》）向公眾公開徵詢意見。香港潮屬社團總會作為本港潮籍人士及潮籍社團之代表性團體，以彙聚鄉親力量，表達潮人心聲，支持特區政府依法施政，建設繁榮穩定香港為宗旨。《諮詢文件》發表後，本會及各屬會對政改方案甚為關注，並進行廣泛及深入的探討。

我們認為，《諮詢文件》中提出之建議內容，符合全國人大常委會於 2007 年 12 月 29 日通過的《關於香港特別行政區 2012 年行政長官和立法會產生辦法及有關普選問題的決定》之精神，遵循《基本法》有關兼顧社會各階層利益、有利於資本主義經濟發展、循序漸進及適合香港實際情況的原則，貫徹落實「一國兩制，港人治港」的方針。同時亦反映特區

> 政府回應社會對政制發展的訴求，以及表達不斷提高民主成分的決心。至於立法會功能組別，體現均衡參與原則，有助兼顧整體社會利益，且一直行之有效，我們認為，其仍具有存在之價值。
>
> 我們希望特區政府在三個月的諮詢後，整合各界的意見，凝聚社會的共識，以求民主政治向前跨進一步。同時，亦希望社會各界以維護香港整體利益為依歸，求同存異，勇於承擔，共同創造一個和諧、文明、繁榮、穩定的香港社會。[6]

可見，以香港潮州商會為核心的香港潮屬社團總會在「政改」方案處於社會輿論紛爭的時候，以在媒體刊登廣告的形式，公開表明對「政改」方案的立場，以此方式支持香港特區政府依法施政。

第三，商會首長通過各種場合，表示支持特區政府「建設高鐵」預算案。

廣深港高速鐵路是中國高鐵網計劃的一部分，目的是要把香港和內地的各大城市連接起來，高鐵香港段以隧道形式興建，全長 26 公里，由西九龍市中心通往廣州石壁，香港境內不設中途站，預計 2012 年開工，2015 年落成。高鐵建成後，從西九龍出發，14 分鐘可到深圳，到達廣州新市中心石壁站也只需要 48 分鐘，實現粵港兩地一小時生活圈。但是，在內地高鐵網絡正有條不紊建設的同時，廣深港高鐵香港段的建設計劃卻遲遲不能付諸實施。香港這一段的高鐵經過了將近十年的醞釀，四年的籌劃，在 2007 年香港特區政府的施政報告中，終於把高鐵項目列入十大基建工程，2008 年開始具體設計，2009 年 10 月行政會議拍板通過興建方案，最後將進入立法會進行審議、撥款的階段。然而，就在香港特區政府

6 〈循序漸進發展民主，維護社會和諧穩定〉，《大公報》，2009 年 12 月 31 日。

爭取立法會通過高鐵撥款的前夕，香港社會上卻掀起一股爭論的浪潮，從項目斥資 600 多億港元是否物有所值，到香港區總站應設在市中心還是市郊，及至項目會否破壞生態環境⋯⋯尤其是一批香港「80」後的反高鐵青年在立法會投票前日以「苦行」的方式抗議，即每走 26 步跪拜一次，並且還召集 1 萬名支持者包圍立法會大樓，以和平非暴力方式與政府抗爭。凡此種種，政府與民間展開了一場拉鋸戰。

針對香港社會種種反對高鐵的聲音以及過激的行為，香港潮州商會首先是加入「香港各界商會聯席會議」，與香港其他六十七個商會聯合刊登廣告力挺高鐵項目。他們呼籲，高鐵能加強香港作為內地對外窗口戰略位置的重要性，加快香港和珠三角城市的融合，帶來一定的經濟效益。接着，香港潮州商會首長們還通過多種渠道作出評論，並公開表態，表達支持香港建高鐵的心聲。如 CWN 先生曾對香港與內地通高鐵有如下表述：

> 高鐵可以促進香港長遠的經濟發展，我們的目標是透過貫徹「1 小時生活圈」的概念，令香港與其他省區的交通網做到無縫連接，從而吸引更多國內外投資者及專業人士到包括香港在內的大珠三角進行投資，同時亦為兩地居民創造更好的生活空間。

其次，香港特區政府關注香港潮州商會發展，多次到會指導工作。進入當代，潮人在香港社會的各行各業都有代表性人物，例如商界有李嘉誠、林百欣、陳有慶、廖烈文、羅康瑞、謝中民、戴德豐、蔡志明、馬介璋、陳偉南等；政界有邱騰華、陳智思、馬時亨、鄭維健、藍鴻震等；專業界有胡定旭、方正等；學術界有饒宗頤、劉遵義、黃麗松、吳康民等；醫學界有高永文、范尚達、林順潮等；傳媒界有馬澄坤、楊受成等；任立法會議員的有梁劉柔芬、林大輝、詹培忠、陳茂波、陳鑑林、陳健波等。而香港潮州商會作為團結這幫傑出潮人的一個富有代表性的社會團體，備受香港政府的關注和支持。第一，港督或特首親自主禮香港潮州商會慶典，表彰商會所作貢獻。不管是 1980、1990 年代的港英政府官員甚至港督，還是九七回歸後的香港特區政府官員抑或行政長官，對於香港潮州商會的會董就職儀式，尤其是周年特別慶典，都會親臨現場做主禮嘉賓並致祝詞，以示對商會所作貢獻的表彰。

1991 年 4 月 23 日下午 7 時，香港潮州商會假座香港港灣道會議展覽中心，舉行慶祝成立七十周年紀念聯歡大會，敦請香港總督衛奕信爵士伉儷親臨主禮，並邀請行政、立法兩局議員、官紳名流、工商領袖、社團首長，以及國際同鄉團體蒞臨指導。當晚八時港督衛奕信伉儷駕臨會場，港督衛奕信主禮典禮並在大會上致辭，表彰香港潮州商會多年來一如既往推動香港工商百業發展，造福社群，惠及鄉里，為香港社會作出重要貢獻。總督衛奕信爵士在香港潮州商會七十周年紀念大會上致辭如下：

> 廖會長、各位副會長、各位會董、各位嘉賓：
>
> 今天晚上我和夫人出席貴會七十周年紀念大會，跟各位一同慶祝這個富有意義的日子，感到非常高興。過去七十年，香港無論在基建、經濟、以至小區和政制等各方面，都有穩健的發展。香港人經歷過無數次的起起落落，但憑着堅毅的意志，不屈不撓的精神，對於各種轉變都能夠一一適應，並且每一次都能夠從轉變中把握新的機會，創造更好的成績。
>
> 香港人應該可以為自己辛勤努力得來的驕人成果感到自豪。香港現在是世界第十一大經濟貿易中心、第二大貨櫃運輸港口，按人口平均計算的國民生產總值在亞洲各地區中，僅次於日本和盛產石油的文萊。要取得以上的成就，一方面有賴一個有效率的政府，和一群忠於職守的公務員，但最重要的因素，還是香港市民勤奮努力，積極進取。
>
> 貴會的成就，在很多方面也可以說是香港發展過程的寫照。貴會的成長和會員人數的不斷增加，反映出香港的工業

和商業迅速發展，而貴會在促進鄉梓情誼和會員福利方面的努力，也足以證明香港市民是團結一致、萬眾一心的。貴會努力聯絡海外同鄉，以尋求更多合作發展的機會，正好與本港公司發展跨國業務的做法一致。貴會會員在財經、工商業、貿易和建造等各大行業中，享有崇高的地位，實在是他們努力的成果。提及香港的成就，人們往往太強調香港人的創業精神，而忘記了我們也有熱心公益、關懷社會的美德。貴會在教育和社會福利工作上的貢獻，便可證明香港是一個有遠見和充滿愛心的社會。而更難得的，是貴會會員除了積極推動會務之外，還全力參與香港其他慈善機構的義務工作。貴會為香港的繁榮作出不少貢獻，我恭祝貴會會務蒸蒸日上，與時代一同進步，並且希望貴會能夠聯同香港其他熱心服務社會的社團組織攜手合作，為香港努力創造一個更美好的將來。

謝謝各位。[7]

港督衛奕信上述的致辭對香港潮州商會來說，可謂讚美之詞溢於言表，足見港府對其友好和殷切之情。

第二，香港政府官員親臨會場，支持商會會務工作。2008 年 6 月 20 日，在香港金鐘港麗酒店，香港民政事務局局長曾德成應邀出席了由香港潮州商會青年委員會主辦的午餐演講會。曾德成局長以《2008 與未來》為題，談到 2008 年僅過去一半，但國家接二連三地發生了大災難，下半年將至，我們要迎接舉世矚目的北京奧運會。香港今天風華正茂的一代青年才俊，應當從這個年頭得到昭示。作為中國人，特別是香港的青年人，如潮州籍青年才俊，曾德成問一百多名與會者：「在背靠祖國，充滿挑戰

7　香港潮州商會編制出版：《香港潮州商會七十周年紀念特刊》，1992 年，第 93 頁。

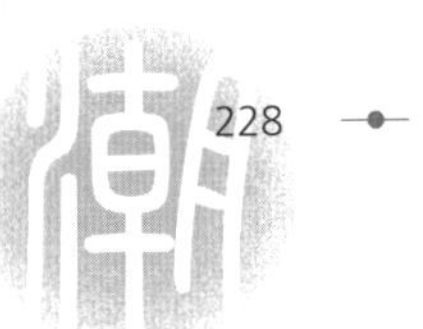

和機遇的時候，你們準備好了嗎？」潮州商會青委副主任葉振南代表大家響應道：「我們準備好了！ We are ready！」曾德成在演講中表示，四川大地震發生以來，中央政府強有力地領導抗震救災，發揚以人為本的精神，以開放務實的態度給予全世界傳媒採訪報道，整個救災工作不惜一切人力物力，全球華人在團結一致的抗震救災中增強了凝聚力，這一切是中國改革開放三十年的成果之一。從大悲中產生了大愛，也令好多人得到大悟。人們共同感到生命的可貴，從中明白了什麼叫以人為本、以民為本。他還談到內地改革開放三十年後，中國認識到要以科學發展觀去發展，而未來的路，當然是靠年輕人。年輕人應更加自信，能以平等、平和的心態面向世界的進步和批評，以及自己的成就和不足，面對機遇與挑戰。青委主任劉文文等向曾德成提問時，曾德成響應道，香港是亞洲以至國際的金融中心、商貿中心、物流中心。這樣的地位，正是香港借助內地改革開放，把製造業北移，騰出力量和空間，進行經濟轉型而建設起來的。香港仍擁有優勢，青年人欲從政，除做好本身的專長工作外，更可透過多個渠道參與。在「一國兩制」的方針下，特區政府的透明度更高，社會更多元化，其中如西九文化區項目就有很多給予年輕人參與的機會。[8]

二、商會與內地地方政府友好的合作夥伴關係

1978 年，內地實行改革開放政策，開始了大刀闊斧的經濟體制改革，內地各個行業百廢待興，社會的主要矛盾是人民日益增長的物質文化需求與落後生產力之間的矛盾，各種生產要素及消費品極其短缺，勞動力大量過剩……內地社會經濟的發展狀況無疑給香港帶來了新的發展機遇。從此，潮商開始瞄準了內地的市場與需求，紛紛到內地進行訪問考察，投資辦廠，由此，「三來一補」、外資企業、「三資」企業等外向型企業一時遍佈廣東各地，尤其是潮商們的家鄉汕頭、潮州、揭陽等市迎來了

8 《香港潮州商會會訊》，香港潮州商會出版，2008 年第 60 期，第 4 頁。

香港潮商的投資建設熱潮。與此同時，內地地方政府也忙於到香港等地招商引資，為本地的企業搭台唱戲……潮商與內地地方政府漸漸形成了良好的合作夥伴關係……至今，香港潮州商會首長們仍然經常應邀出席內地政府舉辦的各種盛會或者定期、不定期地組織會員到內地考察訪問，參與內地政府和企業組織的各種展銷會、洽談會、研討會、省親觀光會等；愈來愈多的香港潮商在內地尋找到新的商機，使事業獲得更大的成功。隨着內地經濟的快速發展，內地政府也時有到港進行互訪。總之，商會與內地政府之間透過互訪、投融資、舉辦培訓班、論壇等方式已形成了友好的合作夥伴關係。以下有數個事件可以體現。

第一，香港潮州商會高層訪粵東四市政府，力促粵東經濟社會發展。2009 年 8 月 5 日至 7 日，由許學之會長率領的香港潮州商會高層粵東訪問團一行十多人，訪問汕頭、汕尾、揭陽及潮州四市，受到四市黨政領導班子的親切會見，所到之處，各市有關領導分別向訪問團介紹了該市的經濟社會發展情況，以及近期廣東省省委、省政府召開了粵東工作會議和粵東現場會的概況。同時分享了廣東省委、省政府對粵東的經濟發展，給予實質的大力幫助，並予以巨大的支持及期望，盡力消除妨礙粵東經濟發展的各種舉措與思路。汕頭市市委有關領導介紹了汕頭的經濟社會發展情況，指出汕頭將堅定不移抓信心增長點，經濟增長點，抓發展不動搖，抓投資拉動，抓工業，擴物流，做大港口經濟，加強城市規劃，推動三大經濟帶建設，建設區域中心城市，顯示出強大的發展後勁。訪問團亦參觀萬吉工業區以及香港潮州商會周振基副會長設於汕頭經濟特區的高新企業駿碼科技集團。揭陽市有關領導指出，揭陽 GDP 增長速度連續三年佔全省平均水平，今年上半年各項主要經濟指標繼續名列全省前茅，特別是中石油煉油項目等重大項目落戶揭陽。揭陽正在加緊進行潮汕機場、廈深鐵路等基礎設施建設，加快推進中石油煉油項目、核電站、惠來電廠等重大項目。潮州市委有關領導向代表團介紹了如何採取有力措施應對國際金融危機，加快經濟社會發展和重點項目建設情況。代表團參觀了三泰陶瓷、創佳高新影視集團，親身感受到潮州市旅遊產業的規模和成效，文化和社會

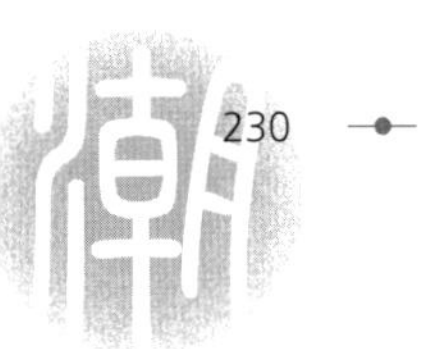

的發展。值得一提的是，粵東四市之汕尾市為歷史悠久的重點港口，地域廣闊並有漫長海岸，地理自然環境優越。這是香港潮州商會多年來首次前赴該市訪問。隨着海西經濟帶及粵東區域經濟的規劃發展，尤其是深汕合作區的建設，汕尾市的經濟發展空間無可限量。四市領導感謝香港廣大鄉親一直以來關心支持家鄉建設，並表示粵東和香港存在廣闊的合作空間，希望雙方更好地合作，實現共贏。許學之會長表示，此行是香港潮州商會第46屆會董首次拜訪粵東四市，耳聞目睹粵東經濟發展之良好態勢，高興感受到四市領導一條心，決心推動家鄉經濟、文化發展，粵東四市都顯示出強大發展後勁，籌劃發展形勢十分喜人。許會長說，香港潮州商會凝聚了香港及海外鄉親，熱愛家鄉，支持家鄉，為家鄉發展建言劃策。訪問團此行就是要進一步了解家鄉，對前期經濟發展緩慢消除顧慮，考察近期粵東四市發展的新面貌和新趨勢，尋找商機，尋求更加深入的交流合作。當前，我國成為全球經濟最快復蘇的國家，在經濟逐漸復蘇的情況下，粵東四市利用這個反彈的契機，加快發展經濟。另外，CEPA的實施已進入了第六個階段，最近，國家又發佈《珠江三角洲地區改革發展規劃綱要》，這對促進內地與香港的經濟發展起到了超出預期的成效。粵東就有關的優惠政策，有新的思路及新的舉措。另外，隨着內地與台灣的聯繫進一步密切，海西經濟帶的發展已進入一個新的階段，粵東處在這個大環境之中，配合國家政策拓展新的產業，為我們提供新的發展機遇。香港潮州商會會員眾多，各行各業均有大量成功精英人士，大家齊齊到家鄉創業，企業無論大小，時間不論先後，支持家鄉，設立公司機構，一同開發。希望國內外每個潮汕社團都組團到粵東四市旅遊、訪問、交流、考察。近期家鄉領導層悉力以赴，全面推進四市的社會經濟繁榮，基礎穩固，商機處處，生機勃勃。[9]

第二，主辦粵東高級管理人員培訓班，為家鄉四市培養政府管理人

9 《香港潮州商會會訊》，香港潮州商會出版，2009年第68期，第2－3頁。

才。本着開闊家鄉潮汕四市政府官員的視野，加強他們與香港各界交流與學習的目的，從 2008 年開始至今，由香港潮屬社團總會牽頭，香港潮州商會承辦的粵東地區（粵東四市包括汕頭、汕尾、潮州及揭陽四市）高級管理人員香港培訓班已開辦多期，每期培訓時間一週，培訓對象主要是粵東四市黨政處級幹部、事業機構、醫院、學校、民優企業等部門的主要負責人，培訓地點為香港潮州商會 10 樓會議廳，授課者有香港各大高校教授、講師，香港特區政府官員以及香港金融、商界的著名人士等，每期培訓對象大致四十人。

粵東高級管理人員培訓班每期視參加對象的實際需求，設置不同的主題，並由各個不同的專題講座與實踐參觀環節組成。例如，第三期培訓班於 2008 年 11 月 2 日至 8 日舉行，以「城市發展與環境」為專題，來自汕頭、汕尾、潮州及揭陽四個市的三十二位學員，是分管城市規劃、環境保護及資源管理等方面的領導，連日來除邀請相關的專家學者以授課方式上課外，還參觀訪問了香港房屋委員會、香港生產力促進局、環境保護署、地政總署、香港鐵路有限公司、市區重建局等多個機構，力求達到書本知識與實踐經驗相結合的作用。在短短的一個星期裏，學員們學習和探討了全球化競爭、家族企業傳承、人力資源管理以及企業品牌成功經驗分享等多個課題，還先後參觀了香港數碼港、香港生產力促進局、香港中文大學創業研究中心以及旭日集團、源興行珍珠有限公司等多個機構和公司，旨在學習過程中吸收新的管理意念和尋求新的發展路向。香港潮州商會永遠名譽會長、總會創會主席陳偉南、時任香港潮州商會會長許學之等首長先後在結業典禮上發言，對舉辦培訓班所取得的成效予以肯定。陳偉南先生在致辭中稱：「香港是國際上舉足輕重的金融、商貿及物流中心，這些成績全賴香港人積極進取的拼勁，以及城市本身在營商方面擁有的獨特優勢。今天，許多本地的多元化大型企業，都是從以前的中小企業慢慢發展出來，可見中小企業以及民營企業在地方經濟社會發展的重要作用。在過去一星期的學習期間，各位學員接觸香港的工商團體和機構，也認識了許多不同的新朋友。希望大家回到家鄉後，能夠與香港的有關單位，以及來

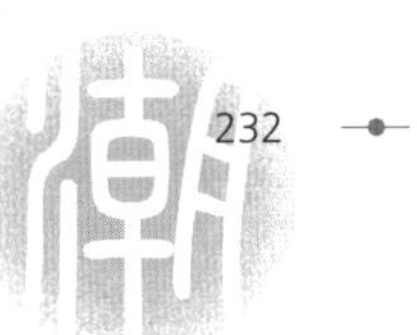

自粵東各市的其他學員繼續保持聯繫，加強溝通交流，共同為家鄉的經濟社會發展作出更大的貢獻。」[10]

第三，商會與河南省政府進行友好合作，雙方簽訂了戰略合作框架協議。為加強香港和河南兩地的經貿合作，河南省委領導於 2009 年 2 月 19 日應邀到香港潮州商會訪問並發表演講，這是河南省在港舉行「中原文化港澳行暨 2009 豫港澳投資貿易洽談會」期間，特意安排的一項活動，此活動受到各界人士的高度關注。時任中聯辦副主任周俊明及全國僑聯副主席陳有慶為演講會主禮，來自河南省的各級領導，以及本港從事金融地產、投資貿易、能源開發、原料加工等多個行業的企業家，近二百人出席了演講會。演講會以《中原大地商機無限》為題，強調：「中原和潮州本來就是一家人，所以，今天來到這裏一點也不陌生，十分親切。」[11] 首先，河南省有關領導讚揚了香港潮州商會，在弘揚文化、促進工商、服務社會方面做出了傑出貢獻。接着，重點闡述了當今河南經濟社會發展蘊含的巨大商機，並提出河南與香港潮州商會將發展親密合作夥伴關係的殷切期盼。最後，提出了要在河南開封開發最熱的「鄭汴新區」，專門設立一個「潮州工業園」，共同打造效益最佳、形象最好、影響最大的潮商投資示範區，以特殊的優惠政策吸引潮州商人到河南投資。

對於河南省委領導拋下的招商繡球，2009 年 6 月，由中聯辦副主任周俊明、香港潮州商會會長許學之率領的香港潮州商會幾十位商界精英和企業家組團訪問河南，訪問團受到高規格禮遇，河南省委、省政府領導分別會見考察團全體成員，歡迎眾「潮人」走進河南、投資河南、創業河南。其間，香港潮州商會與河南省商務廳高效地簽訂了戰略合作框架協議。短短四天行程中，考察團與河南省各級領導班子座談交流，並馬不停蹄考察了「鄭東新區」和「汴西新區」，以及構思中的潮商產業園，又走訪鄭州市、登封市、洛陽市、開封市等歷史文化名城，先後會見了河南

10 《香港潮州商會會訊》，香港潮州商會出版，2008 年第 64 期，第 3－4 頁。

11 《香港潮州商會會訊》，香港潮州商會出版，2009 年第 65 期，第 2 頁。

省、鄭州市各部門領導。

香港潮州商會此行訪問河南，取得較好成果，當中包括商會與河南省商務廳簽訂的戰略合作框架協議。而且，為落實《內地與香港雙方建立更緊密經貿關係的安排》，雙方同意在先進製造業、食品加工業、現代服務業、高新技術產業、基礎設施等領域加強合作與交流，進一步推動雙方互利合作，互惠發展。香港潮州商會時任會長許學之表示，此次前來河南，主要目的就是要多看、多了解、多尋找投資合作的機會，商會將把考察所得信息傳遞予香港及海內外潮屬團體，積極推介「潮商」到豫投資。他表示，香港工商界及潮州商會歷來與河南有着良好的合作基礎，相信通過雙方的共同努力，繼續發展親密合作夥伴關係。[12]

第三節　跨國社會網絡體系的全面建構與形成

自 1980 年代國際潮團聯誼年會成立以來，年會發展迅速，參會人員和代表團數量呈逐年上升的趨勢，內地和台灣的潮團也被吸納為正式團體會員，而潮人祖居地即潮汕四市也開始出現了各種潮商代表團作為正式會員單位參加年會。大會的主題主要集中在「推動工商發展，增進同鄉情義，回報祖國，推崇潮人精神文明」等幾個方面。進入二十一世紀，國際潮團聯誼年會發展更為迅速，日趨成為真正意義上的潮人社團跨國平台，其社會網絡遍及全球五大洲，即亞洲、美洲、歐洲、大洋洲、非洲，會員單位更是達到了 128 個，這為國際潮團聯誼年會轉型及其跨國社會網絡體系的全面建構和形成奠定了堅實的基礎。

12　《香港潮州商會會訊》，香港潮州商會出版，2009 年第 67 期，第 3 頁。

一、從國際潮團聯誼年會到「國際潮團總會」的發展過程

長期以來，國際潮團聯誼年會一直在努力推廣和宣傳潮人精神文明，增進海內外潮汕人的同鄉情義，加強國際互助與合作，推動中國經濟文化的進步等方面都發揮了重大的影響力。從國際聯誼年會到國際潮團總會的轉型，年會經過了近四十年的發展，其章程、組織架構與組織運作機制等都逐步趨向健全。尤其要指出的是，2013 年在湖北武漢舉行的第十七屆國際潮團聯誼年會，將年會更名為「國際潮團總會」，並將每隔兩年召開的年會全稱改為「國際潮團總會第 XX 屆國際潮團聯誼年會」。至此，國際潮團聯誼年會更名為「國際潮團總會」，這是其轉型的標誌，也是國際潮團進一步走向聯合的結果。

1. 未有成文章程的初始階段

如果說組織宗旨是社團活動的綱領和指向標杆，那麼觀念上的認同、融合以及利益和命運上的共同則是跨國社團社會網絡構建的原動力和基礎。國際潮團聯誼年會是以特定地域符號「潮」字為標記的，也是以潮汕傳統文化認同作為其存在與發展根基的，並以擁有廣闊跨國社會網絡體系為保障的國際化民間組織形式。但是，在成立初期，國際潮團聯誼年會並沒有成文章程，也不設固定領導機構，國際潮團之間的事務接洽是通過香港潮州商會的秘書處來兼職開展的。2003 年，國際潮團聯誼年會在汕頭增設秘書處來管理有關國內方面的事務。隨着國際潮團聯誼年會的不斷成長以及會務的逐漸拓展和增多，其分佈世界各國各地區的分社團數量也在不斷上漲，組織難度與日俱增。因此，現實情況促使國際潮團聯誼年會需要有正式的章程來指導其各項會務以及活動的組織安排和有序開展。

2. 制定章程的奠基階段

在此背景下，2005 年的第十三屆年會制定並通過了《國際潮團聯誼年會章程》（簡稱「《章程》」）。《章程》的宗旨是：「1. 團結鄉親，增進鄉誼，弘揚文化，促進工商，服務社會，共謀發展。2. 促進世界各地潮

團及潮籍人士與其他族群和睦相處，共創人類文明。3. 本會為非牟利社團。」[13] 此後，年會活動就有了固定的規章制度，這為其未來的工作和發展奠定了制度基礎。

自 2005 年第十三屆年會起，國際潮團聯誼年會制定了章程，設立了理事會和常設秘書處等常設機構，即從之前每兩年舉行一次的年會活動團體發展到開展常年性的工作、會議和活動的規範化、制度化跨國組織。

3. 進入制度健全的新階段

2011 年國際潮團聯誼年會進入一個新的階段，即制度健全階段，其在領導機構的產生、會員的選舉權利和選舉程序上體現了更為嚴謹的制度設計和更為充分的民主內涵。

第一，每兩年舉行一次的會員大會為年會的最高權力機構，所有正式會員均有出席會員大會的權利。名譽會員和預備會員均可列席會員大會，有發言權，但沒有表決權、選舉權及被選舉權。除此之外，能有此權利的還有永遠榮譽會長、永遠榮譽主席、永遠榮譽顧問等。

第二，作為年會最高行政機構的理事會由當然理事和選任理事組成。當然理事由創會潮團和歷屆年會的主辦潮團代表組成。如該屆年會是由多個潮團合辦，則由排名第一位的潮團（或由合辦年會的潮團自行以多數確定其中一個潮團）派代表出任當然理事。選任理事不限制人數，數額由上屆常務理事會決定後經會員大會選舉產生。

第三，理事會設置常務理事會，常務理事由創會潮團包括香港潮州會館、泰國潮州會館、馬來西亞潮州公會聯合會、新加坡潮州八邑會館以及曾經主辦過兩屆或以上年會的潮團、上屆年會的主辦潮團、當屆年會的主辦潮團組成（2001 年香港潮屬社團總會成立之後，有關國際潮團聯誼年會的事務，由香港潮屬社團總會負責）。當屆年會主辦潮團選派個人擔任

---

13 《國際潮團聯誼年會章程》：澳門潮州同鄉會，2005 年。

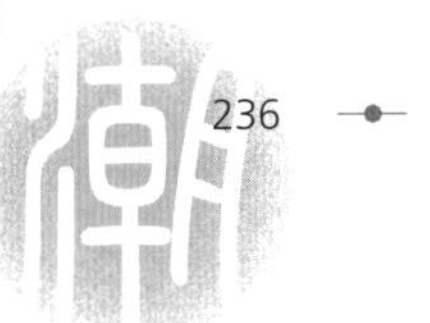

理事會主席，副主席由上屆年會主席出任，如該人士因故未能出任，則由上屆主辦潮團選派個人擔任。常務理事會對當屆年會主辦的潮團及秘書處具有指導及監督作用，對大會的任何決議有兩票否決權。年會可根據社團發展需要聘請社會地位崇高、長期熱心支持年會會務、對年會有特殊重大貢獻的潮籍人士以個人之身份出任年會永遠榮譽會長；可聘請社會地位崇高、對本會有重大貢獻或有名望的人士以個人的身份出任年會當屆榮譽主席、名譽主席或名譽顧問，其任期為一屆（即兩年）。

第四，年會在香港註冊為正式社團並設立常設秘書處，在年會及會員大會休會期間處理日常會務。秘書處由理事會委派一名代表擔任秘書長，副秘書長由香港潮州商會指派一位、加上上屆和當屆年會的秘書長共三人擔任。秘書處正、副秘書長可以是全職或兼職性質，是否有薪酬或者薪酬為多少由常務理事會決定。秘書長可根據工作需要，聘請秘書處的全職或兼職工作人員或各類專才，並決定有關人員是否受薪及薪酬多寡。

4. 制度化發展的關鍵階段

經過多年發展、積澱，2013 年在湖北武漢舉行的第十七屆國際潮團聯誼年會將年會名稱更改為「國際潮團總會」，從此，國際潮團聯誼年會也稱為「國際潮團總會」。與此同時，還規定實行了規範的會員制度和會費管理制度，一定程度上促進了國際潮團總會團體會員加入數量和規模的快速發展。這是其制度化發展關鍵的一步，也是其制度轉型並進一步完善的標誌。

（1）寬鬆的會員制度

國際潮團總會對入會會員採取寬鬆的制度，一定程度上有利於吸納會員加入，擴大總會規模。第一，總會規定會員不做數量限制，以各國、各地區潮籍人士團體為單位。第二，只要是被所在地政府承認的具有合法性的潮團，經過申請都能成為正式會員。除此之外，經所在地政府註冊的合法華人團體，或是由潮人擔任領導職務者，或是同本會有較深之淵源者（以下簡稱「非潮團團體」），均可申請為名譽會員。未經所在地政府註冊

的潮團，可申請成為預備會員。該社團一旦註冊，則成為正式會員。第三，潮團或非潮團團體申請入會，須經所在國家或地區原有的一至二個正式會員介紹（當地沒有在任正式會員者除外），再經常務理事會批准並繳交會費，即獲承認為本會會員，從而具備資格參加年會。

國際潮團總會的會員不僅涵蓋了潮籍社團會員，還吸納了非潮籍社團為名譽會員。其對會員制度的寬鬆准入政策，一定程度上打破了以往族群社團組織單一的會員制度和封閉局限的會員格局，拓展了組織的開放性和包容性。

（2）嚴格的會費管理制度

國際潮團總會經費主要來自會員會費、年會報名費提成以及熱心人士的贊助。第一，會費採取量入為出，穩中求進的原則，只有在資金緊缺時才進行籌募，並確定具體辦法及數目。第二，當屆年會經費由主辦潮團負責籌集，實行自負盈虧。參加年會的代表團成員每人收取一百美元的報名費，會費總額的 20% 由年會的常設秘書處用來開展會務工作。主辦潮團可以提出調整年會報名費及提成比例，但需要在當屆年會舉行日期的十二個月前向常設秘書處及常務理事會提出，並在年會舉行日期半年前召開的各國各地區潮團團長秘書長的會議上獲得通過。第三，常設秘書處的一切開支必須有正確的賬冊記錄，並存於常設秘書處或總會認可的合適場所並在每屆會員大會時向大會報告。所有款項必須存入總會認可的銀行賬戶。開支帳目由總會賬戶開出支票支付，支票須由總會授權的人士中任何兩位簽署並加蓋公章才能有效。為應付日常開支需要，常設秘書處可保留適量現金。第四，秘書長有權審批上限為三千美元的開支，且事後需經常務理事會追認通過。超過三千美元之開支，必須事前得到常務理事會或其主席的書面批准。第五，總會成立財務審核委員會，委員會由全體常務理事組成，並由上屆年會主辦潮團為委員會主席，負責審核常設秘書處的財務收支。一切收入及開支必須每個年度交總會聘請的核數師審核，並提交理事會審查通過。第六，總會解散時，總會的剩餘資產可轉贈或移交予認可的非牟利團體，不得以任何形式歸屬私人所有。

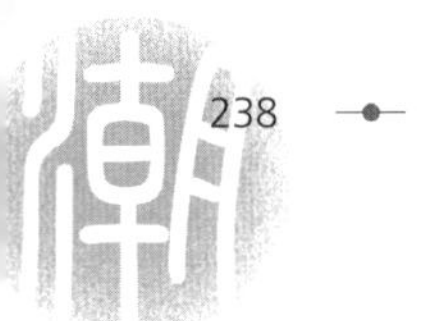

隨着加入總會成員的增多，總會的會費收入也隨之增長，成為總會財政收入的主要來源。一方面，解決了過去主辦年會的潮團因財務原因造成年會籌備工作不順利的困境局面；另一方面，充足的盈餘確保了總會日常性工作的正常運轉，為總會的高效運作以及跨國社會網絡的建構提供了堅實的經濟基礎。

二、國際潮團聯誼年會更名以及轉型的成因

2013 年，第十七屆「國際潮團聯誼年會」更名為「國際潮團總會」(英文為：Teochew International Federation)，這標誌着年會制度化的轉型，並進入了全面構建和形成跨國社會網絡的新時期。年會更名及其轉型成因具體如下。

1. 內部因素

二十一世紀以來，隨着全球化的發展，世界各國和地區之間的聯繫更加密切，各地潮團之間的交流也愈發緊密。在此背景下，國際潮團聯誼年會要適應瞬息萬變的國際環境，僅靠原有較為鬆散的體制和機制勢必滯後。因此，年會必須強化內部自身能力的建設，進行制度創新，進一步完善組織架構，與時俱進創新會務發展，加強社團之間的跨國聯繫與合作，以跟上新時代發展的步伐。

概括來説，2011 年之後，年會的發展進入一個新局面，即制度建設完善階段。首先，進行內部治理結構的改革。經過多方商定，年會制定了章程，完善了組織架構，在香港註冊為正式社團並設立常設秘書處，以處理非會議期間年會的各項事宜；成立了基金委員會，以管理年會的資金運作。其次，着力培養世界各地社團骨幹。為培養新一代社團骨幹，年會積極吸收新會員，並和有關社團及機構合作，開設培訓班培訓社團骨幹。再次，辦好大會的各種媒體、媒介和打造跨國信息網絡平台。在原有的年會網站、會訊及會刊的基礎上，籌建官網、潮商衛視電視台、微信平台等，並在深圳設立常設秘書處代表處，以方便海內外潮團之間的聯繫，推動會

務發展。可以說，2013 年，「國際潮團聯誼年會」更名為「國際潮團總會」是世界各國各地潮籍社團之間聯繫和互動更為密切的重要節點，也為潮籍社團構建和形成跨國社會網絡體系做好鋪墊，年會的日益成長壯大以及隨之得以拓展的社會網絡體系，是其走向轉型的重要內部因素。

「社會團體是社會需求的反映，不同的社會需求催生不同類型的社團，而不同類型的社團本身並不存在形式上的現代與傳統、先進與落後。」[14] 國際潮團總會從最初單純的社團聯誼性質，逐漸發展成為具有國際性的且能夠發揮經濟、政治、文化、社會服務等功能的跨國社會網絡組織。

2. 外部動力

自 1990 年代以來，隨着經濟全球化的發展，海外華人與祖籍地經濟貿易的密切聯繫以及當今中國新型外交關係的構建，是推動國際潮團總會轉型的外部原因。

首先，所在國與祖籍國對華人社團所採取的寬鬆及友好的政策，為華人社團跨國社會組織的發展提供了穩定的政治環境。在中外關係良好發展、社會穩定等合作互利共贏的國際關係前提下，多數國家政府認為華人社團的國際化、全球化發展是有利於居住國發展的。如國際潮團聯誼年會在年會召開期間，舉辦地政府派代表參加並致詞，可以體現出所在地政府對其的支持和重視。而在新加坡，政府更是鼓勵華人社團積極發揮經濟、文化等各項功能，為建設和諧社會環境貢獻一份力量。其次，隨着經濟實力的上升，中國在國際上的影響力也日漸提高，中國重視發展周邊關係，主張構建多邊、互利、共贏的新型外交關係，中外的友好關係促進了華人社團的發展壯大。可見，所在國與祖籍國政府對國際潮團聯誼年會的支持、鼓勵和引導，是國際潮團總會制度轉型與進一步完善發展的重要外部保障。

---

14 婁勝華：《轉型時期澳門社團研究 —— 多元社會中法團主義體制解析》，廣州：廣東人民出版社，2004 年，第 131 頁。

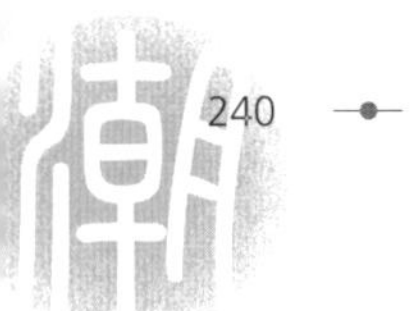

總而言之，內部動力和外部因素相結合，共同推動了當代國際潮團總會的順利轉型，從而促使其內部制度不斷完善和外部關係不斷拓展，建設愈加國際化和規範化的跨國社團社會網絡體系。

三、當代國際潮團總會跨國社會網絡體系的全面建立

如上所述，國際潮團總會自轉型以來，除了舉辦每兩年一屆的盛大年會之外，還進行了一系列機構上、機制上的改革和創新，包括縱向組建了「常設理事會」、「發展基金」、「經貿委員會」、「國際潮商經濟合作組織」、「一帶一路促進會」「常設秘書處深圳代表處」等內設機構；橫向拓展成立了「國際潮學研究會」、「國際潮青聯合會」、「國際潮籍博士聯合會」等學術性、年輕化、專業化的跨國機構，以此構建縱橫交錯的集人才、資金、技術等各種資源為一體的跨國社會網絡體系（如圖 6.3）。

圖 6.3 國際潮團總會組織架構圖

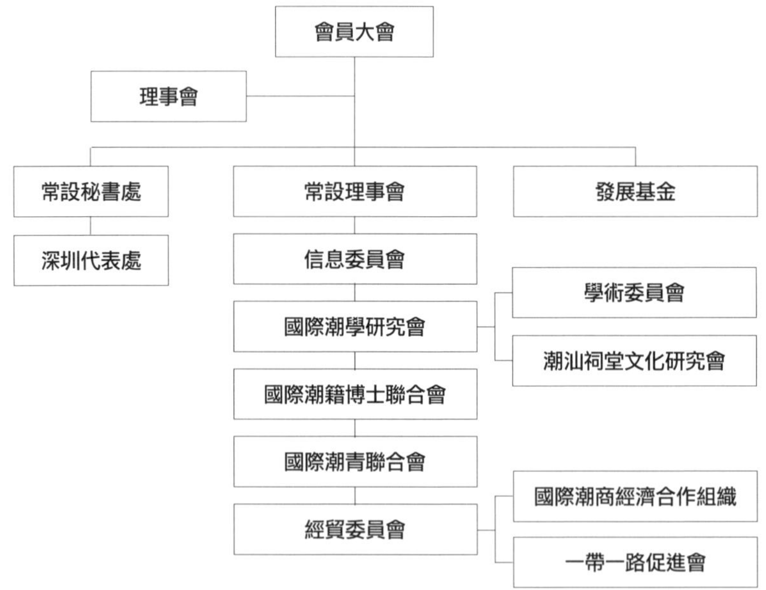

資料來源：《國際潮團總會發展歷程》，國際潮團總會。

1. 跨國社會網絡體系的橫向機構

（1）跨國學術性機構：國際潮學研究會

「國際潮學研究會」是由國學大師饒宗頤教授倡議發起成立的，首屆國際潮學學術研討會於 1993 年在香港中文大學舉辦，至今共成功舉辦了十多屆。近三十年來，「潮學」研究一直致力於啟發學術，傳播潮州文化，凝聚鄉情，具有深遠的學術影響和文化意義。剛開始，「國際潮學研討會」與國際潮團聯誼年會舉辦的時間並不一致，「國際潮學研討會」是由香港和潮汕三市聯合承辦，所以，在會議規模和資金力度上都比較有限，直到 2005 年情況才有所改變。2005 年在第十三屆國際潮團聯誼年會團長秘書長會議上，與會代表一致達成以後每一屆承辦國際潮團聯誼年會的潮團都要同時主辦「國際潮學研討會」的決定，這一決定使「潮學」研究獲得了充足的發展資金，保證其研究的質量和成果，並使其能夠繼續發展並真正走向世界。除此之外，2005 年 7 月在香港舉行的國際潮團聯誼年會理事會決定在「國際潮學研究會」下設一個新機構——學術委員會，並委任一批學術委員。自 2007 年起，「國際潮學研討會」已成為國際潮團聯誼年會的組成部分，每兩年舉辦一屆，原則上與國際潮團聯誼年會同年同地舉行。隨着年會的發展壯大，「國際潮學研究會」也逐漸完善各種部門機構，研究會下設理事會、學術委員會和秘書處，這使得「潮學」研究更加規範化、規模化，從而推動「潮學」研究更加深入發展。

「國際潮學研究會」的建立給廣大「潮學」研究愛好者提供了一個寬廣的平台，特別是最近幾年對「潮學」的研究，不管是從主題到方法，還是從會議的組織到運行，都更加國際化和網絡化。「國際潮學研究會」還設置了「潮汕歷史文化碩士、博士論文資助計劃」，旨在支持全球各地以潮汕歷史文化為研究對象的碩士論文、博士論文，以推動「潮學」的發展和傳承。在研究「潮學」的過程中許多中青年學者繼承了前輩學者嚴謹治學、專心鑽研的優良傳統，極大的拓展了「潮學」研究的學術視野和內涵。正如曾國奎先生在印尼舉行的第十二屆「國際潮學研究會」的開幕式上所說，「各位專家有所建樹，是我潮人的驕傲，你們是潮人精神、潮人

文化發展重要的推動力量。潮人一代又一代，血脈相承。不論在世界的任何地方，只要是潮水到處，潮人就會把足跡與文化一併帶去，因此，研究潮汕史，分析潮人鄉誼的變遷，傳承潮文化，堅守潮人信念，就成為了一種責任」;「研究潮文化是一種擔當，更是海外潮人傾心華夏文明、愛戴祖籍國的一種精神體現，你們是研究者，也是傳播者，有了你們的研究成果，我們潮人才更具文化自信」。[15]

研究潮汕文化是一種擔當，更是海外潮人傾心華夏文明、熱愛祖籍國的一種精神體現。只有以開放、積極的心態面對全球化，重視潮汕文化的傳承與發展，海內外潮人對鄉情和文化認同才能經久不衰，才能更好的弘揚自身的優秀文化，構建更加穩固和寬廣的潮人社會網絡。

（2）跨國青年機構：國際潮青聯合會

潮籍人士四海為家，遍佈全球，如何使新一代的潮籍青年，尤其是海外潮人後代依然保持對族群、對家鄉、對國家的強烈認同感？研究發現，各地潮籍社團都非常重視培養新一代青年接班人的問題。可以說，成立一個海內外潮籍青年組織，是世界各地潮人一直以來的心願。事實上，國際潮團聯誼年會舉辦時，在分組座談中也開始設立青年小組座談會，首屆「國際潮青論壇」在 2005 年第十三屆年會期間舉行。「為增強全球潮籍青年凝聚力，加強新一代青年相互之間的往來，由香港潮州商會青年委員會、廣東省潮人海外聯誼會青年委員會、加拿大魁省潮州會館青年委員會等約三十多個國家和地區的潮屬社團青年委員會發起成立了國際潮青聯合會（簡稱「潮青會」），2004 年 5 月在加拿大蒙特利爾舉辦的第三屆國際潮青聯誼年會上正式成立。」[16] 隨着國際潮青聯合會的發展，愈來愈多的潮籍青年加入其中。「潮青會」旨在「促進及加強國際潮籍青年彼此間之聯繫；加強全球潮籍團體及組織間之合作，發揚潮汕文化，推動慈善公

---

15 〈第十二屆潮學國際研討會在印尼召開〉，http://cys.hstc.edu.cn/info/1002/1148.htm，2017 年 4 月 30 日。

16 《國際潮團總會發展歷程》，國際潮團總會編委會出版，2018 年，第 192 頁。

益;建立全球資訊網絡，增進凝聚力」。[17] 這是「潮青會」與時俱進的一步，將繼續為促進世界經濟繁榮、加強國與國之間的友好聯繫和社會發展而努力。近兩年來，「潮青會」多次組織參加「一帶一路」座談會、高峰論壇、會議、考察訪問等活動，組織新一代潮籍青年積極參與到祖國的經濟建設中，為家鄉的發展搭橋牽線、建言獻策，以推動所在地與祖籍國的經濟、文化、政治等方面的合作交流。

新一代國際潮青身上有着老一輩刻苦耐勞、團結一致、勇於進取開拓的優秀品質，也有着新時代青年人的擔當和抱負。「潮青會」中的成員是海內外老一代潮人培養的接班人，他們大都受到過高質素教育，有良好的經濟以及事業基礎，了解先進的科學技術，能熟練運用互聯網技術，這有利於加強他們之間的互相聯繫，拓寬原有的社會網絡體系。

(3) 跨國專業化機構：國際潮籍博士聯合會

國際潮籍博士聯合會（簡稱「國際潮博」）是一個由眾多海內外潮籍博士團體、博士及專家學者組成的國際性、聯誼性、學術性非牟利團體，以「凝聚鄉情，促進學術，共謀發展，服務社會」為宗旨。「國際潮博」自 2008 年開始籌備，2012 年 5 月「國際潮博」籌備小組在香港成立；2013 年 8 月，在國際潮團總會的指導下，「國際潮博」在香港正式註冊並於香港設立秘書處，負責處理日常各項會務工作;2013 年 11 月 8 日在「第五屆粵東僑博會」上，「國際潮博」正式揭牌並成功舉辦首次博士論壇。在首屆潮籍博士論壇上，與會主講嘉賓圍繞「食品藥品行業發展研討」的主題分享了他們的研究成果和研究心得，並與企業家代表互動交流。接着，2014 年、2015 年、2016 年、2019 年分別於深圳、北京、新加坡以及新西蘭召開了第二、第三、第四、第五屆國際潮籍博士高峰論壇。

「國際潮博」作為一個由海內外潮籍博士團體、博士及專家學者共同發起的具有國際性、聯誼性、學術性的非牟利團體，其籌建集合了香港、

---

17 《國際潮團總會發展歷程》，第 192 頁。

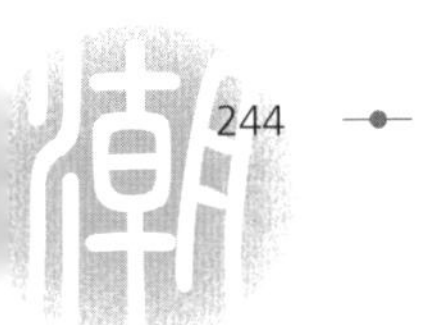

北京、廣州等地的潮籍博士團體的實踐經驗，並得到各地潮籍知名人士的大力支持。除了香港、北京、廣州、深圳及上海等地，「國際潮博」在世界各地包括新加坡、馬來西亞、美國、泰國及澳洲等二十多個主要國家和地區也設立潮籍博士、專家學者的聯絡團體，以此構建一個具有國際性質的以潮籍博士為主體的專家學者聚集的高端人才庫。「國際潮博」給予在高等院校或科研機構就讀或從事學術研究的博士或博士生提供支持與幫助，目的就是為了集聚國際潮籍人才資源，為其跨國社會網絡建設發揮作用。

國際潮籍博士聯合會成立至今，舉辦過多屆國際性學術論壇、學者交流座談會、高端人才引進及招聘會，現聯繫在冊的海內外潮籍博士、專家學者約三千多名，推動了國際間學術的交流，協助地方政府、企業及學術科研機構引進各類專業人才。[18]

2. 跨國社會網絡體系的媒體與網絡載體

國際潮團總會除了增設上述組織化新機構之外，其屬下的多個功能性交流、溝通與宣傳的平台也應運而生，並逐漸形成網絡體系。例如紙媒期刊《世界潮商》、電視台「潮商衛視」、官方網站「潮人在線」等媒體網絡平台的建立和運作，使其跨國社會網絡體系及其運作載體不斷得以建構和完善。

（1）官方媒體平台：《世界潮商》

《世界潮商》雜誌於 2005 年 1 月創辦，現已出版 49 期，是國際潮團總會主管的刊物，由北京潮商會主辦。其創刊的宗旨是：為海內外潮商服務，讓潮商了解世界，讓世界了解潮商。[19] 作為國際潮團總會官方媒體之一，近年來，《世界潮商》積極加強交流與傳播作用，日益成為海內外潮

18 〈國際潮籍博士聯合會參觀走訪香港創新科技署和香港數碼港〉，《國際潮汛》，2019 年，第 23 頁。

19 《國際潮團總會發展歷程》，第 199 頁。

資企業、潮人社團之間溝通信息、專業交流、資源整合的互動平台，成為外界深入了解潮商的一個視窗，成為推動世界潮人事業發展的「助力器」。[20] 此外，世界各國各地潮團每次舉辦大型活動時，《世界潮商》都會進行跟蹤報道，讓世界潮人及各界友人第一時間了解總會的活動。

（2）機關刊物：《國際潮訊》

《國際潮訊》於 1983 年創刊，由國際潮團聯誼年會（國際潮團總會）常設秘書處（香港）出版，每年發行一期，全球寄送，2008 年第十四期開始加入英文翻譯。[21] 作為國際潮團聯絡中心的機關刊物，《國際潮訊》更是從 1983 年第二屆國際潮團聯誼年會開始，一直為世界各地會員提供相互交流及分享信息的平台，增強了潮團之間的凝聚力，推動了年會會務的開展。

（3）電視媒體：潮商衛視

潮商衛視，「以中華文化為核心、以潮汕文化為特色、以潮商文化為支點、以海內外潮人為目標受眾的民營電視媒體機構，是總會指定合作的電視媒體」。[22] 上述這些媒體平台的成立，為全球各地潮商之間提供了一個交流合作平台，同時也便於對外進行宣傳。而潮商衛視是服務海內外公共文化的平台，為第十六、十七屆年會的召開提供了全球電視直播，進一步宣傳了國際潮團總會的活動，擴大其影響力，在華人社團社會網絡化的發展中發揮了重要的作用。

（4）互聯網平台：潮人在線

「潮人在線」是國際潮團聯誼年會（國際潮團總會）的官方網站，創辦於 2000 年 11 月 8 日，是全球潮屬社團、潮汕商會的管理服務機構，是全球首家為世界各地的潮團及潮人提供商業信息、文化交流的互聯網服務

20 《國際潮團總會發展歷程》，第 199 頁。

21 《國際潮團總會發展歷程》，第 196 頁。

22 《國際潮團總會發展歷程》，第 200 頁。

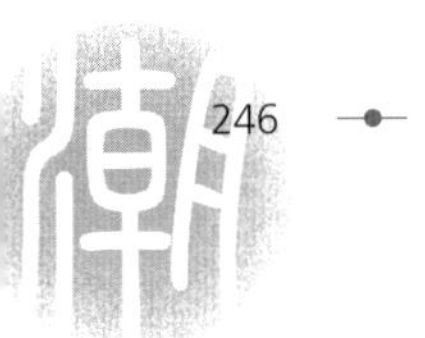

機構，擁有全球高端潮商人脈資源和潮商企業資源的互聯網平台。「潮人在線」於 2005 年確定成為國際潮團聯誼年會官方網站。「潮人在線」歷經二十多年的積累和沉澱，逐漸發展壯大，現在已經是全球潮人最權威的網站。與此同時，由「潮人在線」傳媒集團發起成立的「潮人文化產業投資基金」，以國學大師饒宗頤作品項目為主要投資起點，擴展至饒學、潮州文化、嶺南文化、華學（國學、漢學）、文化交流等項目，並在第八屆深圳文博會上與深圳出版發行集團簽署了長期戰略合作協議，共同開拓國內外一流的文化產業。

「潮人在線」的建立目的是「弘揚潮人精神，傳播潮人文化，凝聚潮人力量，共創事業輝煌」，[23] 以建設「世界各地潮人資金、文化、人脈交流的第一服務平台」，並借助領先的網絡技術，構建方便、快捷的多媒體信息服務平台，以擴展社團的跨國社會網絡體系，有利於整合全球潮人社團資源，實現資源共享、共創、共贏。

概言之，當代國際潮團總會中愈來愈多的社團成員基於文化認同以及共同利益，在相互信任的基礎上，借助各種制度建設和網絡載體的運作，使彼此更加緊密的聯繫起來。至 2021 年，國際潮團總會會員單位增至 141 個，完成了國際潮學研究會、國際潮商經濟合作組織、國際潮青聯合會、國際潮籍博士聯合會、「一帶一路」促進會五個不同領域跨國機構的建設；與此同時，多個功能性的溝通與宣傳媒體以及跨國交流與合作的網絡平台也得以建立和運作。這不僅加深了海外潮團和祖籍國的跨國聯繫，而且也促進了海內外潮人潮團的更加緊密交流與融合，並在合作的過程中不斷推動其跨國社團社會網絡體系的構建與形成。

---

23 《國際潮團總會發展歷程》，第 198 頁。

四、當代國際潮團總會跨國社會網絡體系的特點

網絡作為被研究的一種現象，是以自願、互利、橫向的交往和交流模式為特點的組織形式。[24] 在特定的社會網絡中，海外華人與祖籍地的聯繫依然能夠維持在經濟、文化、政治和宗教等方面，並具有長久性、穩定性。隨着全球化時代的推進，國際潮團總會也在不斷發展創新之中，尤其進入二十一世紀之後，其跨國社會網絡體系得以進一步拓展和建構，呈現出國際化、專業化、年輕化、網絡化的特點。

1. 加強自身建設，朝着國際化方向發展

當代世界經濟全球化的背景下，為順應時代發展需要，國際潮團總會作為華人跨國社團組織，注重加強自身治理結構的建設和開展多元化國際會務活動，以增強社團國際化道路的建設。長期以來，香港及東南亞地區潮人人數眾多，實力雄厚，是推動潮團走向國際化的支柱力量。如前所述，國際潮團總會前身發起於東南亞和香港地區，由馬來西亞潮州公會聯合會首先倡議，在香港舉辦首屆年會，是世界潮人大團結、大發展的標誌。1980 年代，年會的活動區域僅限於香港及東南亞地區；1990 年代後，隨着年會影響力的提升，年會的舉辦地開始走向歐美地區；1991 年，第六屆國際潮團聯誼年會在法國巴黎舉辦；1993 年，第七屆國際潮團聯誼年會在美國加州聖荷西市舉辦。年會在歐美地區的成功舉辦掀開了國際潮團聯誼年會走向國際化發展的新篇章。二十一世紀後，年會又開始往大洋洲方向拓展，2007 年，第十四屆國際潮團聯誼年會在澳大利亞舉辦，此屆年會通過了第一次修訂的《國際潮團聯誼年會章程》。至此，年會的舉辦地幾乎遍佈世界五大洲四十多個國家，體現了其國際化發展的方向和趨勢。

「敍鄉情、增友誼、談合作、謀發展」，華人跨國社團建立的初心是

---

24 ［美］瑪格麗特・E・凱克、凱瑟琳・辛金克著，韓召穎、孫英麗譯：《超越國界的活動家：國際政治中的倡議網絡》，北京：北京大學出版社，2005 年，第 11 頁。

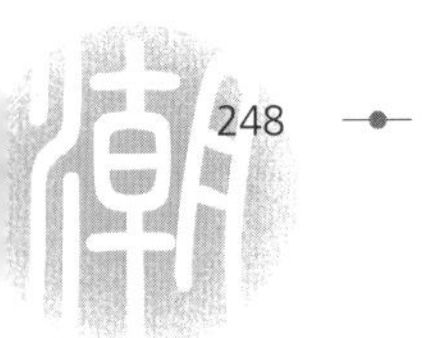

為了促進族群及同鄉之間的親善友誼、團結合作，發揚優良的中華文化傳統，以加強同鄉們「根」的意識和家國情懷。國際潮團聯誼年會初期並沒有制定規範的章程，只是每兩年例行舉辦一次的年會，直到 2003 年在新加坡舉行的第十二屆年會上才決定起草大會章程，並於 2005 年在第十三屆年會上通過。其宗旨是「敦睦鄉誼、弘揚文化、促進工商、服務社會」。此後，歷經 2007 年第十四屆年會的第一次修訂，以及 2011 年第十六屆年會上通過的第二次修訂，新章程以「團結鄉親，增進鄉誼，弘揚文化，促進工商，服務社會，共謀發展。促進世界各地潮團及潮籍人士與其他族群和睦相處，共創人類文明為宗旨」。這表明了國際潮團總會的活動已經不再局限於本鄉本族的界限，而是向各族群，向世界各地開放，其跨國社會網絡愈加朝着國際化方向發展。

2. 注重培養青年人才，推動組織年輕化發展

隨着世界局勢的發展變化，各地潮團意識到傳統類型社團在年輕人的心目中日漸式微，社團組織的老化問題和接班人問題日益尖銳。在這種情況下，社團出現了年輕人入會者減少，社團成員出現斷層，領導層後繼缺人等不利現象。為振興社團，使潮團後繼有人，世界各地潮團積極採取新舉措，改革會務，以吸引年輕力量的加入。近年來，國際潮團總會為發展自身，壯大社團規模和力量，積極採取措施，吸引年輕會員的加入。首屆以青年潮人潮商為主體的國際潮青聯誼年會於 1999 年在香港舉辦；經過五年的醞釀與籌備，2004 年，「國際潮青聯合會」（簡稱「國際潮青會」）在第三屆國際潮青聯誼年會上正式宣告成立，其宗旨是：聯繫全球潮籍青年，繼承優良傳統，傳遞鄉情鄉誼，發展各地經濟，弘揚潮汕文化。在此後十多年的發展中，國際潮青會通過改革創新，不斷完善組織架構和增強自我能力建設，吸引並培養了一批年輕的社團領袖。2018 年 5 月，在國際潮團總會第二十屆常務理事會暨理事聯席會議上，國際潮青會被接納為總會的下屬單位。

國際潮青會的成立與發展，一定程度上促進了國際潮團總會動員和培

養世界各地潮籍青年人才。國際潮青會參與了中華全國青年聯合會組織的「全國青聯留學人員聯誼會」，參與李嘉誠基金會倡導的「關心是潮流」醫療扶貧計劃，舉辦高爾夫球聯誼賽等活動，為世界潮籍青年搭建了聯繫、溝通的平台，促進了潮籍青年之間的團結與了解。

當代華人跨國社團正是通過其跨國社會網絡來促進世界各地社會資源的動員和整合，並以此擴大其國際影響力和功能的發揮。國際潮青會通過舉辦一系列的青年組織活動，不僅增強了全球潮籍青年的凝聚力，使新一代潮人能通過這些平台，加強彼此之間的聯繫和融合，擴大社會網絡，而且還培養了許多有才能的社團接班人，為總會向年輕化方向發展奠定堅實的「人才」基礎。

3. 集聚世界各地潮籍博士，促進組織專業化發展

如前所述，國際潮籍博士聯合會（簡稱「國際潮博」）是在國際潮團總會指導下，於 2013 年 8 月在香港正式註冊成立的一個由眾多海內外潮籍博士團體、博士及專家學者組成的國際性、聯誼性、學術性的非牟利團體，是海內外潮籍人士的知名高端智庫。「國際潮博」獨立運作，秘書處設於香港，負責處理日常的各項會務工作。

目前，「國際潮博」除了在香港、北京、廣州、上海、澳門及深圳等地設有分團之外，還在新加坡、馬來西亞、美國、法國、泰國、英國、加拿大及澳洲等二十多個主要國家設立了聯絡點和召集人，已凝聚全球逾三千多名潮籍博士、專家及學者作為會員，並以此構建一個國際性博士專家學者的高端人才庫（人才集群）。

「國際潮博」的成立，推動了世界各地潮人高等教育和科技事業的發展，通過舉辦博士論壇、各類演講、建立科學研究中心、互聯網信息服務平台、產學研合作基地與產業落地對接園區等，整合了國際潮籍博士與專家學者的資源和優勢，為國際潮團總會發展提供專業和技術支持，促使其向專業化方向發展。

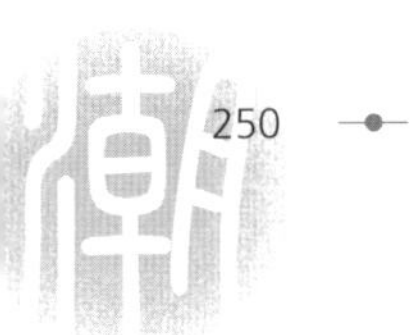

4. 採取多層次的活動形式，加強組織網絡化建設

當代國際潮團總會通過舉辦兩年一屆的全球性年會盛會，以及年會休會期間的多層次活動形式和建立縱橫交錯的組織結構來加強其網絡化建設。

每兩年舉行一次的國際潮團聯誼年會，為世界各國潮籍社團及會員之間提供了最大規模的經濟、文化、教育、技術、人才、資金等方面的資源交流與合作平台；而其縱橫交錯的組織結構即通過建立會員大會、理事會、常務理事會、常設秘書處等多層次的縱向機構與「國際潮學研究會」、「國際潮商經濟合作組織」及「國際潮籍博士聯合會」等合縱連橫的跨國社會網絡體系，則為其提供常態的不受時間和空間限制的經貿、文化、人才、資金、技術等各種資源的交流與合作。

隨着跨國社團組織形式多樣化、功能多元化的發展，國際潮團總會成立了基金委員會，並設立常設秘書處深圳代表處；同時，在經貿委員會下設置「一帶一路」促進會；在國際潮學研究會下設潮汕祠堂文化研究會；2018 年 5 月，又接納國際潮青聯合會為總會下屬單位。國際潮團總會完成了在潮商、潮青、潮學、潮博四個不同領域的組織網絡化建設，這意味着它正在邁向一個全新的歷史高度，以促進潮籍社團跨國社會網絡的進一步完善，並借助這一跨國社會網絡，連接了世界各地的潮人及其社團組織，促進全球潮人之間的合作與交流。

綜上所述，經過四十多年的發展，目前國際潮團總會跨國社會網絡的建設已遍佈亞、歐、美、大洋洲和非洲五大洲四十多個國家和地區，建立起了真正意義上的跨國社會網絡體系，對於全球潮人敦睦鄉誼，加強經濟文化交流，促進中國和海外潮人所在地區經濟貿易的發展，助推「一帶一路」國家戰略實施，提高海外潮人及華人的地位，都起着重要的作用。國際潮團總會為東西方文化交流融合及經濟合作架起了一道金橋。

第四節　當代香港潮州商會合作治理模式下的功能

2016 年 11 月，前香港特首梁振英在香港潮州商會第五十屆會董就職典禮上致辭，表示香港潮州商會創會接近一個世紀，是香港深具影響力的工商團體。商會一直致力凝聚各行各業的潮籍精英，促商興貿，推動香港經濟發展，熱心社會和公益事務，鼎力支持特區政府施政，積極推動青年工作，包括設立獎學金資助奮發向上的青年。多年來，商會一直擔當潮港之間的橋樑，推動香港和內地的交流合作，為祖國建設貢獻力量，大大推動了香港和內地的共同發展。[25] 總之，回歸以來，香港潮州商會為香港的繁榮穩定及祖國的經濟建設作出了努力，凸顯其促進社會繁榮發展，維護社會穩定的功能。

一、「盂蘭勝會」申遺成功與傳統文化教育功能的強化

從理論和實踐上看，香港民間商會存在與發展的正當性或合法性的基礎既有來自於正式制度如章程、宗旨和規定等，也有來自非正式的規則，例如傳統文化、慣例等。而本書個案研究對象，即香港潮州商會除了採用正式規則來開展商會的各項會務活動外，還利用文化信仰、價值觀念、行為模式、生活方式等一整套非正式的規則來引導和約束會員的行為規範，以此發揮其文化傳承與傳統道德的教化功能，並達到團結會員、統一思想觀念、增強團體凝聚力以及樹立權威、維護團體內部秩序的目的。

下文將透過 2010 年香港潮州商會向國家文化部成功申請「盂蘭勝會」為國家級非物質文化遺產這一案例，反映該會通過保育和傳承「盂蘭勝會」這一民俗來達到強化潮人共同的文化信仰，廣泛團結潮人，從而發揮其對會員以及潮人甚至更多的相關人士進行傳統文化以及道德思想品德教育的功能。

25　〈梁振英在香港潮州商會第 50 屆會董就職典禮上致辭〉，新華社香港，2016 年 11 月 9 日，http://gd.sina.com.cn/zh/social/2016-11-09/city-zh-ifxxnety7804882.shtml。

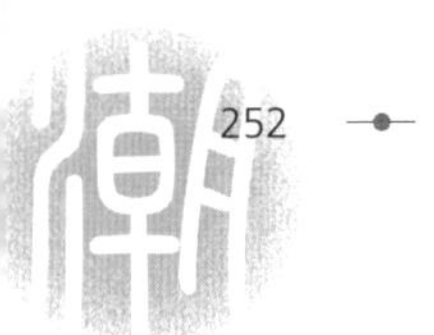

每年農曆七月在香港舉辦的「盂蘭勝會」是我國民間傳統信仰活動，俗稱「鬼節」，道教稱「中元節」，是中國人多年來的風俗習慣，在潮州人心目中尤為重要，每年盛夏農曆七月，潮汕人都會搭竹棚、立花牌、設神壇、演大戲、誦佛經、辦齋宴、派白米，以此來供奉先人，超渡鬼魂，亦有團結同鄉的意思，這一民間習俗由潮汕人帶到香港，已延續一百多年。所以說，「盂蘭節」並非香港本土的古老節日，早於上世紀之初，潮州人已經以盂蘭勝會聯誼感情，並藉此傳揚警世文化。經過二次大戰和移民潮後，「盂蘭勝會」在香港變得更盛行起來；甚至有人說，盂蘭是隨潮州人「移民」來港的「盂蘭勝會」。有關盂蘭節的起源眾說紛紜，其中一個說法是根據佛家傳說，相傳修行得道的目連，得悉生前種下不少罪孽的母親在地府變為餓鬼，為超渡餓鬼母親，便用法力拿飯菜給母親，但飯菜送到口邊，即化為火焰。目連求教於佛，佛令其於農曆七月十五日用盂蘭盆盛以百味五果，供養十方僧眾，一同舉行大型拜祭儀式，施法超渡一眾亡魂，並廣設盂蘭盆會，使天下餓鬼全都吃飽，化解母親的孽。此舉亦可救七世父母於倒懸。最後目連和母親同成正果，成為地藏王護法。傳說為後世傳誦，並逐漸演化為民間習俗。[26] 事實上，無論是佛教或道教，盂蘭節或中元節，其實都有普渡眾生的含義。

因此，「盂蘭勝會」不單純是一種宗教活動，其背後是深藏中國人的傳統思想和涵義。祭祀往生者，是給在生的人一個心靈安慰；祭祀祖先亡魂，是教人要孝敬父母，善待親人；祭祀無助野魂，是基於人間之愛心及同情心，教人須積德行善，功德無量。正如「申遺」功臣、香港潮州商會永遠名譽會長馬介璋先生希望：「盂蘭勝會」列入國家級非物質文化遺產只是一個起步，今後可以藉着這個殊榮，大力宣傳「盂蘭勝會」的文化價值與意義，不但重拾市民對「盂蘭勝會」的集體回憶，更喚起年輕人關注

26 〈盂蘭勝會知多少〉，《香港潮人盂蘭勝會》，香港潮屬社團總會編製，2010 年 7 月，第 34 頁。

「盂蘭勝會」，將這個甚具特色的文化風俗，世世代代傳承下去。[27]

「盂蘭勝會」是香港一項富有本土特色的無形文化遺產，兼具宗教、福利和娛樂功能，尤其可貴的是，它存在於快速變遷的市區中，對凝聚街坊和維繫同鄉感情發揮很大作用。多年來，這一民間風俗活動，已成為中華文化組成部分的潮汕文化的傳統象徵符號之一，讓港人大開眼界，活動包括在各區球場等空地架起戲棚上演神功戲及派發平安米，信眾又會在路邊燒衣紙冥鏹，祈求家宅平安，成為吸引外來遊客的傳統節日。香港較具規模的「盂蘭勝會」大都借用康文署的遊樂場舉行，但並非每個小區都有寬廣的空地，因此，有些地區團體向當局申請在路邊搭棚做法事，以方便街坊鄉親前來拜祭。如此獨特的街頭風俗，已成為香港都會一景，每年的農曆七月十五吸引不少海內外遊客慕名前來參觀，甚至有外國媒體還專門來拍攝。與此同時，「盂蘭勝會」亦是旅港潮人熱愛祖國及團結鄉誼的具體表現，時至今日，「盂蘭勝會」仍然遍佈全港，各區潮人不同程度參與了此盛大活動，並且合力開展該活動的籌備和宣傳工作，充分體現出「盂蘭勝會」在香港具有社會性、群眾性及廣泛性，不但對保護、傳承優秀傳統文化藝術起着積極作用；對弘揚慈愛孝道與互助精神具有深遠意義；對扶助弱勢社群、促進社會與經濟和諧發展，更是起到不可估量的作用。[28]

具體來説，「盂蘭勝會」作為在港家喻戶曉的民間傳統信仰活動，其開展及傳承具有如下四個方面的重要價值：第一、精神價值：盂蘭勝會是從目連救母傳説而來，活動形式糅合佛道兩家，而宗旨卻一致，都是弘揚慈悲博愛，激發廣大信眾愛國、愛港，意義深遠。第二，社會價值：盂蘭勝會活動內容和形式豐富多彩，過程中充分體現人與人的互助精神，團結友愛，鄰里和睦，在構建香港和諧社會方面，價值不可估量。第三，經濟價值：香港是國際金融中心，是中華傳統文化和世界文化彙集地，透過盂

27 〈不僅潮州文化，更是中華文化〉，《香港潮人盂蘭勝會》，第 23 頁。

28 〈盂蘭勝會知多少〉，《香港潮人盂蘭勝會》，第 35 頁。

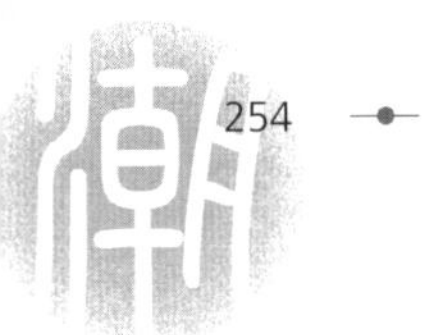

蘭勝會這個文化窗口，吸引更多西方人士來港旅遊及體驗，促進香港旅遊業發展。第四，文化價值：盂蘭勝會由場地佈置、用品製作到活動內容等優秀的傳統文化表現形式，都能在這個文化藝術的重要平台上充分展示，並得到有效的傳承和保護。[29]

2010 年「盂蘭勝會」「申遺」成功，標誌着在香港已超過一個世紀的香港潮人盂蘭節進入新的里程，香港潮州商會倡導珍惜、保育及傳承這個傳統民俗，目的就是要使其中的積極元素：弘揚孝道、敦睦鄉誼、扶貧濟困、鄰里友愛……得到發揚光大，以取得在港廣大潮人的文化認同，鞏固在港潮人團結的文化根基。

二、積極介入地方社會事務與公共管理功能的凸顯

踏入二十一世紀以來，香港潮州商會的對外服務更加注重社會民生工作，並介入到一系列社會事務的管理工作之中。例如為支持香港特區政府推行「友出路」計劃，香港潮州商會成立了「友出路」基金；深化青少年反吸毒教育及贊助戒毒中心的重建；在香港東涌設立「香港潮州商會陽光企業」，與香港離島婦女會攜手扶助基層弱勢社群等等；為推動潮汕地區社會經濟發展，牽頭促成成立了「粵東四市經濟協作黨政聯席會議」，為重振潮汕地區繁榮發展，改善潮汕民生而獻言建策，不懈努力。

1. 關注香港民生，推行「友出路」、戒毒計劃與興建「陽光企業」

首先，香港的青少年吸毒問題嚴重性不容忽視，據香港保安局禁毒處網站顯示，香港的青少年吸毒人數呈明顯上升趨勢。從 2005 年至 2007 年的三年內，被呈報吸毒的 21 歲以下青少年增加了 34%。這升勢一直持續，2008 年前三季較 2007 年同期又增加了 18%。更令人擔憂的是，首次吸毒的平均年齡，由 2003 年的 16 歲，下降至 2007 年的 15 歲。而被呈報

29 〈盂蘭勝會知多少〉，《香港潮人盂蘭勝會》，第 20 頁。

的吸毒者之中最年輕的，更有低至 11 歲。鑒於近年來香港青少年吸毒呈現人數增多和年齡漸小的趨勢，2009 年，香港特區政府和禁毒常務委員會推出了「友出路」計劃，掀起了香港青少年禁毒運動的序幕。[30]

然而，要有效和持續地對抗青少年毒品問題，並非政府獨力可以承擔的，因為在毒品上的放縱，往往只是年青人在家庭、成長、學習或就業上出現問題後的其中一個病徵。因此，為了協助政府的「友出路」禁毒計劃，香港潮州商會成立「友出路」基金，贊助香港戒毒中心的重建並投入到此次禁毒活動中。首先，積極參與廣泛宣傳禁毒信息，深入地推廣青少年禁毒活動，並製作了大批印上中英文禁毒信息的 T 恤，透過各國駐港領事，發放給各族群的青少年，以進一步動員社會各界的力量，締造無毒的關懷文化。另外，因得悉居港少數族裔的青少年有涉足毒品的狀況，香港潮州商會還在會所舉行了「抵制青少年吸毒 T 恤捐贈儀式」，孟加拉國及尼泊爾的領事應邀出席，雙方就青少年吸食毒品問題進行交流。與此同時，動員全體商會成員，共同關注青少年吸毒問題，數次於商會會訊中闢出禁毒專欄，宣傳青少年禁毒資訊，並於潮州會館大廈的外牆掛上了大橫額「不可一，不可再，向毒品説不」；強調：「救一個人，就等於救了一個家庭」。

2009 年 6 月 21 日，為了使「友出路」戒毒計劃得以進一步的落實和推行，香港政府在灣仔伊利沙伯體育館舉行了「不可一、不可再」誓師大會，香港保安局禁毒處與禁毒常務委員會在會上向積極參與「友出路」計劃，大力宣傳禁毒信息的機構及個人頒授推廣禁毒信息卓越獎。香港潮州商會獲頒卓越獎，會董馬清楠和黃華燊獲頒個人卓越獎。[31]

其次，香港潮州商會贊助興建離島「陽光中心」，為香港離島居民提供職業和創業培訓。2009 年 12 月 12 日，香港離島婦女聯會與香港潮州商會陽光中心揭幕禮在東涌小區服務大樓舉行。香港潮州商會捐出 70 多

30 《香港潮州商會會訊》，香港潮州商會出版，2009 年第 65 期，第 4 頁。

31 《香港潮州商會會訊》，2009 年第 67 期，第 4 頁。

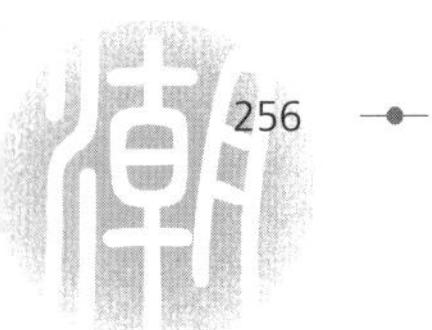

萬元，與香港離島婦女聯會合作推行「抗逆境、創才賦、促就業」計劃。該計劃的目標是為東涌居民提供綜合就業發展及培訓，致力為區內人士創造就業機會。通過雙方的通力合作及離島婦女聯會前線人員的努力工作，取得優越的成績。據悉，「抗逆境、創才賦、促就業」計劃推行半年以來，陽光中心計算機室已為職前人士提供了計算機課程 5 班次，受惠人數 95 人，出席人次 561 人；中心影樓開辦攝影課程 2 班次，受惠人數 30 人，出席人次 80 人；中心茶座為會員和區內外團體聚會提供了優美的聚會場所，承辦了「攀石日營供膳服務」、「中秋賞月晚會」、「六十大壽生日會」、「社企員工達標慶祝會」等。此外，中心也推行小區需要的服務，如開放自修室、舉辦禁毒宣傳活動、陽光家庭健體訓練、陽光制服團隊訓練、青少年步操隊訓練、「在家工作」陽光手工藝培訓課程、課餘託管照顧服務等；商會希望與小區人士、地區團體、社福機構、商界朋友合作，為東涌及離島有需要人士締造機會，讓東涌居民感受到社會人士和政府努力為偏遠地區的居民服務，讓大家在同一天空下感受人間有情、世間有愛！[32]

2. 倡導成立「粵東四市經濟社會協作黨政聯席會議」，重振潮汕

「粵東四市經濟社會協作黨政聯席會議」是香港潮州商會永遠名譽會長、香港潮屬社團總會創會主席陳偉南等香港潮州商會首長倡導建立的粵東區域發展合作平台，由粵東四市黨政主要負責人組成，按汕頭、汕尾、潮州、揭陽的次序擔任輪值，市委書記為聯席會議主席，市長為副主席，一年一任。聯席會議一般每年召開一次，輪流在各市召開，由輪值聯席會議主席召集。會議任務是審議、確定四市合作項目，並指導督促其落實執行。四市合作項目一經聯席會議確定，即由各市有關部門組成項目工作小

32 《香港潮州商會會訊》，2009 年第 70 期，第 5 頁。

組，研究具體落實方案，包括指定執行部門及完成項目時間安排。經報聯席會議同意後簽訂單項正式協議，付諸實施，並由秘書處負責檢查、督辦落實情況。四市還將設立「粵東四市經濟社會協作網」，加強粵東四市協作信息交流，加速協作事務運轉。

1990 年代潮汕地區行政區域重新劃分之後，原先的汕頭地區一分為汕頭市、潮州市和揭陽市三個地級市，自此之後，三市爭先發展，各自為政，出現了一些負面效應，一定程度上影響了整個粵東地區的資源整合以及一系列社會經濟的發展。然而，粵東地區同根同源，不管行政區劃怎樣調整，始終血脈相連，一脈相親，唇齒相依，休戚與共。因此，加強彼此間的合作，提升區域綜合競爭力，實現共同的繁榮發展，這是粵東人民的強烈願望和迫切要求，也是海內外潮人的最大心願。有關於「強調大潮汕意識，推動潮汕四市大融合」的問題，在對曾任香港潮州商會八十周年會長 CWN 先生的訪談中，其曾言道：

> 我於 1987 年當選為汕頭市第六屆政協委員，開始參與家鄉的議政論政。港澳地區的委員又一致推舉我為港澳組組長。潮汕地區在行政區域上曾合合分分，但無論怎樣分，在海外潮人的心目中，都是同一個潮汕。潮汕地區分為汕頭市、潮州市、揭陽市、汕尾市，四市各有政協委員。我認為要振興潮汕必須及時加強大潮汕意識，促進四市之間以及在港四市潮籍人士之間的團結，防止分市離心。因此，經多方聯絡，四處諮詢和綜合意見，1993 年 6 月「潮汕港澳政協委員聯誼會」正式成立，並經常開展活動，為振興潮汕經濟，協助維護港澳地區安定繁榮出謀獻策。
>
> 由此出發，進一步思索粵東地區加強團結、加強經濟社會協作的問題。從 2003 年開始，廣東省政府為振興粵東經濟而展開深入調查研究。2006 年 9 月 18 日，以「促進粵東地區加快經濟社會發展」為主題的會議在汕頭召開。我覺得時機

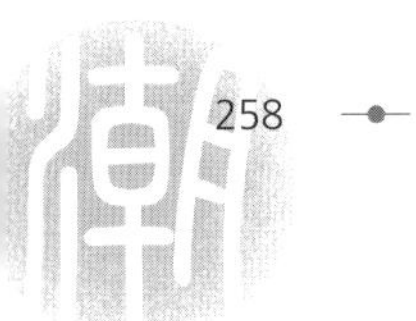

> 已經成熟，就向粵東各市的領導提出粵東四市經濟社會協作的構想，立即得到各市領導的熱烈響應。2007年9月11日，粵東四市經濟社會協作第一次黨政聯席會在汕頭市隆重召開，四市市長共同簽署《粵東四市經濟社會協作框架協議》。

鑒於民間關於加強四市合作呼聲日高，2006年9月，廣東省委、省政府在汕頭召開粵東工作會議，作出了「三年打基礎、五年大變化、十年大發展」戰略部署，出台了《中共廣東省委、廣東省人民政府關於促進粵東地區加快經濟社會發展的若干意見》，從機制、項目、資金、政策等方面給予粵東地區強有力的支持。會議的召開被視為是粵東發展一個里程碑，也為粵東四市合作進一步鋪平道路。

正是基於上述背景，2007年3月，年近九十歲的陳偉南先生首先發出倡議，提出讓粵東汕頭、潮州、揭陽、汕尾四市攜起手來，共同推動粵東經濟社會的協作與發展的建議。2007年3月18日，在陳偉南先生積極倡導下，汕頭、潮州、揭陽三市黨政主要領導聚首香港，圍繞「團結合作、和諧發展、共創繁榮」的主題展開深入探討。2007年3月29日至4月21日，陳偉南先生兩次致函三市領導，並附上其草擬的《團結合作、和諧發展、共創繁榮——關於建立潮汕（汕頭、潮州、揭陽三市）經濟文化旅遊協作區的框架協議》，三市圍繞《協議》進行研究、修改和完善。在此期間，汕頭市邀請汕尾市加入協作範圍，得到陳偉南先生及潮州、揭陽兩市的同意和歡迎。至此，粵東四市經濟社會協作的概念開始形成。經過多番的部署、協商和籌備，2007年9月11日，由陳偉南先生等香港潮州商會首長倡導和精心謀劃的粵東四市經濟社會協作第一次黨政聯席會議如期在汕頭召開。[33]

---

33 《汕頭日報》，2007年9月12日，第1頁。

此次聯席會議上，粵東四市黨政領導圍繞「團結合作、和諧發展、互惠共贏、共創繁榮」的主題，就全面加強粵東四市經濟社會協作進行交流探討，並就開展合作的項目和經貿活動等方面進行討論。會議指出，粵東地區是我省連接華東沿海地區的重要通道，也是連結珠三角和長三角兩大經濟圈的重要節點，在全省經濟社會發展中佔有重要地位。加強粵東四市經濟社會協作，對於促進粵東地區加快發展、充分發揮粵東地區在廣東省經濟社會發展中的作用，具有十分重要的戰略意義和現實意義。會議強調，四市應按照互惠互利、實現共贏，政府推動、市場主導，開放公平、錯位發展，突出重點、有序推進的原則進行區域合作，努力打造粵東區域經濟圈。重點內容包括：研究、探討區域經濟和社會發展的方針政策，配合省政府編製完善區域發展總體規劃及粵東城鎮群體系規劃，協調、指導粵東各市城鎮規劃建設；互通信息，交流經驗，聯合爭取國家、省對區域重大項目的幫助和支持；加強區域基礎設施規劃佈局及建設的協調，推動解決發展過程中相互關聯的問題；創造公平、開放的市場環境，促進生產要素合理流動和優化組合；動員和組織社會各界共同推進，逐步形成相擁共享的區域品牌，增強區域整體影響力和競爭力。會議最後，粵東四市市長共同簽署了《粵東四市經濟社會框架協議》，表明四市將加強基礎設施、經貿協作、旅遊開發、科教文化、環境保護、社會管理等方面合作。

「粵東四市經濟社會協作黨政聯席會議」運作了四年，四市已輪流坐莊了一遍，粵東四市開展經濟社會協作四年來，其區域合作取得了良好的成效。社會普遍認為，四市區域協作共識進一步形成，協作機制體制進一步完善，經濟社會協作進程不斷加快，四市協作已經由政府主導逐漸向企業合作、行業合作、項目合作和民間合作拓展，呈現多層次、寬領域、全方位的合作格局。

由此可見，進入當代以來，香港潮州商會致力於參與社會公共事務管理，積極參政協政，服務社群，關注民生，有效地推動了地方社會經濟的發展，其發揮的作用與功能突出，已經成為社會治理中不可或缺的主體之一。在地方社會治理框架中，香港潮州商會已經成為與地方政府、企業並

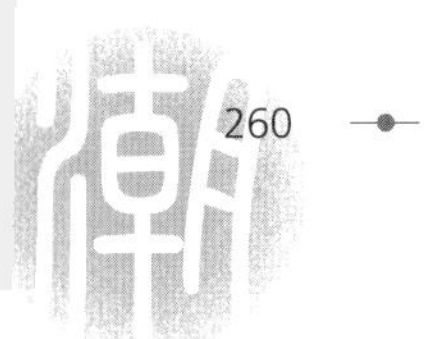

存的第三種力量，在維護市場秩序乃至維持社會正常運作的過程中發揮着重要的功能與作用。在採訪香港福建社團聯會榮譽主席 LGZ 先生時，其對當代香港潮州商會發揮的功能與作用作如下評述：

> 潮州商會（的人）很團結，對社會很熱心，特別是對家鄉，家鄉有什麼困難他們都會伸出援手的，而且他們成功企業家有成就（之後）一定回報家鄉，在維護香港穩定發展方面，他們都作出了自己的貢獻。

與此同時，香港潮州商會面臨着外部環境新的挑戰和機遇。一方面，隨着中國的對外開放，外資可直接進入內地，香港作為中國內地與海外的溝通橋樑地位將逐漸減弱；另一方面，隨着香港代議政治的逐步推行，香港的壓力團體、政治團體不斷增加，社會上對一般社團的關注程度漸減。

三、修改會章、鼓勵會員政治參與及其政治功能的彰顯

研究發現，當代香港潮州商會逐步轉變政治態度，改變以往強調「在商言商，不問政治」的原則和態度。2006 年，香港潮州商會「因應時代變化的需要」，召開會員大會，通過修改章程，將原來章程中組織大綱第 3 節第 15 條中「不參預政治或參加政治活動」的規定撤銷，這意味着香港潮州商會開始為自身以及會員涉足或參與政治活動提供了正當性和社會合法性。修改章程，這可以看作是香港潮州商會正式參與政治活動的標誌，也是香港潮商以及香港各行業潮籍精英作為一個整體強化其政治參與和凸顯其政治功能的一個里程碑。尤其回歸之後，香港潮州商會通過多元的政治參與途徑和機制，積極參政議政，體現其政治功能的崛起。

現代意義的政治功能雖然沒有一個標準的定義，但是不同的學者給出了不同的概念解釋。劉祖雲在〈澳門社團政治功能的個案研究〉一文中，將政治功能定義闡釋為：「政治功能是指政治事物滿足政治主體的公共權

力和國家權力的需要而產生的一種作用過程及其表現形式。」[34] 他認為推選議員、政治動員、參與決策、利益表達都是政治功能的主要表現。王冠傑在〈挑戰與應對：中國國有企業的政治功能研究〉一文中指出：「政治功能，在最一般的意義上，指某一社會事物、社會現象、或者某一事物的結構性狀態對於政治世界所具有的價值和意義，也指他們對於政治共同體的維繫和變遷所具有的功能。」[35] 概括來說，文中的政治功能指的就是作為政治參與的主體，由於其內在結構和在社會中所處的地位而使其在運作過程中對政治領域所產生的種種作用及其表現形式，具體包括利益表達、政治動員、參與決策以及維護社會穩定等。以下即從這四種表現形式對當代香港潮州商會顯現的政治功能進行分析。

1. 利益表達

利益表達是指各個社會階層的人，通過一定的渠道和方式向政府、執政黨和社會各級組織機構表達自身利益要求，以求影響政治系統公共政策輸出的過程。

民間商會組織本質上是一種互益性組織，是廣大會員共同利益的代表機構。早期民間商會作為一種商人自發的民間社會組織，主要是以鄉土或者說以血緣、地緣為紐帶，以共同認可的傳統文化、價值觀念、生活習慣為基礎的，以敦睦鄉誼、互通信息、娛樂互助及彼此的互律為活動方式，力圖建立一種穩定和諧，能以不變應政治、經濟、文化、社會生活之萬變的社會秩序。香港潮州商會成立之初的目的就是為了團結潮商，並且通過組織化集體行動的方式維護在港潮商的利益，所以，利益表達功能是香港潮州商會等民間社團最基本的功能之一，只是在其不同發展時期有不同的表現方式和特點。近代香港民間商會組織在政治過程中主要行使利益表達的功能。如上所述，發生於 1933 年的「請大陸政府撤銷洋米進口稅」以

34 劉祖雲：〈澳門社團政治功能的個案研究〉，《當代港澳研究》，2010 年第 1 期。

35 王冠傑：〈挑戰與應對：中國國有企業的政治功能研究〉，吉林大學，2012 年。

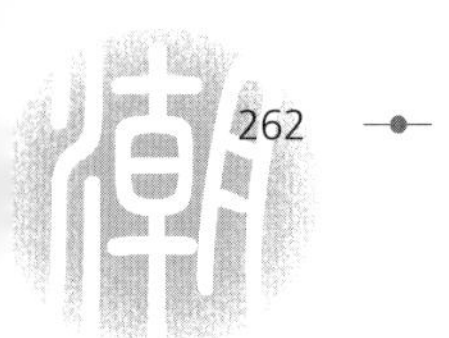

及 1934 年的「恢復香港批信」兩個實例，一定程度上可以透視出早期香港潮州商會在利益代表以及影響大陸政府政策制定方面上所表現出來的最基本的政治功能。

現代的香港潮州商會，基於當時國內的政治形勢，其強調的是「在商言商，不參預政治活動」的政治態度，其利益表達等政治功能相對減弱。1960 至 1970 年代，內地正經歷着史無前例的「文化大革命」，殘酷的政治鬥爭，加上資本主義陣營國家對新中國的孤立政策，使包括香港在內的海外潮商與內地政府關係呈現疏遠的狀態，特別在政治上更加保持距離和冷淡。為了強調「在商言商，不參與政治」的立場和態度，1970 年，香港潮州商會通過召開會員大會，修改章程，將「不參預政治或參加政治活動」的條文補充到組織大綱第 3 節第 15 條中。[36]

然而，香港回歸以後，隨着內地與香港社會環境以及政治生態的變化，香港潮州商會的政治態度有了明顯的轉變，並一定程度上凸顯了其利益表達的政治功能。

> 潮州人傳統上是在商言商，不太碰政治層面的嘢，但現時形勢不同，都要參與政治了。借助各地的政府的資源，其實可以做到很多嘢。但都要先建立互信合作的基礎……現在這個社會也不盡是潮州人的，要做多點，同一時間，除了商業，政治影響力啊、社會事務參與啊，我們都要跟進的。商會的角色就發生變化了，不盡是商務，還要促進社會的發展，參與社會事務，政治事務，去令社會更加和諧，營造一個更適合潮商的發展環境。商會要做的就是使商人的聲音如何發出來，要有商界的代表在立法會裏面，令到商人的利益得到保障。其實這個很大挑戰的，不能像以前那樣你不參加

36 〈會史〉，《香港潮州會館落成開幕、香港潮州商會金禧紀念特刊》，香港潮州商會出版，1971 年，第 126 頁。

政治也無所謂，現在要積極參與才行，現在做緊。

以上訪談記錄是作者與香港潮州商會常務會董 ZJY 在訪談時，討論到關於「2006 年香港潮州商會為什麼要修改章程，將『不參預政治或參加政治活動』的條文撤銷？」這一問題時，他表述的觀點。即是說，現時香港潮州商會支持和鼓勵成員積極參政議政，有效發揮利益代表功能。

事實上，回歸以後，香港潮州商會突破以往僅限於維護會員及其自身族群利益的邊界，開始同時關注香港和內地重要的政治議題，以及香港社會整體發展與前途命運的利益問題。2016 年香港立法會選舉，時任第五十屆香港潮州商會會長胡劍江與各位副會長，以及多位會董，為參選的愛國愛港人士站台，呼籲鄉親積極投票支持愛國愛港人士參選立法會，為香港的未來，為繁榮穩定的香港投下神聖的一票。民建聯和工聯會作為愛國愛港政團聯盟都派出團隊報名參加立法會選舉，香港潮州商會贊同兩黨政治綱領，認同兩黨致力於推動香港經濟社會的全面發展，致力於為港人爭取合法權益並關注民生問題，能夠代表會員們的利益。因此，投票期間，香港潮州商會多位首長帶領會員們專門出街為兩黨站台拉票助選，胡劍江會長指出：「投票支持民建聯和工聯會團隊，可以讓立法會有更多做實事的愛國愛港議員，繼續為香港經濟社會及廣大市民謀福祉。」[37]

回歸以後，香港潮州商會還通過立法會、行政會議、人大、政協等多元途徑、渠道或機制表達政治訴求和政治利益。

2. 政治動員

政治動員是階級、政黨或政治集團及其代表人物為實現某項政治目標而進行的政治宣傳、鼓勵、發動等行動。[38] 政治動員的目的在於啟發和教

37 參考自〈香港潮州商會首長支持立法會選舉〉，《香港潮州商會會刊》，2016 年 11 月，第 110 期，第 15 頁。

38 劉建明、王泰玄等：《宣傳輿論學大辭典》，北京：經濟日報出版社，1993 年。

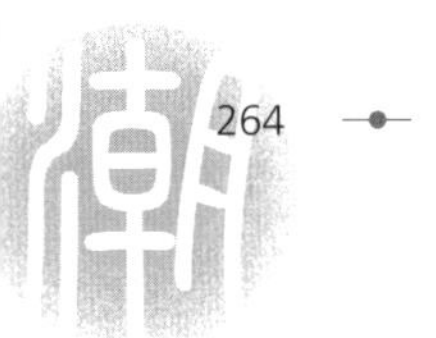

育本組織成員或民眾提高政治覺悟，明確奮鬥目標，以實現其政治任務。隨着宣傳工具的進步和民眾文化水平的提高，宣傳鼓動工作對政治影響越來越大，一般政黨或利益集團無不利用各自掌握的巨大的宣傳機器進行宣傳、鼓動，即進行政治動員，以參與政治和影響政府政策。因此，政治動員也是當代香港民間商會組織政治功能發揮的重要表現形式之一。

由於殖民統治的原因，回歸前香港民間商會等社團組織及其成員的政治參與程度不高，政治動員等制度的一般性發動效果有限。回歸以後，隨着香港政制的變化，香港潮州商會的政治態度也開始發生轉變，從之前「在商言商，不參預政治活動」轉而主動參與政治，並一定程度上發揮了政治動員的功能。香港潮州商會政治動員的表現方式主要有以下幾種。

第一，登報發佈聲明，提出鮮明、生動的政治口號或表明政治立場和政治態度，進行普遍的動員和呼籲。例如 2019 年 9 月 3 日代表着香港潮州商會等四十二家會員單位的香港潮屬社團總會在《歐洲時報》發表題為「止暴制亂，和平對話，重建和諧」的聲明，聲明指出：自 2019 年 6 月開始，《逃犯條例》修訂風波在香港引發連串示威活動，甚至出現極端暴力行徑，香港已到了非常危急的時刻，我們既感到震驚，更深感痛心。過去兩個多月來，香港經濟已受到嚴重衝擊，出口、貨運、零售和旅遊都錄得甚大跌幅，少數極端暴力份子的行徑更步步危及民眾和遊客的人身安全，多個國家和地區對香港發出旅遊警示，令香港經濟雪上加霜……香港潮屬社團總會堅決維護國家主權，擁護「一國兩制」，支持香港特區政府依法施政，止暴制亂，並希望各界透過溝通對話，消除反修例風波對香港聲譽所造成的影響，重建和諧社會，保持世界各國各地區對香港積極正面的評價。[39]

可見，香港潮州商會正是通過發表聲明的方式進行政治動員，表達堅決維護國家主權，擁護「一國兩制」，支持香港特區政府依法施政的鮮明

39 〈香港潮屬社團總會聲明：止暴制亂，和平對話，重建和諧〉，《歐洲時報》英國版，2019 年 9 月 3 日。

政治立場，並發出「止暴制亂，和平對話，重建和諧香港」的呼籲。

第二，通過報紙、雜誌、特刊、電台、電視台等傳統媒體以及網站、微博、電子報紙、網絡平台、微信公眾號等新媒體進行政治形勢教育，講述當前面臨的困境和危險，揭露反對派的險惡本質和暴行，並呼籲人們認清形勢或提出應對的辦法等。2019 年 8 月 17 日，香港潮州商會副會長高佩璇在香港《文匯報》發表文章〈向暴力說「不」，向失序說「不」〉，文章指出：在當下的危機關頭，已經到了港人，尤其是沉默的大多數做出嚴正抉擇，向暴力說「不」，向失序說「不」的時候了。積極發聲，勇敢行動，攜手同心，止暴制亂，力挺香港特區政府依法施政，維護特區政府的管治權威，力挺香港警隊嚴正執法，穩定局勢，守護家園平安，捍衛國家利益，這是今日香港人必須做出的正義選擇。[40] 高佩璇作為香港潮州商會首長就是通過撰寫文章並公開發表，進行形勢教育，呼籲和動員港人向暴力說「不」，向失序說「不」，力挺香港特區政府依法施政，力挺香港警隊嚴正執法。

第三，採取報告會、動員會、講演會、專題講座等宣傳手段，進行政治動員。如前所述，一方面香港潮州商會長期以來在會館通過定期不定期舉辦各種專題講座，邀請政府官員或專家學者對會員進行香港政制發展、國家發展戰略以及經濟社會發展趨勢等時事教育；另一方面，香港潮州商會成員，例如成員中的港區全國人大代表、港區全國政協委員還通過受邀到外舉辦講演會、報告會等形式為香港市民提供政治形勢分析、國家基本路線方針政策解讀與愛國愛港等宣傳與教育。

第四，「建立更廣泛的統一戰線」，充分發揮商會與其他社團組織協同聯合的作用，組織聯署，舉辦合法集會、遊行、示威等活動，掀起政治動員的熱潮。2001 年 10 月成立的香港潮屬社團總會，由香港潮州商會牽頭，聯合香港九龍潮州公會、香港汕頭商會、香港潮商互助社等四十二家

40 高佩璇：〈向暴力說「不」向失序說「不」〉，香港《文匯報》，2019 年 8 月 17 日。

在港愛國愛港社團組成。其成立有利於凝聚在港潮人各階層力量，吸納更多各界潮籍精英，密切各屬會之間的聯繫，也有利於加強地區基層的政治動員工作。2019 年 8 月 18 日，面對香港激進示威份子愈演愈烈的暴力行為，香港潮屬社團總會六十位香港潮籍名人代表聯署聲明：我們堅定維護國家主權，堅定維護「一國兩制」，堅決支持特區政府依法施政，挺警隊！反暴力！共同維護香港！守護我們的家！[41] 這是繼國際潮團總會發表聲明之後，在香港有着重要影響的又一潮籍社團發出的「止暴制亂」政治動員。

3. 政策制定

參與或影響政府政策制定是當代民間商會組織政治功能的另一重要表現形式。事實表明，回歸以後，香港民間商會的政治功能逐步強化和凸顯，這種變化與香港社會政制發展程度以及決策科學化、民主化程度的提高密切相關。

長期以來，潮人在港以善於營商聞名，不少人成為商界巨賈。香港回歸後，潮人在專注經商之餘，卻也逐漸發展成為香港參政議政的重要力量。目前，香港潮州商會成員中香港特別行政區立法會議員五位，全國人大代表四位，全國政協委員十七位、全國政協常委三位。香港潮州商會年輕成員比前輩有了更強的參政意識和從政熱情。前香港潮州商會會長胡劍江在 2017 年 1 月接受《超迅》採訪中曾說：「因為有了父輩打下的經濟基礎，我們想發出自己的聲音，不希望香港的繁榮穩定遭別有用心的勢力破壞。」[42] 從港英時代到回歸以後，歷史變遷與社會轉型從來沒有停下腳步，當代的香港潮州商會也不再鼓勵潮商僅僅專注或局限於經商，而是推動他們參政議政，在一定程度上參與或影響政府政策的制定，並凸現其政

41 〈香港多個社團商會：止暴制亂 恢復安寧〉，新華網，2019 年 8 月 19 日，http://www.xinhuanet.com/2019-08/19/c_1124895442.htm。

42 王亞娟：〈香港潮州人：從商業巨擘到政治新秀〉，《超訊》，2017 年 1 月。

治功能。香港潮州商會作為香港民間商會組織在政治領域開始有了不容忽視的表現。香港潮州商會支持立法會通過「廣深港高鐵追加撥款」議案，這是其參與或影響政策制定的重要表現之一。廣深港高速鐵路又稱廣深港客運專線，是一條連接廣東省廣州市、東莞市、深圳市以及香港的高速鐵路，廣深港是中國「四縱四橫」客運專線中京廣高鐵至香港延伸線的組成部分，也是珠江三角洲城際快速軌道交通網的骨幹部分。這條線建成通車之後，對增強內地與香港間的經濟協作和人員往來將發揮重要作用。其中，香港段由香港特別行政區政府全資興建，原定造價為 669 億元港幣，2010 年底，高鐵香港段正式開工。至 2016 年，近 6 年的施工，歷經艱辛，兩地涉及政治、司法、經濟等部門的協調。香港境內的這 26 公里，從一開始就遭遇了線路設計、車站選址、沿線拆遷等眾多問題。部分香港市民認為造價過高，且對高鐵能帶來的經濟效益持疑，對政府決策不滿。香港反對派則利用立法會的會議程序，盡可能延遲撥款。當地黨派中的政治博弈也使工期愈拖愈長，隨着時間推移，工程造價、用工成本也在不斷增高。據香港政府統計處數據，以混凝土工人為例，2010 年，香港混凝土工人平均日薪約為 940 元，到了 2015 年底，這個數字增加到 1,904 元。除了政治上的博弈，香港高鐵工程上也頻遇難題。2015 年 6 月，港鐵再次宣佈延期，通車時間延後至 2018 年第三季，而高鐵造價升至 853 億港元。[43] 為此，高鐵香港段需再追加 196 億元的撥款，否則將影響其順利完工和全線的正常營運。

2016 年 3 月，香港立法會召開了關於「高鐵追加 196 億元撥款申請」議案的審議，然而卻遭到立法會反對派的百般阻撓和「拉布」，高鐵香港段工程面臨嚴重危機，在香港社會引起強烈的反響。在此關頭，香港潮州商會在內的香港多個社會團體出來發聲，聲援支持通過追加撥款，發表贊同立法會「通過高鐵香港段追加撥款」議案的聲明。時任香港潮州商會第

---

43 〈開往香港的高鐵〉，搜狐網，2018 年 10 月 14 日，http://www.sohu.com/a/259444691_220034。

五十屆會長胡劍江公開表示，「廣深港高鐵對香港經濟帶來多方面的利好作用，同時高鐵將加速粵港兩地民眾往來，推動兩地交流合作。」[44] 香港潮州商會榮譽顧問陳智思其時在接受媒體採訪時也表示，如果追加撥款議案不能通過，後果將非常嚴重，逾五千名工人生計將受牽連，只有完成高鐵建造，才符合香港整體利益。香港潮州商會榮譽顧問，時任香港立法會財委會代主席的陳鑑林果敢「剪布」，促使高鐵追加 196 億元撥款申請最終獲得通過，不僅避免了停工的厄運以及白白虛耗百億元計的善後資金，而且保障高鐵香港段的竣工，進一步完善了香港運輸基建網絡。

香港潮州商會支持香港立法會通過「廣深港高鐵追加撥款」議案，一定程度上凸現了其在政治過程中參與或影響政策制定的政治功能。

4. 維護社會穩定

當代香港潮州商會積極參與各項社會事務，旨在維護會員利益以及促進香港社會繁榮發展，具有維護社會秩序與社會穩定的積極功能。正如作者在與時任香港潮州商會副會長 GPX 進行深度訪談時，她表示：

> 因為社會上聲音比較雜亂，所以為了維持社會的穩定，我們也得出來發聲。社會需要更多的正能量，所以我們就得參與政治，不是說為了政治而政治，而是為了正能量，社會穩定……我們不僅僅是修改了章程，我們確實還都在做，比如說每次的立法會選舉，我們都要去支持愛國愛港力量的選舉活動，在事前事中以及就任後，我們都是支持的，目的主要是要香港穩定繁榮，或者平時愛國愛港力量有什麼需要，我們出錢出力的都參與了。

44 胡劍江：〈落實「一地兩檢」，助力香港發展〉，《香港潮州商會會刊》，2017 年 9 月，第 115 期，第 17 頁。

回歸以來，香港潮州商會進一步凝聚會員鄉親力量，促進工商發展，貢獻社會經濟力量；加強與各兄弟會及各界人士的聯繫，更多參與社會事務，鼎力資助香港潮籍基層社團的成立，為愛國、愛港、愛鄉盡力；支持香港《基本法》，支持特區政府依法施政，廣泛參與社區服務，關愛和諧社會的構建，使其自身成為香港重要的穩定力量；傳承與弘揚中華文化，熱心教育事業，設立「香港潮州商會獎學金」，重視青年人才培養；致力於公益福利事業，每逢災情必定帶頭慷慨捐輸，慈善賑災；拓展全球潮籍團體聯繫網絡，參與和推動國際潮團總會這一跨國社團網絡體系的構建和完善，支持成立「國際潮籍博士聯合會」，加強全球潮籍高端人才的團結與交流，增加商會影響力和知名度；多年來積極參與內地各省市地區的招商引資工作，增強香港與內地的緊密合作；熱愛和關注家鄉，為粵東一體化發展和家鄉經濟社會發展出謀獻策；與此同時，積極開展與「一帶一路」沿線國家潮籍鄉親之間的交流和合作。

研究表明，當代香港潮州商會在社會合法性、合縱連橫內部治理結構、多元化的社會網絡體系以及與香港特區政府和內地政府良好合作關係等因素的共同作用下，其傳統文化教育、社會公益、推進商務、參與社會公共事務管理等社會治理功能表現突出。尤其要指出的是，1997 年香港回歸以後，隨着「一國兩制，港人治港，高度自治」制度的實行以及香港政治生態的急劇而複雜的變化，香港潮州商會逐漸突破之前「在商言商，不參與政治」的禁錮，在多元的政治參與中愈來愈彰顯其政治功能。可以說，當代香港民間商會已成為香港社會合作治理模式中重要的組成部分，並發揮着不可替代的功能。

回歸後香港潮州商會參政議政功能凸現的現實邏輯

香港潮州商會長期以來遵循「在商言商、不參預政治」的古訓，並且在 1970 年的會員大會上，通過修改章程，將「不參預政治或參加政治活動」增加到組織大綱第三節第 15 條中。然而，1997 年香港回歸後，香港潮州商會轉變了之前冷淡的政治態度，開始積極參政議政。這種政治參與態度的轉變，與現時香港特殊的社會背景和複雜的政治生態有密切關係。以下從時代背景、前提條件與實現機制三個層面來討論香港潮州商會回歸後政治功能凸顯的成因。

第一節　香港潮州商會參政議政功能凸現的時代背景

近現代香港潮州商會秉承先輩「在商言商」的古訓，甚少涉及或參與政治。但是，隨着時代的變化以及潮商在香港的崛起，已有少數潮人社會精英順勢而為涉足政界了。例如香港潮州商會名譽會長吳康民自 1975 年起任第四、五、六、八、九、十屆全國人民代表大會港區代表，前後時間跨度達三十三年；香港潮州商會名譽會長、南洋商業銀行創辦人莊世平曾經兩次擔任全國政協常委，連任五屆全國人大代表；前香港潮州商會會長、泰國盤谷銀行創辦人陳弼臣之子、亞洲金融集團董事長陳有慶是第七、八、九、十屆人大代表，兼任全國僑聯副主席。回歸以後，隨着香港政制發展以及社會政治生態變化，香港潮州商會改變了以往「在商言商，不參預政治活動」的政治態度，開始積極地參與政治，鼓勵成員參政議

政，凸顯其在政治領域的功能和作用。

一、政治制度的轉型

近代香港被割佔以來，英國在香港推行了高度集權的殖民統治，港英政府最高行政長官是總督，港督受命作為英國的殖民地大臣，代表英皇對香港實行管治。港督集行政、立法和司法三權於一身，同時兼任駐港英海、陸、空三軍總司令，擁有至高無上的權力，其權力依據來自《英皇制誥》和《皇室訓令》。《英皇制誥》確立了香港所有權力集中在港督，而英國皇室對港督和政府有絕對的控制權，這個時期的港英統治具有強烈的專制主義色彩，香港民眾完全被排除在政治權力之外。

現代以來，港英政府為了鞏固其對香港的殖民統治，以港督為權力中心，形成了以行政為主導加上所謂的「廣泛民主諮詢」的政制，表面上似乎是行政、立法和司法三權分立，實質上立法局和行政局只是港督的諮詢機構，港督擁有緊急立法權和解散立法局、任命法官的權力，在港督與行政局議員意見不一致的情況下，港督可以否決行政局議員的意見。也就是說，彼時的港英政府為了取得較為廣泛的社會合法性，將一部分社會精英吸納進港英政治體系，欲就重大民生問題廣泛諮詢民意，從而形成所謂的「行政吸納政治」和「諮詢性民主」的政治運行模式，但那時還沒有建立起向社會開放政治權力的制度化機制。行政局和立法局的官守和非官守議員都由港督委任，沒有選舉的成分，缺乏代表性和認受性。雖然委任了少數的華人精英進入立法局和行政局，但他們多為接受英式教育的買辦或富商，而遍佈民間的社團及其領袖大多從事聯誼、互助、慈善、救濟等服務，缺乏進入港英殖民管制體系的途徑和渠道，難以反映和代表當時普羅大眾的民意。因此，當時的香港仍處於傳統殖民政治階段，其政制依然是一個以港督為中心的、封閉的、單一層次或單向度的政制結構。

可以說，長期的殖民統治以及自由發達的市場經濟體制，使香港人政治冷淡、政治參與程度較低。在現代港英政府的殖民管治下，香港民間商會及其成員們大都「悶頭掙大錢」，不過多涉及和關心政治。

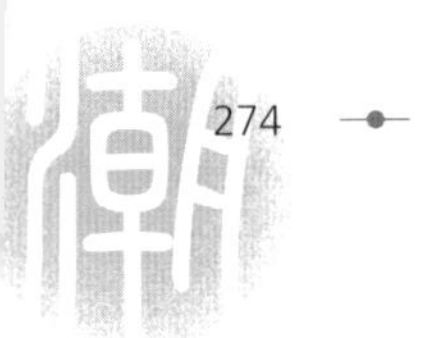

然而，從 1980 年代起，香港隨着政制的多次調整，原來單向度的結構逐漸地瓦解，並發展成為一個開放的、多層次的、多維的政制架構。第一，從政制與社會的關係來看，香港的政制逐步由封閉走向開放，開始由傳統型的政制向現代型政制轉變。1980 年代初，港英政府推行的地方行政改革即建立區議會和實行區議會選舉，這是開放香港政治權力之門的第一步。事實上，區議會是一個基層民意機構，在建立之初便設立了民選議席。1981 年，港英政府開始在區議會實行直接選舉，從此，便打開了一個社會力量進入政治權力體系之門。此後，港英政府繼續推行更進一步的代議制改革，選舉機制逐步被引入權力核心層面的立法局。1997 年第一屆行政長官和 2002 年的第二屆行政長官分別由 400 人與 800 人的選舉團選舉產生，香港最高行政首長的產生也向社會開放了。經由以上的政制改革，民意得以逐步進入到政治體系，並影響着政策的制訂。第二，從政制的縱向結構來看，香港的政制逐步由原來港英政府單層結構向港府和區議會雙層結構轉變。1999 年，香港特區政府取消兩個任期屆滿的臨時市政局建制，並由港府新設立的部門承擔其職能，經過這次調整，香港政制的縱向結構便形成現今的兩級結構了。第三，從政制的橫向結構來看，香港的政制逐步由港督不受限制的、絕對的行政主導向港督受限制的行政主導轉變，最終發展成為現在的行政長官對立法會不具備一定優勢的、相對行政主導的模式。[1]

由此可見，自 1980 年代以來，港英政府通過近二十年的政制調整和改革，將原來集中的、封閉的、單向度的政制結構逐步瓦解，形成一個開放的、多層次的、多維度的政制格局，香港的政治權力一步步向社會開放和下沉，促使社會力量得以進入政治權力體系之門。隨着愈來愈多不同政團、不同界別人士進入到香港區議會、立法會等政治體系內，並借此得以

1 參考自周平：〈20 多年來香港政治生態的改變〉，《雲南大學學報（社會科學版）》，2005 年第 4 期。

參與社區治理或參與政策制定，港人的政治覺悟和政治熱情被激發了，香港潮州商會及其會員也不例外。

1997 年 7 月 1 日香港回歸祖國，香港的政制發生了根本性變化，從港英殖民統治政制向香港特別行政區高度自治的政制轉型。在《中華人民共和國憲法》和《基本法》上建立起來的香港特別行政區實行「一國兩制」、「港人治港」、「高度自治」的政治制度。香港政治制度的轉型為港人政治參與提供了制度保障，更為增強了港人參政議政的熱情。在此時代背景下，香港潮州商會作為愛國愛港社團，也開始轉變其以往不參與政治活動的態度和立場，公開支持貫徹《基本法》和「一國兩制」方針政策，支持香港特區政府依法施政，並通過各種途徑和方式參政議政。

香港回歸後，「一國兩制」、「港人治港」、「高度自治」的政制讓潮人逐漸強化了爭取合法政治權利的態度，香港潮州商會也一致響應政府號召，鼓勵會員及廣大鄉親參加區議會、立法會等各級選舉，與此同時，也有很多會員進入全國以及內地家鄉的人大、政協、工商聯、僑聯等政治體系內任職。有鑒於此，香港潮州商會會董會認為原有章程中不支持政治參與的相關規定與當代香港政制、時代背景及現實狀況有較大衝突，需要更新，因此，提出了修改章程的動議，即將原來章程中「在商言商、不參預政治活動」規定刪除。但是，修改章程是嚴謹之事，需要醞釀並經過會員大會表決等程序。自 2000 年開始，經過了三屆董事會的努力，香港潮州商會章程中有關「不參預政治活動」的相關表述於 2006 年得以修改並實施。

隨着香港的政制發展，香港潮州商會改變潮商以往「在商言商，不參預政治」的習慣做法，一方面，在支持落實《基本法》和「一國兩制」以及香港社會政治改革的關鍵時刻，表達鮮明政治態度和政治立場，積極發動和團結愛國愛港力量，支持香港特區政府依法施政；另一方面，協助政府諮詢民意，鼓勵潮商和潮籍人士積極參政議政，充分發揮了潮人及其社會團體的影響力。時任香港潮州商會秘書長 LFL，他在香港服務潮籍社團已有 25 年，他也曾談到：

自回歸以來，香港的潮州鄉親在政治方面有更多的參與，不再是單純地局限在慈善公益，出錢出力方面了。

時任香港潮州商會常務會董 ZJY 也説：

潮州人傳統上是在商言商，不太碰政治層面，但現時形勢不同，都要參與政治了…… 商會要做的就是使商人的聲音如何發出來，要有商界的代表在立法會裏面，令商人的利益得到保障。[2]

二、政治文化的嬗變

政治文化，是指在某個地區某個特定的歷史時期內，民眾對該地區的整體政治制度、具體政府機構以及個體在該制度下的角色與作用的認識、喜惡與評判。[3] 隨着社會、經濟和政治的發展，香港的政治文化也發生根本性的轉變，逐步從非參與型的政治文化發展成為參與型的政治文化。

自 1980 年代港英政府進行政制改革以來，香港政治文化發生了根本性的變化。如前所述，1980 年代以前，香港市民普遍政治冷淡，缺乏政治參與意識，其政治文化屬非參與型政治文化。1980 年代以後，隨着香港政改的推進，公眾日漸消除了政治冷漠，政治熱情逐步升溫，香港這座商業城市的政治色彩也愈來愈濃厚了。回歸二十年來，香港的政治文化已然屬參與型政治文化。第一，香港民眾自我意識和本土意識的加強，成為香港政治文化轉型的心理基礎。[4] 進入 1980 年代以後，歷經人口的自然更

2 王亞娟：〈香港潮州人：從商業巨擘到政治新秀〉，《超訊》，2017 年 1 月。

3 夏瑛、管兵：〈香港政治文化的嬗變：路徑、趨勢與啟示〉，《中山大學學報（社會科學版）》，2015 年第 6 期。

4 參考自周平：〈20 多年來香港政治生態的改變〉。

替，原本來自內地的香港移民後代逐漸成為人口的主體，其移民意識也不斷淡化，而個人身份定位和身份意識日漸明確，自我意識和本土意識也逐步生成，尤其回歸以後，民眾的個人權益和政治權利得到更加有效的保障。與此同時，伴隨 1960、1970、1980 年代經濟的快速發展，香港日漸成為世界矚目的自由港、貿易中心和金融中心，香港進入了世界發達地區的行列。這些在為香港居民帶來巨大經濟利益的同時，也給他們帶來了獲得感和滿足感，激發了他們的自我意識和本土意識，進而為香港形成參與型政治文化奠定了重要的心理基礎。

第二，強烈的政治社會化過程，深刻地影響着港人的政治心態，推動了香港政治文化的轉型。[5] 從 1984 年《中英聯合聲明》簽署至香港回歸前，中英談判、政制代議制改革、香港《基本法》起草、新機場建設等與港人切身利益相關的政治事件和政治問題源源不斷湧現出來，對香港居民原本漠視政治的心態形成了激烈的衝擊，密集的政治社會化過程，無疑成為了推動香港政治文化由非參與型向參與型轉變的強大力量。正如阿爾蒙德所說的那樣：「政治社會化是政治文化形成、維持和改變的過程。」[6]

第三，廣泛的政治動員、多元的政治實踐活動以及制度設計中政治參與途徑和機會的增加，推高了香港市民政治參與的熱情，也有力地推動了香港政治文化的轉型。回歸前後，不論是港英政府，還是內地政府都在香港社會進行了廣泛的政治動員。例如港英政府推行的區議會、市政局和立法局選舉，內地政府進行的香港《基本法》草案意見徵求，各個政團與相關人士的競選活動……這些與港人利益和前途命運緊密相關的政治實踐活動無不都牽動着港人的心，推動着他們政治參與意識的形成，從之前的政治冷淡走向對政治的關注。

---

5 參考自周平：〈20 多年來香港政治生態的改變〉。

6 〔美〕加布里埃爾．A．阿爾蒙德、小 G．賓厄姆．鮑威爾：《比較政治學：體系、過程和政策》，上海：上海譯文出版社，1987 年，第 91 頁。

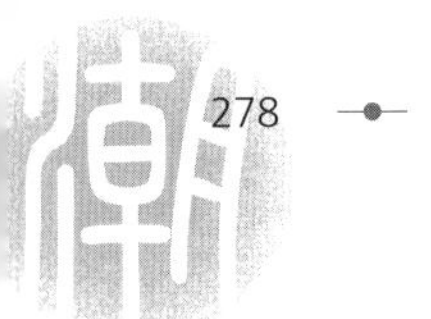

政治文化的改變也促使香港市民政治行為的變化，比如開始習慣通過政治參與來爭取和維護自己的利益，集會、遊行、示威已經成為常態。香港有部分專業界人士，例如律師、大學教職人員、中小學教師、社會工作者等開始走上街頭，參與街頭政治抗爭，爭取政治利益；或者通過加入政團來表達自己的政治立場和政治訴求。從這一角度來看，香港的政治文化已經從非參與型轉變為參與型了。

三、政治紛爭的加劇

長期以來，複雜的歷史和社會背景，使香港政治生態呈現複雜性。尤其回歸前後，香港政治泛化和社會撕裂嚴重，政治紛爭不斷加劇，香港社會已出現了「泛民」、「本土激進」、「港獨」等反對勢力。

香港「泛民」是泛民主派的簡稱，或稱為「反對派」，泛指要求所謂「真普選」的政治及社會人物。香港「泛民」並無正式定義，但有一些共同訴求，一般包括要求行政長官和立法會盡快推行全面普選、注重監察政府運作、視「人權」、「平等」、「公義」、「言論自由」等為社會的重要價值。「泛民」並非正式組織，但在選舉、議會審議一些重要議題、或組織一些大型民間運動，例如遊行時，「泛民」人士有時會進行協調。「泛民」成員有代表藍領階級的政治人物、也有主要服務中產階層以及專業人員的人物。「泛民」包括多個政黨、政治組織及一些獨立人士。回歸之後，「泛民」常打着民主的旗號，「逢中必反」，逢特區政府必反，在立法會「拉布」，阻礙香港特區政府依法施政，不顧香港的實際情況，不顧香港的整體利益，製造混亂，破壞香港民眾的福祉，危害香港的穩定和繁榮。

香港「本土派」以反內地為主要標誌，二十一世紀初以來，香港「本土意識」最初以文化思潮的形式出現，香港少數文化精英借此提出其自治訴求和民主訴求，希望激發香港「本土意識」，構造香港本土論述，實現所謂「香港完全自治」的政治目的。他們不但要求香港與內地區隔，而且不願意尊重中華人民共和國的領土主權完整，要求突破「一國兩制」框架，否定中央政府對香港的全面管治權，主張修改政治、經濟、社會、文

化等制度的最終決定權只能在香港人手中等。香港「本土派」的形成既是西方中心主義主導部分香港民意以及回歸後「去殖民化」缺失等的結果，也是香港產業空心化、貧富懸殊、階層固化和相對於內地的比較優勢逐漸衰退等的產物，主要激進香港青年本土派自 2012 年逐步出現於香港政治舞台，並在 2014 年「佔中」後逐步壯大。[7]

「港獨」是指企圖把香港特別行政區從中華人民共和國分裂出去，繼而在政治、經濟、社會等方面與中國內地脱離關係，並令香港獨立的舉動。「港獨」份子不同於一般的反對派人士，他們反對「一國兩制」，反對《基本法》，旨在摧毀特區政府管治權威，毀掉香港法治基石，從根本上挑戰「一國兩制」原則底線和國家主權與權威，最終促使香港的分離與獨立。「港獨」在 2014 年「佔中」期間的表現已嚴重危害香港的社會穩定，造成社會分裂對立，損害香港和平發展，傷害內地民眾感情，危害中國國際形象。而在近年，「港獨」勢力愈發猖獗，裹挾市民和青年學生在香港製造一系列暴力事件和暴力破壞行為，其政治企圖昭然若揭。

面對上述香港各種反對勢力及其亂港暴行的挑戰，香港的民間商會組織及其成員也開始關注政治或涉足政治領域，通過政治參與，表明政治立場和表達政治訴求。香港潮州商會作為愛國愛港社團，在香港社會撕裂和政治紛爭加劇的形勢下，也從之前不參預政治活動轉而參與政治，並鼓勵成員積極參政議政。前香港潮州商會會長 HJJ 在接受《超訊》記者採訪時就表示：

> 這麼多年來我在北京及內地其他城市接受國情教育，有一種實事求是、愛國愛港的情懷。回歸以後，別有用心的勢力在亂港，潮州人關注的營商環境會遭到破壞。我們都在這個環境下，我看不到我們可以置身度外的理由。港人治港，

---

7 參考自魏藍枝：〈香港青年本土派的政治崛起與走向〉，《中國青年研究》，2019 年第 9 期。

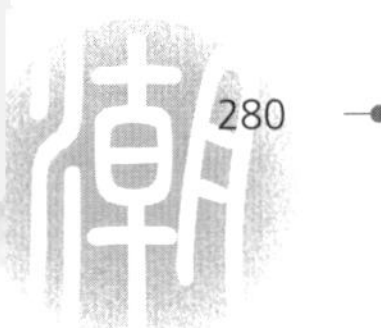

我們潮州人必然要參與。香港是商業社會，營商環境遭到破壞，我們的生活環境遭到破壞，「一國兩制」的好未來遭到破壞，我們沒有理由不挺身而出。[8]

第二節　香港潮州商會參政議政功能凸現的前提基礎

長期以來，香港潮州商會與內地保持着緊密的關係，不管是在抗日戰爭、解放戰爭時期，還是改革開放時代，其為祖國都做出應有的努力和貢獻。而在為推動香港順利回歸祖國，平穩過渡等方面，香港潮州商會也發揮了積極作用，客觀上開始有了政治參與的實踐與行為。值得指出的是，回歸後香港潮州商會因應時代變化的需要，於 2006 年修改章程，將其原來章程組織大綱中「不參預政治或參加政治活動」的規定撤銷，這可以看作是香港潮州商會政治參與的正式標誌，也是香港潮商以及香港各行業潮籍精英作為一個整體強化其政治參與和凸顯其政治功能的一個里程碑。與此同時，香港潮州商會還通過各種途徑、方式、機制進入香港特別行政區以及國內政治體制之中，不僅積極參政議政、建言獻策，而且廣泛投身於社會治理之中，表明了其愛國愛港愛鄉的社團性質與政治立場；其政治參與的程度和政治功能的發揮有明顯的增強。

以下從經濟實力、政商關係、政治生態、國際外部環境以及社團領袖的引領作用五個方面來探究當代香港潮州商會政治態度轉變並積極投入和參與政治的前提條件。

8　王亞娟：〈香港潮州人：從商業巨擘到政治新秀〉，《超訊》，2017 年 1 月。

一、雄厚的經濟實力

一般來說，經濟發展水平愈高，政治參與的水平和層次就愈高。正如亨廷頓說過：「高水平的政治參與總是與更高水平的發展相伴隨的，而且社會和經濟更發達的社會，也趨向於賦予政治參與更高的價值。」[9]

經過 1950 至 1970 年代經濟的迅速發展，到 1980 年代香港已經成為一個獨特的充滿活力的經濟體。1962 年香港的人均生產總值為 2,080 元，1972 年為 5,869 元，1982 年為 30,006 元，1992 年為 127,778 元，三十年間增長了 61 倍多。[10] 財富的迅速增加，激發起港人擁有自己能夠影響或控制的政制來保障自己利益的衝動，在利益驅動下其政治參與意識迅速高漲。至 1980 年代以後，港人的本土意識和民主意識快速形成，經濟的快速發展，更加速其政治社會化的推進。可以說，快速的經濟發展與雄厚的經濟力量，為香港社會轉型與民主政治發展提供了必要經濟基礎。

現時香港潮商被視為團結和會做生意的族群，在香港大概每 6 個人中就有 1 個潮人，而在香港的上市公司中，潮商約佔三分之一。香港貿易發展局前總裁施祖祥也曾經公開說過，香港潮籍人士主理的上市公司資產，大概佔全港上市公司總資產的三分之一。這說明了潮州人在香港潛在的力量，也說明他們對香港經濟建設能起的作用。[11] 可見，當代在港潮商具有雄厚的經濟實力（詳見表 6.1）。

---

9 ［美］塞繆爾・亨廷頓、瓊・納爾遜著，汪曉壽等譯：《難以抉擇 —— 發展中國家的政治參與》，北京：華夏出版社，1989 年，第 174 頁。

10 汪永成：《雙重轉型：「九七」以來香港的行政改革與發展》，北京：社會科學文獻出版社，2002 年。

11 蕭玲：〈透析香港潮籍社團的社會地位和影響〉，《世界潮商》，2010 年第 31 期，第 2 頁。

表 6.1 2021 年香港潮商上市公司總市值排行表（不包括排名 100 強後）

排名	企業名稱	董事長／創始人、實控人	行業	總市值（億元）
1	長和	李澤鉅／李嘉誠	地產發展／投資／代理	
2	長實集團	李澤鉅／李嘉誠	地產建築業	1463.83
3	長江基建集團	李澤鉅／李嘉誠	基建／公路修建及運營	1022.48
4	電能實業	霍建寧／李嘉誠	電力	847.57
5	中國生物製藥	謝其潤	醫療及製藥	841.03
6	港燈 -SS	霍建寧／李嘉誠	公用事業	552.49
7	和黃醫藥	杜志強／李嘉誠	醫療保健	400.61
8	電訊盈科	李澤楷	電訊服務	249.55
9	卜蜂國際	謝吉人／謝國明	農業產品	224.29
10	冠君產業信託	羅嘉瑞	房地產投資信託基金／證券投資組合	193.62
11	鷹君	羅嘉瑞	地產發展／投資／代理	130.26
12	九龍建業	柯為湘	地產發展／投資／代理	99.05
13	珠光控股	朱慶淞	地產發展／投資／代理	95.68
14	信利國際	林偉華	工業	85.76
15	長江生命科技	李澤鉅／李嘉誠	藥品及生物科技	58.13
16	利福國際	劉鑾鴻	零售	52.66
17	和記電訊香港	李澤鉅／李嘉誠	電訊服務	49.34
18	永泰地產	鄭維志	地產建築	46.84
19	佳兆業集團	郭英成	房地產開發與經營業	44.72
20	華人置業	劉鳴煒／劉鑾雄	地產發展／投資／代理	44.59
21	麗新發展	林建岳	地產建築	33.66
22	TOM 集團	陸法蘭／李嘉誠	媒體及娛樂	29.77

（續上表）

排名	企業名稱	董事長 / 創始人、實控人	行業	總市值（億元）
23	亞洲金融	陳有慶	金融服務	27.89
本榜單香港潮企市值總和				8170.44

注：排名以 2021 年 12 月 31 日收市值統計為準，100 強以外的潮商上市公司不在此表之列。
資料來源：由天下潮商傳媒集團編制的 2021 年潮商上市公司（滬深港）總市值百強榜排行榜。

據統計，現時香港潮籍人士約 120 多萬人，大概佔香港總人口的六分之一。從抱團取暖到強強聯合，他們在香港各功能界別中人才輩出，而且在獲得事業成功的同時，也愈來愈多地關注政治領域。他們希望通過政治參與，為自身和商會利益以及香港政制與經濟社會發展創造良好的市場秩序和社會環境。因此，回歸以後，香港潮州商會會員們在專注經商的同時也涉足政治領域，並逐漸發展成為香港參政議政的有生力量，尤其歷屆商會首長年輕的二代三代也開始在政治舞台上嶄露頭角，例如香港潮州商會第三十二、三十三屆會長陳有慶的兒子陳智思，曾為香港特區政府行政會議的召集人；香港潮州商會第四十九屆會長張成雄的兒子張俊勇，為第十三屆全國人大港區代表等。

雄厚的經濟地位有利於政治地位和政治影響力的崛起。一般來説，經濟地位一定程度上決定着其社會地位、受教育的機會以及政治參與的心理、動機和技能；較高的社會經濟地位使香港潮州商會具有更有利的政治參與條件，比如政治參與需要相應的人才、資金、充分的信息、良好的社會關係和社會支持等各種政治資源；較高的社會經濟地位使香港潮州商會成員們有更多的方式和途徑進入政治體系，從而獲得更多的政治參與機會。香港潮商雄厚經濟地位為他們政治參與提供了前提和基礎。

香港資深傳媒人、愛佑（香港）慈善基金會總幹事郭一鳴在回答《超訊》記者採訪中有過這樣的表述：

潮州人參政議政的風氣主要來源於香港潮州人的後人。

> 早年來香港打拼的潮州人因為種種條件受限制，把主要精力放到經商謀生存方面。但他們的二代、三代就不一樣了，他們也有了更多的東西，也會講普通話、英文，跟世界溝通毫無障礙。他們有父輩給他們打下的經濟基礎，但他們想要更有作為，要維護自己的利益⋯⋯這些潮汕二代、三代和其他社群相比較而言有兩方面優勢，一個是較好的經濟實力作支撐，還有一個則是，父輩傳承下來的靈活、聰明、肯吃苦等在生意場上成功的因素，放到政治中來同樣也是優勢。[12]

二、良好的政商關係

從近代移居香港的潮商，與政府的關係經歷了一個由疏到近的發展過程，尤其回歸之後，隨着香港政治生態急劇的變化，香港潮州商會更為注重與香港及內地政府建立良好的互動關係。

香港回歸祖國以後，作為愛國愛港社團，香港潮州商會發動會員全力支持香港特區政府依法施政，堅決擁護《基本法》和「一國兩制」的方針，積極參與「港人治港」，為香港的持續經濟繁榮和社會穩定作出不懈努力。香港潮州商會與港府保持着良好的互動關係。首先，商會每屆會董就職典禮，香港潮州商會都會邀請香港特區政府行政長官以及其他港府相關部門官員出席會議並致辭。例如 2001 年，香港潮州商會舉行八十周年會慶暨第四十二屆會董就職典禮之時，時任香港特區政府行政長官董建華出席會議並致辭説：「八十年來，香港潮州商會和旅港一百多萬潮州人與香港共同成長。香港回歸後一度經受了亞洲金融風暴的衝擊，而香港潮州商會一直支持特區政府依法治港的政策。」[13] 歷屆香港潮州商會會長在會董就職儀式及慶典活動中，都會公開表明「壯大愛國愛港力量，支持特區

---

12 王亞娟：〈香港潮州人：從商業巨擘到政治新秀〉，《超訊》，2017 年 1 月。

13 〈八十周年會慶暨第四十二屆會董就職典禮〉，《香港潮州商會成立八十周年紀念特刊》，香港潮州商會出版，2002 年 12 月，第 93 頁。

政府依法施政」的政治態度及政治立場。

其次，香港潮州商會還通過每月商會例會的形式，定期與不定期邀請香港特區政府相關官員以及專家學者到商會為會員做專題講座或培訓，以增強會員對時政的了解和提高會員的政治理論水平與政治覺悟。

再者，回歸以後，在特殊的社會背景和複雜的政治環境之下，香港特區政府依法施政受到了極大的挑戰和阻礙，很多關乎香港政制發展以及重大民生問題的議案在立法會都遭到「泛民」反對勢力的惡意反對，百般阻撓和「拉布」。在這些重要的歷史節點和關乎香港利益問題的事件上，香港潮州商會都會站出來，通過登報發表聲明、組織成員出街站台、運用新媒體發聲等多種方式表達堅決支持香港《基本法》，堅決支持全國人大常委會釋法，堅決支持香港特區政府依法施政。

2016 年 11 月 13 日，香港「反港獨，撐釋法」大聯盟號召的全港集會在立法會一帶舉行。逾五萬人齊聲向「港獨」說不，香港潮州商會首長、會董、同仁、義工以及廣大潮籍鄉親過千人，到場支持大聯盟，表達商會同仁及潮籍鄉親與廣大市民的共同心聲，反對「港獨」在港滋生蔓延，並全力支持人大釋法，堅決支持全國人大常委會對《基本法》第 104 條進行解釋，認為這次「釋法」是維護國家主權、安全和領土完整，維護「一國兩制」順利實施以及捍衛香港法治必要和及時的重要舉措，具有劃清底線，定紛止爭的作用，是次釋法有助於立法會盡快消除亂象，運作重歸正軌。

2018 年 2 月 25 日，香港潮州商會首長們出席由香港廣東社團總會舉辦的「支持『一地兩檢』本地立法花車大巡遊」活動，並發聲指出，全國人大常委會批准在廣深港高鐵香港段的西九龍總站實施「一地兩檢」安排，合憲合法、合情合理；香港和內地同屬一個國家，實施「一地兩檢」方案完全可行，明確表達了堅決擁護全國人大常委會就香港西九龍總站實施「一地兩檢」方案所作的決定；希望各位立法會議員以廣大香港市民的福祉為依歸，支持「一地兩檢」本地立法通過，為香港長遠發展作出貢獻。

與此同時，回歸以後，香港潮州商會也加強與內地政府的聯繫和互

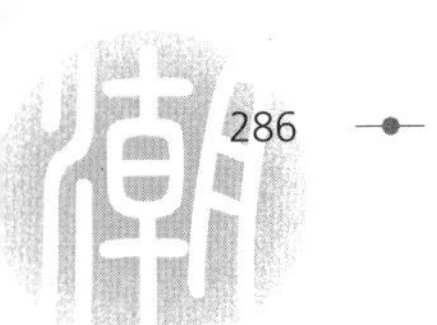

動，經常組織成員到訪北京和內地各省市，與內地政府保持密切良好的關係。2016 年 12 月 13 日，中共中央政治局常委、全國政協主席俞正聲在北京釣魚台國賓館會見了香港潮州商會參訪團全體成員。俞正聲在會面中讚揚香港潮州商會是「百年老會」，始終堅持愛國愛港立場，為促進香港繁榮穩定和內地改革發展，為中華民族解放和復興作出了積極貢獻；他對香港潮州商會提出三點希望：一是希望堅持愛國愛港的傳統，堅定中華民族偉大復興的目標，堅定「一國兩制」的決心和信心。二是中央政府全心全意希望香港同胞生活愈來愈好，而發展香港要靠特區政府和香港廣大同胞共同努力，大家要支持特區政府依法施政，千方百計促進香港經濟繁榮，用發展經濟來促進穩定。三是希望商會繼續更好地參與內地的發展建設，抓住內地供給側結構性改革的機遇，在促進會員事業發展的同時，促進內地的發展建設。[14]

2017 年 6 月 12 日，國務院總理李克強在北京出席第二屆世界華僑華人工商大會並發表重要講話，時任商會會長胡劍江作為世界華僑華人工商大會代表獲得李克強總理親切接見。李克強總理指出，百年歷史的香港潮州商會，長期以來對國家的經濟建設和改革開放事業都作出了重要貢獻。在國家推進「一帶一路」重要發展戰略之際，作為立足在「一帶一路」的重要節點，香港潮州商會同樣積極主動參與其中，為國家「一帶一路」的建設貢獻力量。

由此可見，回歸以後，香港潮州商會與香港特區政府和中央政府以及內地地方政府都保持着良好的政商關係，這也為其政治參與提供了有利條件。

三、發達的市民社會

市民社會是市場經濟的必然產物，是現代民主政治的發展基礎，是一

14 〈俞正聲會見香港潮州商會參訪團〉，人民網，2016 年 12 月 14 日，http://cpc.people.com.cn/n1/2016/1214/c64094-28947220.html。

個政治共同體內的一種介於「公域」和「私域」之間的廣闊領域。它由相對獨立而存在的各種組織和團體構成。它是權力體制外自發形成的一種自治社會，是衡量一個社會組織化、制度化的基本標誌，具有自願性、獨立性、民間性、非營利性以及制度性等特點。

發達、活躍的市民社會不是民主政治的充分條件，卻是必要條件。市民社會的興起對社會政治生活將產生重大影響，在一定程度上將改變社會的治理狀況，有力地促進了社會的善治，尤其是對公民的政治參與、政治民主化、政府的廉潔與效率、政府決策的民主化和科學化等具有重要的意義。

香港社會的一大特色就是市民社會相當發達，從其開埠至今，各式各樣地緣、血緣、業緣、學緣、宗教的以及綜合性的社團組織隨處可見，不僅數量眾多，而且發育較為成熟。據香港社會服務聯會統計，2018 年香港按《社團條例》登記的社團數目有 37,170 個。[15] 從服務的性質看，香港民間團體的類型是多元化的，分佈於經濟、文化、宗教、法律、政治、醫療、福利、環保以及慈善等領域。現時，香港政府主要是通過兩個途徑來對在港的民間團體實施管理。第一，通過香港現存的成文法法例匯編《香港法例》第三十二章《公司法例》規定，民間商會等民間團體只要依照香港《公司法例》在港府公司註冊署註冊，便可以成為合法的法人團體。第二，是根據《香港法例》第一百五十一章《社團條例》規定：任何會社、公司、三人及以上的合夥或組織，不論性質或宗旨為何都可到香港警務署進行社團註冊。此外，與香港社會組織的運行、籌款、監管等直接相關的法律除了有《社團條例》、《公司條例》外，還有《税務條例》、《津貼及服務協議》、《服務表現監察制度》、《慈善機構及籌款活動管理》、《慈善籌款活動最佳安排參考指引》以及其他具有法定地位的組織各自制定的條例，如東華三院條例及保良局條例等等。

---

15 引自「香港社會指標網站」，社會領域指標中「公民社會力量」統計表，https://www.socialindicators.org.hk/chi/indicators/strength_of_civil_society/3.1。

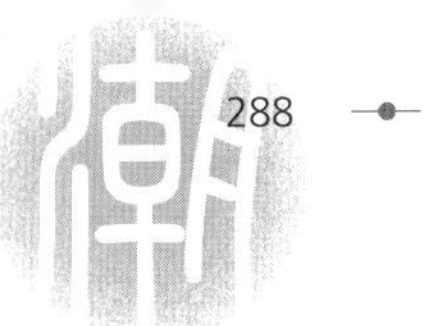

發達的市民社會成為港人參與政治、表達政治訴求、尋求政治權益的另一種途徑和渠道。而香港潮州商會及其成員也不例外，發達、活躍的市民社會為其參與政治事務提供了平台和途徑。長期以來，香港潮州商會及其成員正是借助在各種各樣愛國愛港社團任職的方式參政議政，建言獻策。例如通過社團收集成員及社會公眾的意見和要求，討論和協商各種政策議題，同時，又將整合的政治訴求及政策建議傳遞給有關政府及政策部門，力圖使政策方案更加符合香港的整體利益和社會實際情況。

四、社團領袖的引領作用

「引領」一詞在《現代漢語新詞語詞典》中解釋為「引導;領導(潮流、做法等)」。[16]那麼，引領力就是指引導社會潮流、帶領社會實踐的能力。文中「社團領袖」主要是指愛國愛港的社團領袖。基於此，香港愛國社團領袖的引領力可以理解為香港社團領袖在愛國愛港的前提下，能夠審時度勢，提出順應時代發展的思想理念和實踐方案，並引導和帶領社團成員以及社會大眾實現共同奮鬥目標的綜合能力，具有風向標以及帶頭示範榜樣作用的特點。

如前述及，香港社團組織相當發達，各式各樣社團成為香港社會一道亮麗的風景線，林林總總的愛國愛港社團在維護香港市場秩序以及維持香港社會秩序中發揮着一定的作用與功能。與此同時，也培養出一批批愛國愛港的社團領袖，他們在近現代香港社會的繁榮穩定中起到了重要作用，扮演着號召者和引領者的重要角色。

愛國社團領袖強大的號召力和引領力往往能夠獲得社團成員甚至廣大市民在心理上敬佩自己，在行動上服從安排；有利於贏取人心，凝聚各方資源，以帶動成員實現目標和願景。與此同時，也有利於化解各種內部矛盾和敵我矛盾，對矛盾的轉化以及加速矛盾的解決具有積極的促進作用。

---

16 現代漢語新詞詞典編委會編：《現代漢語新詞語詞典》，2005 年，第 779 頁。

具體來説，香港潮州商會領袖們的引領力主要表現在以下三個方面。

第一，用前瞻的思維影響人們，始終率領成員走在時代前列。作為社團領袖，尤其是香港愛國社團領袖必須具有前瞻的思維，深邃遠大的目光，審時度勢，才能始終代表着時代的先進份子，順應時代發展的方向，率領社團成員以及社會大眾始終走在時代的前沿。

香港愛國社團領袖陳經緯，除了擔任全國工商聯副主席以及第十一屆全國政協委員外，還是香港潮州商會榮譽顧問，他多次在國內外高層論壇上，就有關國家「一帶一路」國家戰略、發揮香港橋樑窗口作用、粵港澳大灣區協同發展、解決中小企業融資難以及港澳青年創業等問題，發表了重要觀點。他在充分調查研究基礎上形成的思想理念，屢屢受到國家重視和社會認可。

2016 年 4 月起，為了深入推動「大眾創業、萬眾創新」，配合國家「十三五」規劃，由陳經緯擔任主席的香港中國商會牽頭，經緯集團發起並聯合多家香港和海內外華僑華人商協會成立了「紫荊谷創新創業發展中心」，致力於「支持港澳中小微企業和青年人在內地發展創業」項目，目的在於讓更多的香港中小企業和香港青年以及內地民營企業的「創二代」們，多一個創業的基地和學習交流的平台，讓香港青年到內地學習社會主義市場經濟的方針、政策和理論，以及學習相關的税收、法律等。該項目也得到香港各界和國家有關部門的大力支持，目前已經和內地十一所頂尖高等院校全方位合作。而對於 2017 年兩會期間李克強總理在《政府工作報告》所提出的「粵港澳大灣區城市群發展規劃」這一發展戰略，陳經緯在接受記者專訪時率先回應並指出，粵港澳大灣區建設是一家人的合作，是粵港澳經濟融合的契機，必將成為國家經濟增長的新動力。[17] 與此同時，陳經緯迅即動員商協會資源，佈局產業，並通過「紫荊谷」創新創業平台的建設，推動港青到內地發展，其在加強港澳與內地交流互動的過

17 陳經緯：〈粵港澳大灣區合作將成為經濟增長新動力〉，國際在線，2017 年 3 月 9 日，http://www.010lm.com/roll/2017/0309/5174202.html。

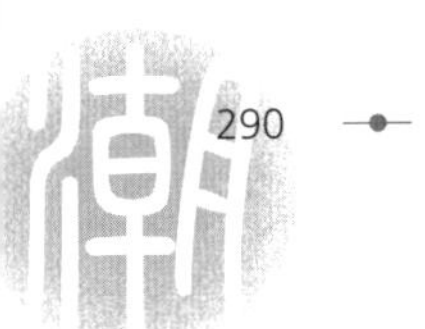

程中引領粵港澳大灣區「一家人」的思想，始終率領成員走在時代的前沿。

第二，促使成員團結一致，增強愛國愛港愛鄉力量。如前所述，現時香港約有潮籍人士120多萬，潮屬社團一百多個，為了加強潮籍社團之間更加緊密的聯繫和資源的整合，團結一切可以團結的愛國愛港愛鄉力量，時任香港潮州商會第四十二屆會長的陳偉南先生攜手在港潮籍知名人士於2001年10月成立了香港潮屬社團總會，彙聚香港四十八個有代表性的潮屬社團，凝聚約十二萬多個個體會員。香港潮屬社團總會的成立，使香港潮人的聯絡更加密切，每年必組織國慶慶祝活動以及開展支持愛國愛港人士參選等政治活動，使在港潮人的政治力量得到凝聚。

第三，加速矛盾轉化解決，營造和諧社會氛圍。香港愛國社團領袖往往不僅事業上取得成功，而且還具有家國情懷，勇於承擔社會責任，樂於奉獻社會。正因如此，他們通常在廣大會員及公眾之中享有威望和個人魅力，而這些特質有利於化解各種社會衝突與社會矛盾，對矛盾的轉化以及加速矛盾的解決具有積極的促進作用，這恰恰是其引領力和號召力的具體表現。

香港潮州商會近百年來首位女性首長高佩璇，是香港意得集團有限公司主席、香港潮屬社團總會首席會長、香港廣東社團總會永遠名譽會長、第十三屆、第十四屆全國政協委員。作為愛國愛港社團領袖，她一而貫之支持和促進香港愛國愛港社團力量的壯大，回歸以來，大力資助香港各區潮人基層社團的建立以及支持其他多個愛國愛港愛鄉社團開展會務活動，以增強社會正能量，壯大愛國愛港力量。

與此同時，高佩璇認為「一國兩制」之下更應該加強港人的國民教育，尤其強調青少年作為香港未來的主人翁，需要了解中國歷史，新中國走過的道路，以及接觸和感受祖國人民和山山水水，增強國家和民族觀念。[18] 長期以來，她擔任香港葵青區少年警訊名譽會長，鼎力支持培育青

---

18 《瀋陽五愛市場服裝城二十周年特刊》，意得集團有限公司，2017年，第60頁。

少年警訊成為青少年新領袖，同時設立「香港科技大學獎學金」，並於香港公開大學設立「學生交流基金」，經常倡導、邀請與支持青少年、大學生團體以及新聞界、教育界等各界人士到訪祖國內地，促進港陸兩地的交流與融合，了解祖國歷史和發展現狀，增強港人對國家和民族的認同感。自 2008 年起積極支持和資助九龍地域校長聯會、新界校長聯會和香港新聞工作者聯會工作，以加強與教育界、新聞界的聯繫與團結，彌合社會紛爭與撕裂，促進社會和諧穩定。

通過上述案例可知，香港潮州商會受人欽佩的首長正是以自身優秀的品質、不凡的成就、敏鋭的政治覺悟以及社會擔當形成榜樣示範效應，彰顯了其引領作用，為商會及其成員政治參與提供了良好的條件。

第三節　香港潮州商會參政議政功能凸現的實現機制

事實上，回歸以後，香港潮州商會正是透過多種途徑和方式，即借助多元的政治參與機制，積極地參與政治活動，發揮並彰顯其政治功能。以下主要從民意代表機制、政治協商機制、行政決策機制、人才培養機制、公共輿論機制和決策諮詢機制六個途徑來探討當代香港潮州商會政治參與的方式。

一、民意代表機制

此處的民意代表機制是指包括香港潮州商會在內的香港民間社團組織通過香港特別行政區立法會、區議會以及全國與地方人民代表大會實現政治參與的機制。

1. 透過立法會、區議會的選舉

《中華人民共和國香港特別行政區基本法》(簡稱「《基本法》」) 規

定，香港特別行政區立法會是香港特別行政區的立法機關。香港特別行政區立法會由選舉產生，選舉分為地方選區選舉和功能界別選舉兩個部分。

為了落實「愛國者治港」原則，2021 年 3 月，全國人大通過有關完善香港特區選舉制度的決定和全國人大常委會修訂香港《基本法》附件二。完善香港選舉制度後，香港立法會選舉的核心變化有兩個：一是選舉委員會界別的重新設立，即重新構建香港特別行政區選舉委員會並增加賦權。選舉委員會規模由 1,200 人增加至 1,500 人，界別構成由原來的四大界別增加至五大界別，新增第五界別即香港特別行政區全國人大代表和香港特別行政區全國政協委員、有關全國性團體香港成員的代表界。二是立法會議員人數增加，即立法會議員總數由 70 人增至 90 人。具體來説，香港特區立法會由 90 個議席組成，其中選舉委員會選舉的議員為 40 人，功能團體選舉的議員為 30 人，分區直接選舉的議員為 20 人。根據《基本法》及《立法會條例》，香港立法會議員在任期內履行的職責有：根據本法規定並依照法定程序制定、修改和廢除法律；根據政府的提案，審核、通過財政預算；批准税收和公共開支；聽取行政長官的施政報告並進行辯論；對政府的工作提出質詢；就任何有關公共利益問題進行辯論；同意終審法院法官和高等法院首席法官的任免；接受香港居民申訴並作出處理等等。

香港潮州商會作為香港一百多萬潮籍鄉親中歷史最悠久且最具代表性的社團組織，其成員由政經文化工商專業等社會各界精英人士組成，他們中有部分成員就是透過立法會選舉的制度安排，成為立法會議員，並開始參與政治和履行政治職能的。自回歸以來，香港潮州商會鼓勵會員以及廣大潮籍鄉親積極參與立法會及區議會的選舉，並透過這一民意代表機制直接履職參與政治及服務社會；同時與政府部門、社會組織等進行廣泛的合作與溝通，及時傳遞工商業各界的訴求，維護工商業等各界成員的正當權益。香港潮州商會成員在香港立法會及區議會的任職列表如下（詳見表 6.2）。

回歸以來，香港潮州商會成員在立法會比較有代表性的是榮譽顧問

表 6.2 當代香港潮州商會成員在立法會／區議會任職列表（至 2021 年止）

序號	姓名	立法會／區議會職務	商會職務
1	陳鑑林	立法會議員	榮譽顧問
2	林大輝	立法會議員	榮譽顧問
3	陳健波	立法會議員	榮譽顧問
4	姚思榮	立法會議員	榮譽顧問
5	陳恒鑌	立法會議員、新界西南區議員	榮譽顧問
6	葛佩帆	立法會議員	榮譽顧問
7	胡楚楠	西區區議會主席	會董
8	陳捷貴	中西區區議會議員	常務會董
9	陳振彬	觀塘區議會主席	常務會董
10	鄭會友	東區區議會民選議員	會董
11	林順潮	立法會議員	榮譽顧問
12	劉智鵬	立法會議員	榮譽顧問
13	陳凱欣	立法會議員	無
14	鄭泳舜	九龍西區議員	榮譽顧問
15	顏汶羽	九龍東區議員	榮譽顧問
16	周小松	勞工界立法會議員	榮譽顧問

資料來源：《歡慶香港回歸祖國二十周年紀念特刊》，香港潮州商會；香港潮州商會第 52 屆會董會芳名表以及香港第七屆立法會議員名單，香港潮州商會

陳鑑林議員。陳鑑林議員曾任香港立法會多個事務及法案委員會主席，是 1992 年香港第一大政團——民主建港協進聯盟即「民建聯」成立時的創會成員，曾任該政團的中央委員及常務委員，他愛國愛港，堅決貫徹落實「一國兩制」基本方針和香港《基本法》，在立法會工作二十一年，立場堅定、言辭鋒利、敢言敢為，被人稱為「重炮手」、「橄欖」等。陳鑑林議員長期紮根社區，深耕基層，透過與居民的密切交往和接觸，了解居

民生活狀況，盡力改善社區民生，從社區設施的完善和興建到重大民生項目，包括牛頭角邨重建、觀塘市區重建、九龍東文化中心建設、啟動九龍東等，他不斷地落區聽取居民的意見，當市民與政府溝通的橋樑，並爭取實施落實；在敏感的政治議題上，譬如支持二十三條立法、批評「公社」兩黨五區辭職、支持香港特區政府政改方案、支持全國人大釋法等大是大非的問題上，他向來立場堅定，無懼非議。2016 年 3 月 11 日，陳鑑林議員在擔任立法會財務委員會代理主席一職時，在主持「高鐵追加撥款」的會議上，他面對反動派不斷衝擊，堅決執行議事規則，按程序表決議項，他的果斷「剪布」動作，使得立法會通過高鐵追加 196 億元撥款的申請，打破了一些居心不良之輩企圖利用該項目來拖慢香港經濟建設發展的企圖。在 2002 年，陳鑑林議員獲香港特區政府委任為太平紳士；[19] 2005 年獲頒授銀紫荊星章；[20] 2016 年，獲頒授金紫荊星章。[21]

為了表達對參與立法會、區議會等參政成員的支持，香港潮州商會在每一年立法會選舉結束之後都會專門宴請其獲選成員以及社會各界相關人士，從中以示鼓勵和加強交流與互動。

2. 通過全國人大、地方人大的途徑

人民代表大會制度是我國根本政治制度，是我國公民參政議政最根本、最有效的方式。

香港作為中國一個特別行政區，每一屆人大代表中都有港區代表，根據《憲法》和《選舉法》規定，全國人大代表名額總數不超過 3,000 人，

19 太平紳士（Justice of the Peace，簡稱 JP，也譯作治安法官）是一種源於英國，由政府委任民間人士擔任維持社區安寧、防止非法刑罰及處理一些較簡單的法律程序的職銜。

20 銀紫荊星章（Silver Bauhinia Star，簡稱 SBS）是香港特別行政區政府頒授予長期擔任公共事務及志願工作的領導人物的勳章，自 1998 年起開始頒授。

21 金紫荊星章（Gold Bauhinia Star，簡稱 GBS）是香港特別行政區政府頒授給對社會有重大貢獻或積極參與公共事業或志願服務而得到極高評價的人士的至高榮譽。自 1998 年起開始頒授。

香港特別行政區應選全國人大代表的名額為 36 名。港區全國人大代表的產生是在香港特別行政區全國人大代表選舉會議中，由出席會議的 1,796 名選舉會議成員以無記名投票方式，從候選人中選出 36 名香港特別行政區全國人大代表，選舉結果將報全國人大常委會代表資格審查委員會進行代表資格審查，最後由全國人大常委會根據代表資格審查委員會提出的報告，確認代表資格，公佈代表名單。

擔任全國人大代表及地方人大代表，同樣是政治參與的重要方式之一。當選為全國或者地方各級人大代表，也是香港潮州商會及其成員政治參與的主要方式之一，他們往往借助全國人大代表及地方人大代表的身份，積極參加人大會議及其活動，認真履行人大代表的權利，尤其通過提交議案並推動議案形成公共政策，以此來表達他們的政治訴求以及人民的心聲。

2017 年 12 月 19 日，香港特別行政區第十三屆全國人大代表選舉會議第二次全體會議，選舉產生了 36 名香港特別行政區第十三屆全國人大代表，其中屬香港潮州商會成員的有 4 位，分別是香港潮州商會常務會董張俊勇，榮譽顧問陳智思、榮譽顧問兼常務會董陳振彬、名譽顧問林順潮。

2018 年 3 月 3 日至 20 日，擔任全國人大代表的香港潮州商會成員，赴北京參加十三屆全國人大一次會議。由張俊勇發起，陳智思、陳振彬、林順潮等全國人大代表參與的聯署議案提出，建設汕頭自由貿易港，以縮小廣東區域發展差距，帶動整個粵東、閩西南、贛東南大地區的協調發展。他們建議，通過粵港澳三地聯手，在汕頭經濟特區建設自由貿易港，充分利用港澳及海外潮人在資金、貿易、航運、信息與人才等方面優勢，吸引全球海外華人華僑資本回流，在離岸貿易、離岸金融、高端製造、科技研發、國際旅遊等方面開展創新，實行與國際接軌的自由貿易管理機制，共同構築「共商共建共享」的開放平台，主動融入國家發展大局，為國家探索建設自由貿易港，推進內地與港澳互利合作貢獻方案和智慧，圓海外潮人聚力建設全球潮人精神家園的中國夢。

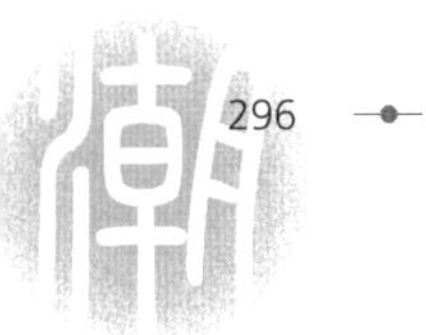

二、政治協商機制

此處的政治協商機制是指香港民間商會組織通過政治協商制度實現政治參與的機制。政治協商制度是我國特有的基本政治制度，它是隨着中國人民政治協商會議的創立而建立的，是中國具體歷史條件的產物，經過七十年的發展，這一制度已經成為中國政治體制中的一個重要組成部分。政治協商制度的組織形式就是各級人民政治協商會議，政治協商會議是中國各主要政治力量的代表會議，是一個各界人士參政議政的政治制度設計。政協組織在我國政治生活中的作用愈大，民間商會通過這一機制實現政治參與的力度就愈強，對民間商會政治參與所具有的意義就愈明顯。

按照《中國人民政治協商會議章程》的規定，中國人民政治協商會議全國委員會由中國共產黨、各民主黨派、無黨派人士、人民團體、各少數民族和各界的代表，香港特別行政區同胞、澳門特別行政區同胞、台灣同胞和歸國僑胞的代表以及特別邀請的人士組成，設若干界別。政協委員並不是選舉產生的，而是通過各黨派中央、各人民團體、無黨派民主人士、各個界別等協商提名，在地方的全國委員會委員，由各省、自治區、直轄市協商推薦；對各方面提出的推薦名單由中共黨委組織有關部門進行綜合平衡，反覆同各推薦方面協商形成建議名單；將委員建議名單提交常務委員會會議進行協商和表決，經全體常務委員過半數同意予以通過；最後，經常務委員會會議通過的委員，由政協辦公廳（或辦公室）分別通知推薦單位和個人，向委員發委員證書，並通過新聞媒介向社會公佈。

回歸以後，香港潮州商會重視和積極推動成員當選全國和地方政協委員，以期通過政治協商機制實現參政議政的訴求。2018 年 1 月 24 日，全國政協第十二屆常務委員會第二十四次會議協商通過了中國人民政治協商會議第十三屆全國委員會委員名單。其中，香港潮州商會共有 17 位成員獲委任為第十三屆全國政協委員（詳見下表 6.3）。

2018 年 3 月 3 日至 20 日，擔任全國政協委員的香港潮州商會成員，赴北京參加全國政協十三屆一次會議，他們履行委員職責，提出相關議案，獻言獻策。例如由香港潮州商會前監事長、榮譽顧問林建岳作為第一

表 6.3 香港潮州商會成員擔任第十三屆全國政協委員列表

序號	全國政協任職	商會職位	姓名	界別
1	全國政協委員	會長	胡劍江	特邀香港人士
2	全國政協委員	副會長	高佩璇	中華全國婦女聯合會
3	全國政協委員	榮譽顧問	高永文	醫藥衛生界
4	全國政協常委		胡定旭	醫藥衛生界
5	全國政協委員		林大輝	體育界
6	全國政協常委		林建岳	特邀香港人士
7	全國政協委員	榮譽顧問	黃楚標	特邀香港人士
8	全國政協委員		劉炳章	特邀香港人士
9	全國政協常委		李澤鉅	特邀香港人士
10	全國政協委員	名譽顧問	朱鼎健	特邀香港人士
11	全國政協委員		江達可	特邀香港人士
12	全國政協委員		許漢忠	特邀香港人士
13	全國政協委員	會董	周厚立	特邀香港人士
14	全國政協委員	會員	黃蘭茜	中華全國台灣同胞聯誼會
15	全國政協委員		紀海鵬	特邀香港人士
16	全國政協委員		洪明基	中華全國歸國華僑聯誼會
17	全國政協委員		李偉斌	特邀香港人士

材料來源：《香港潮州商會多位成員獲委任為第十三屆全國政協委員》，香港潮州商會。

提案人，該會會長胡劍江、副會長高佩璇、榮譽顧問胡定旭、高永文、黃楚標、林大輝、名譽顧問朱鼎健、江達可、許漢忠等合共二十一名全國政協委員提出了《建設汕頭自由貿易港》的聯名提案。在提案中指出，香港和汕頭都是海上絲綢之路重要支點城市，而汕頭又毗鄰香港、格局與香港相似，便於借鑒香港模式實行自由港管理。香港為百年自由貿易港，在經

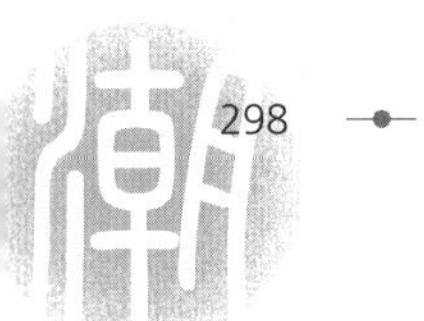

濟運行、貿易發展、城市管理、法治環境等方面，都能為國家深化改革開放繼續作出貢獻。因此，建議在自由貿易和自由企業制度、寬鬆金融制度、打造便利營商環境和推進貿易服務全球化三個方面展開試驗，為全國探索建設自由貿易港，深化港澳與內地融合發展貢獻方案和智慧。

又如身為全國政協委員的香港潮州商會副會長高佩璇聯名梁志祥、容永祺、彭長緯、李慧琼、梁高美懿、黎棟國等合共七名全國政協委員提交了關於《把握「一帶一路」及「大灣區」機遇，促進香港漁農業發展》的提案。提案指出：

> 近年香港漁農業面對內地和特區政府的城市發展及漁農業規管政策措施，發展空間大幅壓縮。鑒於在現行香港法例之下這些禽畜農場幾近無地可搬，對禽畜業界的影響最為直接。適逢國家推出「一帶一路」建設及「大灣區」規劃，不少香港漁民及農民均期望國家可以推出合適措施，協助香港漁農業把握機遇，尋找新的出路，促進行業持續發展。建議善用「粵港澳大灣區」建設契機，參考「橫琴模式」及河套區的深港合作等模式等，促進業界發展；建立由熟悉相關事宜的漁農業界牽頭與辦「香港垂釣基地」；推出可同時容許港澳流動漁民參與的遠洋漁業政策，鼓勵港澳流動漁民從事遠洋漁業；讓到內地投資的漁農享受更合理的國民待遇；使其他省份的勞工經培訓合格後，也能加入成為港澳流動漁船的重要勞動力，藉以舒緩勞工短缺問題。

三、行政決策機制

此處行政決策機制是特指通過加入政府行政部門及其決策系統，成為體制內成員來實現其政治參與的機制。

根據《中華人民共和國香港特別行政區基本法》規定，香港特別行政區政府是香港特別行政區行政機關；香港特別行政區政府的首長是香港特

別行政區行政長官；香港特別行政區政府設政務司、財政司、律政司和各局、處、署；香港特別行政區行政會議是協助行政長官決策的機構；行政長官在作出重要決策、向立法會提交法案、制定附屬法規和解散立法會前，須徵詢行政會議的意見，但人事任免、紀律制裁和緊急情況下採取的措施除外；香港特別行政區行政會議的成員由行政長官從行政機關的主要官員、立法會議員和社會人士中委任，其任免由行政長官決定；行政會議成員的任期應不超過委任他的行政長官的任期。現時行政會議共有 32 位成員，包括行政長官（主席）1 位、15 位現職問責官員（官守成員）及 16 位非官方人士（非官守成員）。

對於香港潮州商會而言，加入香港特區政府行政機構並擔任一定行政職位或者進入行政會議，成為行政會議成員都是是一種政治參與的方式和渠道。香港潮州商會成員在香港特區政府以及行政會議中擔任要職的有：作為香港潮州商會榮譽顧問的香港財政司司長陳茂波以及同為香港潮州商會榮譽顧問的非官守議員的前香港特區行政會議召集人陳智思。

以陳智思先生為例，陳智思生於香港，籍貫廣東潮陽，為亞洲金融集團總裁和亞洲保險有限公司總裁，是前香港潮州商會會長、前全國僑聯副主席陳有慶先生的兒子，他曾是最年輕的香港行政會議成員、最年輕的香港立法會議員。2006 年獲香港特區政府頒發金紫荊星章；從 2008 年的十一屆全國人大一次會議開始，他連任三屆港區全國人大代表。陳智思來自商界，有很好的資源動員和整合優勢，溝通和協調能力強，是林鄭月娥競選香港第五任行政長官競選辦的主任，負責與外界進行溝通，為林鄭月娥的當選貢獻了力量，被稱為「首席智囊」。2017 年 6 月 22 日，香港特區候任行政長官林鄭月娥公佈陳智思為非官守議員，任期從 2017 年 7 月 1 日開始，並擔任新一屆行政會議的召集人，其職責是「維繫非官守議員之間的聯絡和溝通」。行政會議對外不發表個人看法，也不推銷任何政策，是行政長官的參政機構。作為香港潮州商會名譽顧問，陳智思擔任香港特區行政會議召集人的角色，在一定程度上為香港潮州商會的政治參與發揮了表率作用。

四、政治人才培養機制

政治人才培養機制指的是通過培養愛國愛港的政治人才和後備力量，以實現政治參與的機制。

首先，香港潮州商會青年委員會（以下簡稱「青委會」）的成立就是為了吸收年輕一輩加入商會，增加商會活力，培養商會接班人才與領導後備力量而訂立的長遠策略。1992 年成立的「青委會」由商會會員中選出人品優秀、學有專長、事業有成而熱心服務的青年組成，成員除了來自工商各界外，還包括律師、醫生、會計師、建築師、工程師等專業人士，具有較為廣泛的代表性。「青委會」在歷屆委員的共同努力下，積極推動商會會務發展，加強與內地及海外各界青年的聯繫，積極參加社會公共事務，鼓勵青年委員參政議政。

其次，創辦了「團結建港」座談會，以論壇的形式，大膽發聲，表達愛國愛港和支持香港特區政府依法施政的堅定立場，積極參政議政，探索香港社會經濟與政制發展道路。2012 年 9 月 1 日，第四十八屆香港潮州商會會董會為了應時勢發展需要，延續潮州人的團結奮鬥精神，組織創辦「團結建港」座談會，廣邀政商名人蒞臨指導，嚮導同仁，促進會務。在開頭兩年的時間，「團結建港」座談會共舉辦了 21 場，受邀嘉賓有特首、政府官員、全國人大代表及政協委員、中聯辦領導、各大商會領袖、政經界知名人士、傳媒高層以及專家學者等。現將 21 場座談會的時間、受邀嘉賓、時任職務和座談會主題整理成下表 6.4。

表 6.4 2012－2014 年香港潮州商會「團結建港」系列座談會小結表

序號	座談會時間	嘉賓	時任職務	座談會主題
1	2012.10.30	梁振英	香港特首	交流推動香港發展的大計
2	2012.11.27	鄧國威	公務員事務局局長	分享率領香港龐大公務員隊伍服務市民的心得體會
3	2012.12.18	羅康瑞	瑞安集團主席	分享在香港和內地創業和發展事業的心得體會

（續上表）

序號	座談會時間	嘉賓	時任職務	座談會主題
4	2013.01.29	陳繁昌	香港科技大學校長	分享出任科大校長的心得體會，對香港高等教育的發展和期盼以及如何提高香港高等教育水平等問題
5	2013.02.26	田北辰	第 12 屆港區全國人大代表、立法會議員	期望潮州商會繼續支持特區政府依法施政，為國家和香港出力
6	2013.03.26	華道賢	香港演藝學院校長	分享出任校長的心得體會，對培養香港演藝界人才的期盼，以及提高香港演藝的專業性及實用性
7	2013.04.30	林健鋒	第 12 屆港區全國人大代表、香港行政會議成員、立法會議員	分享從政從商的心得體會
8	2013.05.28	曾鈺成	立法會主席	談有關行政與立法兩者關係的看法和見解
9	2013.06.25	胡定旭 林建岳 陳經緯 劉宗明	港區全國人大代表及政協委員之鄉彥	暢談理想及抱負
10	2013.07.30	陳茂波	發展局局長	積極推動特區政府新界東北發展計劃，為市民創造更多良好的居住條件
11	2013.08.26	黎棟國	保安局局長	介紹保安局的職責與服務
12	2013.09.24	高永文	食物及衛生局局長	分享會
13	2013.11.26	張仁良	香港教育學院校長	分享在教育界取得成就的心得體會
14	2013.12.19	曾德成	民政事務局局長	分享在民政事務工作中取得成就的心得體會
15	2014.01.28	袁國強	律政司司長	展望香港 2017 年特首選舉
16	2014.02.25	鄭國漢	嶺南大學校長	介紹香港的高等教育工作

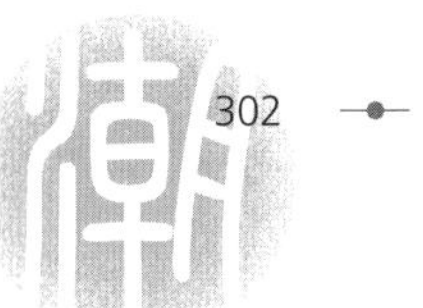

（續上表）

序號	座談會時間	嘉賓	時任職務	座談會主題
17	2014.03.25	林鄭月娥	政務司司長	介紹香港 2017 年行政長官及 2016 年立法會選舉產生辦法，希望在香港政改諮詢上多發表意見，群策群力
18	2014.04.29	周秉德 高振普 紀東	周恩來侄女，原周恩來衛士，原周恩來秘書	暢談在周恩來身邊的生活和工作情況
19	2014.05.29	陳家強	財經事務及庫務局局長	介紹香港的財經事務工作，分享陳局長在財經事務工作中取得成就的心得體會
20	2014.06.24	張炳良	運輸及房屋局局長	就運輸及房屋方面的問題與張局長切磋
21	2014.07.29	吳克儉	教育局局長	介紹香港的教育情況和發展前景

資料來源：《香港潮州商會第 48 屆會董會紀念特刊》，香港潮州商會。

從上表可以看出，座談活動所邀請的嘉賓不一定是潮籍人士，但都是在香港社會有影響力的政商界精英人士，如政府官員、全國人大代表及全國政協委員、大學校長、專家學者等。可見，「團結建港」座談會既是香港潮州商會敦睦鄉誼，表達愛國愛港家國情懷的平台，也是商會服務社會，關心時政，積極參政議政的重要渠道和方式。

再者，開辦粵東地區高級管理人員香港培訓班，為內地和香港培養相關人才。如前所述，2008 年 7 月，由香港潮州商會牽頭成立的香港潮屬社團總會開辦了首期粵東地區高級管理人員香港培訓班，參加學習的學員均為粵東地區的領導幹部、業務骨幹和成功的企業家。開辦粵東地區高級管理人員香港培訓班一方面是為了提升粵東四市管理人員的專業知識水平和管理水平，讓學員通過學習與了解香港的政治、經濟環境及社會情況，借鑒香港好的管理方式和管理經驗；另一方面希望通過學習交流，加強與粵東四市政府部門與社會各界之間的聯繫，取長補短，攜手合作，共同促進家鄉的社會經濟發展。粵東四市香港培訓班一年舉辦二到三期，為期一

週，每期根據社會發展形勢及其需求，確定不同的主題，並邀請相關專家學者擔任主講嘉賓。到 2017 年，粵東高級管理人員香港培訓班共舉行了 22 期，為粵東四市短期培訓高級管理人員近 1,000 人。香港潮州商會積極為內地培養人才，加強了香港與內地的聯繫與交流，這一人才培養機制也成為香港潮州商會政治參與的途徑之一。

五、公共輿論機制

公共輿論機制是指通過大眾傳播媒體的途徑或渠道來實現政治參與的機制。

大眾傳媒作為信息傳遞重要而有效的介質和社會公器，在政治系統和公眾之間擔負着橋樑和紐帶的中介性作用。[22] 大眾傳媒從其誕生起便擔負着諸多政治功能，如輿論監督、政治穩定、政治參與等。公眾通過大眾傳媒發出聲音，在傳媒篩選、整合等的合力下形成輿論進而影響到政府決策。大眾傳媒為公眾意見的實現提供了廣泛空間，如果不借助大眾傳媒，公眾要想通過自身的能力去影響參與政治甚至影響政府的決策，這種效果很難達到，借助大眾傳媒愈來愈成為公眾政治參與的第一選擇。[23]

通過大眾傳媒影響公眾輿論，也就成為香港民間團體政治參與的一種重要機制。香港民間商會組織十分注意運用傳媒的力量，不管是紙媒、電台、電視台等傳統媒體，還是網站、微博、電子報紙、網絡平台、微信公眾號等新媒體。而且在香港的多種報章上都設有「社團」、「各行各業」的專版，讓商會充分發表各種政見和建議。

首先，香港潮州商會通過兩月一期的《香港潮州商會會刊》及其官方網站發聲，並進行愛國愛港的宣傳與傳統文化教育，以此表達自己的政治態度和政治取向，同時也讓社會了解工商界的訴求。作為「愛國愛港」的中堅力量，香港潮州商會在宣傳中央政府政策、維護香港特首權威、平衡

---

22 周武軍：〈大眾傳媒的政治功能〉，《社會科學戰線》，2008 年第 10 期。

23 張蕾：《傳媒與政治：大眾傳媒政治角色的轉變》，華中師範大學碩士論文，2012 年。

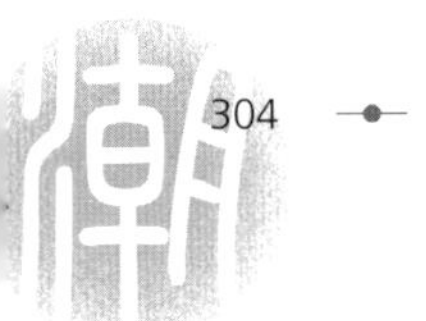

泛民勢力上發揮了一定的作用。

其次，香港潮州商會借助《大公報》、《文匯報》、《香港商報》、《超訊》等媒體積極發聲，表達對香港政制發展、社會內外事務、民生問題以及市民心聲等的關切和立場，同時建言獻策。這一方面引起社會和其他族群的關注，另一方面也提高了潮州商會在香港以及海內外的影響力。例如在「二十三條立法」、「國情教育」、《「一國兩制」白皮書》、「佔中行動」等重要事件和政治關口，香港潮州商會都在報章上刊登聲明，公開支持香港特區政府依法施政，支持「一國兩制」，堅決抵制「港獨」，形成對激進、泛民力量的抵制。2017 年 1 月，香港《超訊》雜誌對香港潮州商會進行專訪，文章也指出「九七回歸以後的香港潮州人，依然是香港商界巨擘，卻也已經成為香港參政議政的重要力量」。[24]

再者，香港潮州商會還利用「就是敢言」等全新的網絡平台作為表達政見和參政議政的新陣地。2017 年，國家主席習近平視察香港期間，提出要加強香港公職人員及青少年的《憲法》和《基本法》培訓，從而鞏固「一國兩制」的實施以及推動香港特區政府的政制及法治發展，強化大眾對國家的認同，及培養政治人才。有鑒於此，2018 年 4 月 20 日，由香港青年評論員組織的致力於《憲法》和《基本法》推廣的網絡平台——「就是敢言」宣告正式成立和運作，該網絡平台長期邀請社會知名人士深入企業、學校及社區進行演講，旨在為香港「千企百校十八區做憲法和《基本法》的宣傳與推廣」；並通過全媒體創新手段如漫畫、微電影等形式，介紹《基本法》和「一國兩制」。「就是敢言」的主要成員來自香港及世界各地名校畢業的青年、學者，其中有不少是香港潮州商會的青年成員，他們在重大問題上敢於發聲，勇於向公眾表達愛國愛港，支持「一國兩制」堅定的政治立場和政治態度。值得指出的是，為配合打造「灣區青年命運共同體」的兩會提案，「就是敢言」利用創新科技和全媒體的方式，發揮

24 王亞娟：〈香港潮州人：從商業巨擘到政治新秀〉，《超訊》，2017 年 1 月。

區塊鏈應用優勢，加強大灣區青年交流和合作，以促進港澳融入內地發展大局。[25] 由此可見，「就是敢言」這個全新的網絡平台一定程度上可視為當下香港潮州商會年輕社團領袖通過公共輿論機制政治參與的表現。

六、決策諮詢機制

決策諮詢機制指的是通過進入諮詢委員會，為香港特區政府依法、科學、民主決策提供政策建議和諮詢意見的機制。

諮詢委員會的設置是香港政制的特色，其目的就是使政府能夠通過向體制外即向社會有關領域專業人士以及社會知名人士進行諮詢，從而獲得科學決策的基礎和依據。因此，香港政府幾乎所有的部門及半官方的機構設有各類諮詢委員會。諮詢委員會由政府官員和各行各業的社會精英人士共同組成，其中社會人士佔多數，特別是涉及到工商界的相關諮詢委員會，民間商會組織的代表更是有可能成為成員。

按照這一制度安排，香港特區政府草擬某項政策或某項重大措施時，可通過諮詢委員會收集到各方面的資料和意見，或者吸納某些社會人士參與決策，使政府的某些政策獲得一定的認受性，增強政策制定的針對性和回應性。例如香港潮州商會名譽顧問梁劉柔芬、林輝波，任香港紡織業諮詢委員會委員；香港潮州商會名譽顧問羅嘉瑞醫生，任長遠房屋策略諮詢委員會委員；香港潮州商會永遠榮譽會長周振基，任香港特別行政區社會福利諮詢委員會委員；香港潮州商會常務會董及各部委主任陳捷貴，任古物古跡諮詢委員會委員、非物質文化遺產諮詢委員會委員；香港潮州商會常務會董林建岳，任大嶼山發展諮詢委員會委員；香港潮州商會會董劉偉光，任培訓諮詢委員會副主席；香港潮州商會會董鄭會友，任交通諮詢委員會委員等等。透過商會成員將政策建議及時地傳達給政府，從某種意義上說，這些諮詢機構成為香港潮州商會參政議政的另一平台和方式，對香

25 〈「就是敢言」十八區宣憲法基本法〉，香港《文匯報》，2018 年 4 月 21 日。

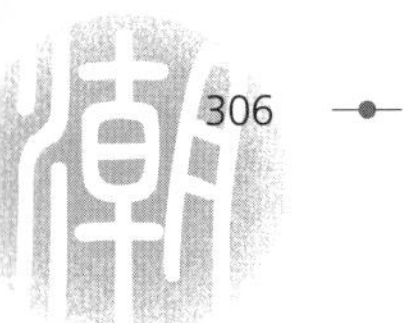

港政府政策制定具有一定的影響。可見，決策諮詢機制也是香港潮州商會及其成員政治參與的另一途徑和機制。

除此之外，香港特區政府為實行科學民主決策，在對一些社會重大民生問題進行決策前，也會廣泛徵求社會意見，特別會徵求涉及其中的有關商會組織的意見，這也為香港潮州商會參政議政開闢了通道。在與香港潮州商會首長 GPX 的深度訪談中，她也提到了這一點：

> 政府有些決策，我們也會參與，政府會有來諮詢的。我們有些時候可以直接找特首，表達我們的意見，比如我們有些活動可以請他（香港特首）來，把準備好的東西向他報告，包括我們的政務司、財政司，請來給我們做解說，不一定每個月都請，是不定時的，我們香港潮州商會青年委員會、婦女委員會、商務部等各個部門都可以去請，要求政府給我們解答問題，然後我們有什麼要提問啊，這都有的。

例如 2011 年香港特區政府駐粵經貿辦來函，就《廣東省高溫天氣勞動保護辦法》向社會公開徵求意見，就此也請香港潮州商會轉達有關資訊予會員企業。

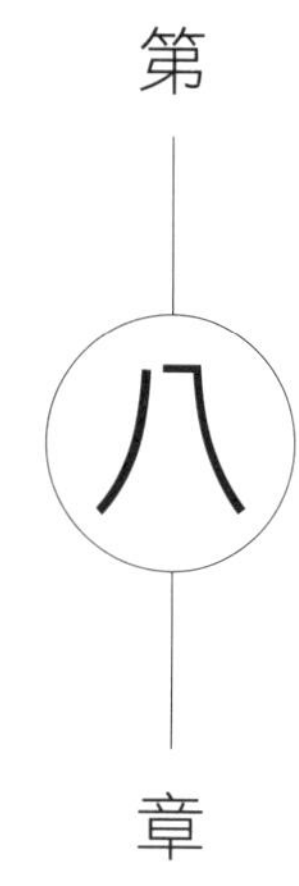

結論與討論

從對個案研究對象的歷史和現狀的考察表明，香港潮州商會歷經近代、現代和當代一百年的歷史，其發展模式呈現出從傳統到趨新再到開放的特點，而其在社會治理的功能也表現出從自治到協治再到共治的發展變遷邏輯。

與此同時，研究發現，對於回歸後處在特殊社會背景和複雜政治生態之下的香港社會，除了要從政治體制、經濟體制、行政、立法、司法等體制內因素思考其深層次的問題之外，還要從體制外因素，即從社會層面，從民間商會等中間組織出發，思考如香港潮州商會等愛國愛港社團如何在當代香港特殊、複雜的社會背景與政治生態中應對新挑戰和新問題，以更加有效地發揮其在社會治理中的功能與作用？這也是本書要進一步討論的重要問題。

第一節　香港潮州商會在社會治理中功能的變遷邏輯

本節在前文對香港潮州商會合法性以及在不同時期內部治理結構、社會網絡體系以及外部制度環境四大因素的具體狀況與特點分析的基礎上，力圖總結和揭示在上述四大因素的共同作用下，香港潮州商會在社會治理中功能的發展變遷邏輯。

通過前面各章對不同時期影響香港潮州商會功能變遷四個主要因素的考察發現：首先，在香港潮州商會百年的發展歷程中，其源自於文化認同

的社會合法性因素最為穩固，文化認同作為香港潮州商會存在及其運作合法性的核心和基礎，已成為香港潮州商會至今為止仍生生不息、歷經滄桑而愈顯蓬勃生機的根基和源泉。

其次，從內部治理結構這一要素上來看，在香港潮州商會百年的不同發展時期，其產生的變化較大，為了適應社會發展的需要，也為了發揮商會在不同時期的作用與功能，香港潮州商會往往以強化或拓展某一功能的方式，促使商會內部治理結構不斷進行調整和革新，以符合商會疊加功能的有效發揮和凸現。因此，香港潮州商會內部治理結構歷經數次變動，從其決策機制上看，歷經「會董會制」到「董事會、監事會制」，再到「董事會制」，又到恢復「董事會、監事會制」的反覆變化，而隨着會務的不斷增加與功能的不斷拓展，其內部機構設置也由其近代的七個部門增加到現代的十二個部門以及當代的十五個部門（包括總務部、財務部、商務部、組織部、福利部、交際部、調查部、稽查部、教育部、公民事務委員會、社會事務委員會、內地事務委員、文化事務委員會、婦女委員會、青年文員會）。在當代，隨着香港潮州商會青年委員會、香港潮屬社團總會以及國際潮籍博士聯合會的成立，香港潮州商會的組織架構體系呈現合縱連橫的發展格局，其自主自治內部結構不斷得以完善。

再者，從社會網絡體系上看，香港潮州商會的社會網絡不斷得以拓展，其社會網絡的邊界不斷得到突破。近代香港潮州商會的社會網絡以會員為基礎，又借助會員各自的家族宗族、親屬關係、鄰里關係、同鄉關係、同學關係、同門關係、同業關係等社會關係，形成了以潮商及其家族、親屬以及親朋好友為主體並由此而推及產生的種種弱關係構成的社會網絡。如果説，近代香港潮州商會的社會網絡是一個以血緣、親緣、地緣關係佔據重要地位的熟人小社會的話，那麼，隨着 1981 年「國際潮團聯誼年會」的成立，現代香港潮州商會的社會網絡已經突破原有的邊界，形成由熟人到半熟人甚至是包括非熟人關係的跨國界的社會網絡。而到了當代，隨着「國際潮團聯誼年會」於 2013 年轉型成為「國際潮團總會」，其社會網絡開始遍及全球五大洲，並日趨成為真正意義上的潮人社團跨國

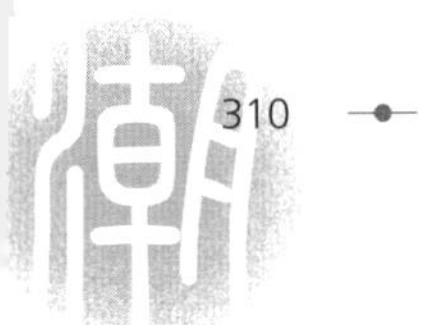

平台，香港潮州商會的社會網絡也在國際化的基礎上增加了「年輕化」、「專業化」與「網絡化」的特點，其跨國社會網絡呈現出多元化、體系化的發展趨勢。

最後，從外部制度環境這一因素上看，其中變化最為明顯的是商會與政府之間的關係。香港潮州商會從近代與官府保持距離，堅持「在商言商，不參預政治活動」的慣習，到現代與港英政府逐漸拉近距離，開始互動往來，並協助政府舉辦各種社會活動，再到當代與香港特區政府和內地政府形成友好合作夥伴關係，公開支持和貫徹落實《基本法》與「一國兩制」路線方針和政策，支持香港特區政府依法施政，並與兩地政府和市場共同成為社會治理中不可或缺的主體力量之一。

正是基於上述四個因素在不同時期的具體表現與共同作用，本書結論如下。

第一，近代香港潮州商會在以對潮汕文化的認同而產生的社會合法性，自主治理的內部結構，以香港、東南亞潮商為主體的社會網絡以及當時所處的較為鬆散的外部制度環境四大因素的共同作用下，其在社會中的功能表現形式較為傳統，主要集中在自治、代表、服務、文化教育、公益等內部自主治理功能上。當然，在社會公益、社會整合、組織化集體維權以及影響政府政策制定等方面的功能也有所體現，但與其自治功能相比，相對來説較為弱小。

第二，現代香港潮州商會在基於文化認同而產生的社會合法性，權威型與法制型兼備的內部治理結構，國際化社會網絡以及與港英政府關係較前密切的外部制度環境四大主要因素的共同作用下，其在社會治理中的功能表現形式較前趨新，除了早期自主自治、服務、社會公益等功能保持和進一步強化外，其社會動員與聚合、參政議政等方面的功能得以呈現，尤其是商會與政府關係的拉近，使之協助政府施政的社會治理功能有所加強。

第三，當代香港潮州商會在穩定的社會合法性、合縱連横內部治理結構、多元化的跨國社會網絡體系以及與香港特區政府和內地政府良好合作

關係四大因素的共同作用之下，其傳統道德文化教育、參與社會事務與公共管理以及參預政治、參政議政等功能表現突出。尤其是在 2006 年，香港潮州商會通過修改章程，改變了以往「在商言商，不干預政治和參預政治活動」的態度和做法，積極參政協政，在諸多政治實踐中凸顯了其利益表達、政治動員、參與決策和維護社會穩定等政治性功能。隨着香港潮州商會政治態度的轉變及其政治精英的崛起，其政治參與較前活躍和積極，一定程度上彰顯了政治功能。香港潮州商會已成為香港社會治理中不可或缺的主體之一。

概而言之，從其一百年的發展歷程來看，香港潮州商會在穩定的社會合法性、不同時期內部治理結構、社會網絡以及外部制度環境四大因素的共同作用之下，其發展模式呈現出從傳統到趨新再到開放的特點，而其在社會治理中的功能也表現出從自治到協治再到共治的發展變遷邏輯。由此可見，在香港社會治理的框架中，以香港潮州商會為代表的眾多愛國愛港民間商會組織，已經成為與香港特區政府和市場並存的第三種力量，在香港社會治理中發揮着積極的無可替代的作用與功能。可以説，正是有林林總總的發達的民間組織等體制外因素的干預和作用，一定程度上有利於消解香港社會的緊張與衝突，有利於維護香港市場秩序和社會秩序的正常運作，有利於推動香港經濟的繁榮與社會的穩定發展。

第二節　回歸後商會社會治理功能發揮面臨的挑戰與思考

當代以香港潮州商會為代表的眾多香港愛國愛港社團作為香港社會治理的多元主體之一，尤其在政治參與方面已經有了較為明顯的變化和突破，其在社會事務管理、影響政策制定、動員和鼓勵成員參政議政與團結愛國愛港力量，促進香港經濟繁榮和社會穩定等方面發揮了獨特的功能與作用。但是，回歸以來，在香港所處特殊社會環境和複雜政治生態之下，

民間商會組織在社會治理中功能的發揮和凸顯不可避免面臨着若干新問題、新挑戰的影響。如何面對這些新挑戰和新問題，無疑亟需進一步討論、思考和總結。

一、回歸後商會社會治理功能發揮面臨的新挑戰

1. 社會政治泛化，國民教育嚴重缺失

回歸以來，香港「泛民主派」和「本土派」表現活躍，「港獨」份子愈發猖獗，叫囂「逢中必反」，挑戰《基本法》，反對香港特區政府，頻頻於立法會上「拉布」，裹挾青年一代大搞「反高鐵」、「反國教」、「佔中」、「反修例」等街頭政治，利用政治鬥爭內耗香港，破壞香港特區政府依法施政，嚴重影響香港社會經濟與民生發展。香港社會呈現政治泛化和嚴重撕裂，香港民間商會等社團組織彌合不同聲音的能量受到削弱，對香港市民，尤其對香港青年的號召力和引領力受到影響和制約。

在回歸過渡期，由於特殊的歷史背景和制度環境，港英政府突出培養香港市民的「港人」意識，在學校教育中刻意避開「中國」元素，歷史教育一度偏向歐洲歷史，甚至刪除 1911 年至 1949 年之間中國歷史上發生的重大事件，美化鴉片戰爭，[1] 使港人對香港近百年的歷史缺乏應有的正確認識。回歸以來，香港用「通識教育」代替「國民教育」，旨在使加強愛國認同的「國民教育」被妖魔化為「政治洗腦」，為此中國歷史教育等課程被迫取消，加之大中小學都規避政治教育，導致香港年輕一代無法客觀認識國家和民族歷史，普遍缺乏國家認同與民族情感。面對社會政治泛化、國際反對勢力干涉、「本土」、「港獨」聲音甚囂塵上的時候，香港民間商會組織在社會治理中的功能發揮面臨新的挑戰。

1　陳麗君等：《香港人價值觀念研究》，北京：社會科學文獻出版社，2011 年。

2. 沉默的大多數，政治沉默或者搖擺不定

在港英政府的特殊時代，在香港佔多數人口的香港中產階層普遍對政治採取漠視態度；回歸後，由於金融危機影響、區域優勢減弱以及經濟結構轉型升級滯後等原因，香港經濟發展出現低迷狀態，香港中產階層也陷入困境之中，他們既恪守新自由主義核心理念，又迫於生活壓力和個人發展受限，逐漸從政治冷漠的旁觀者轉向為政治敏感者或積極的政治參與者。但是，香港中產階層的異質性導致了他們政治取向的多元化、激進與保守共存的特徵。與此同時，由於政治上的冷漠與軟弱，香港中產階層缺乏政治或政團代言人，發不到聲，影響不到政府施政，被稱為「沉默的大多數」。近年來，現實的困頓、社會政治生態的變化以及社會的撕裂，使中產階層政治立場更加搖擺不定。中產階層表現出來的這種沉默或搖擺不定的政治立場不利於民間商會等香港愛國愛港社團陣線的建設和壯大，無疑也對其「利益代表」、「政治整合」等政治功能的發揮帶來新的挑戰和考驗。

3. 政治生態複雜，各種雜音混淆港人視聽

反對香港特區政府、「逢中必反」、民粹主義、域外攪局、社會撕裂，甚至暴力對抗，這些構成了回歸後一段時期香港錯綜複雜的政治生態亂象。從香港內部來看，「泛民主派」與「建制派」立場存在分歧，反對派盲目對抗中央和香港特區政府；年輕一代構成的「本土派」作為香港政治新銳，鼓吹「港人是香港的港人而非中國的港人」，炮製「香港本土主義」，撕裂香港與內地血濃於水的關係；日益嚴峻的貧富差距導致「階層固化」，香港青少年及大學生普遍對未來和社會感到失望和不滿；因經濟困境，上升流動的社會機制動力不足，中產階層政治立場搖擺不定……從香港外部來看，各種國外敵對勢力想盡辦法遏制中國崛起，干涉香港特區和中國內政，大肆利用新聞媒體進行惡意的輿論宣傳，混淆香港市民視聽，背後洗腦慫恿和支持「港獨」份子搞亂香港……總之，內外部矛盾一定程度上破壞了香港的政治民主共識，對抗勢力通過破壞社會正常秩序

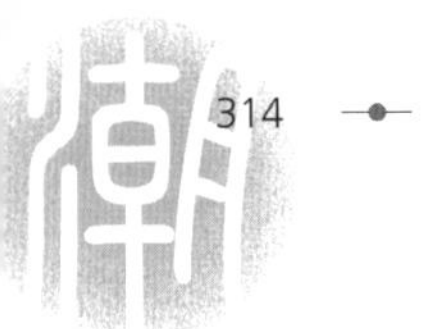

的「無序民主」代替了「有序民主」。面對如此複雜的社會政治生態，香港民間商會等愛國愛港社團政治參與及其社會治理功能的發揮也同樣受到一定程度的抑制和影響。

4. 政治人才不足，缺乏相關培養體制與晉升機制

長期以來，香港作為商業之都，社會發展導向使社會精英更加熱衷於或偏好於商科，尤其是經濟、金融、工商管理和科技等學科領域，攻讀法律專業的港人也大多成為律師等專業界人士，志願修讀社會科學例如政治學、行政學等專業相對較為冷門；與此同時，由於歷史和政治、意識形態等方面的原因，不管是在港英政府殖民統治之下的香港，還是回歸之後香港特區政府管治之下的香港，都相對缺乏社會管理和政治人才的培養體制與機制。香港不乏商業、企業管理、金融、法律、醫學、科技教育等專業人才，但唯獨最為缺乏政治人才和社會管理人才。但是，長期以來，香港缺乏與內地相關部門或教育機構共同合作培養政治及社會管理人才的對接體制與機制。相反，還出現了一些在內地高校學成返港、有志於為香港政府或香港社會服務的香港民間社團青年成員，由於有內地教育背景以及愛國愛港的政治立場而被反對派歧視或公然抵制的現象。對於人才不足及其培養問題，香港潮州商會首長 GPX 在訪談中曾解釋：

> 因為以前我們就不是政治團體嘛，我們是商業團體，但是我們這些年來已經非常努力在培養，我們現在新的一代，青年委員會啊，婦女委員會啊，商務部啊，那些年輕的會員很多都已經開始着手培養了，不算太多，總體來講還是需要努力的。

與此同時，香港民間商會還缺乏有效的人才晉升機制，面臨人才老化，人才青黃不接的挑戰。對於政治人才相對缺乏和老化問題，香港潮州商會榮譽顧問 CJL 先生在接受訪談時認為：

香港不少商會出現老化現象，負責的人年紀大了，進取性就會低的。到今天為止，雖然商會會長相對較前年輕了，但是，總體來說還是處於一個老化的階段，往後呢，還在繼續，我看不到有年輕化的趨勢。商會應該加速年輕化，商會中年輕有為的很多，但他們常有跑到外面其他組織，比如說東華三院啊、博愛啊……原來商會來來去去就一些老人家，很多年輕人上不來，就算商會有很大的意願想積極參與政治，但是老化了，年輕成員不能透過商會取得話語權，所以再積極也沒有用，做不出好的成績。這必定影響他們參與本族群社團組織的積極性。

如果政治人才缺乏或老化，就會在政治參與以及相關的政治選舉中處於被動局面，影響其社會影響力，在一定程度上減少了其參與或影響政府制定公共政策的機會。可見，香港在政團領袖培養方面面臨人才缺乏和老化的挑戰，其政治參與以及政治功能發揮受到一定程度的衝擊。

5. 政治閱歷尚淺，落後時代要求

民間商會等愛國愛港社團領袖應該擁有良好的政治素質、能力結構和政治閱歷，但由於歷史原因和時代發展變化，社團領袖自身能力或多或少會存在某些缺陷和不足，尤其是政治素質和政治敏感性方面，致使其政治功能容易受到削弱。

回歸前，香港沒有黨團競爭，港英政府專注於培養技術官僚和政務官員，那時成長起來的社團領袖多是企業家老闆或各行各業出類拔萃的技術管理人才，擁有雄厚的經濟實力、廣泛的人脈資源或扎實的專業技能與行業影響力。但是，如上所述，無論是政府機構還是社團組織，都缺乏訓練有素的政治人才。特別是回歸之後，香港大中小學教育系統反對「國民教育」，甚至引發香港教協抵制教育局的國民教育計劃，無論是教師、學生，還是這些可能成為未來政團領袖的年輕人，在欠缺對中文、中國歷史

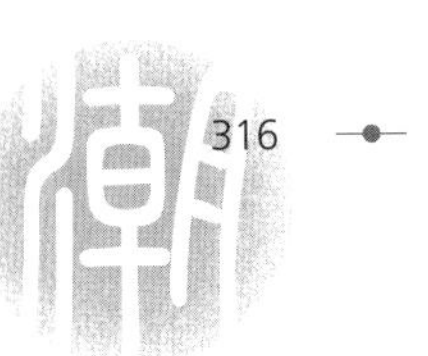

和民族意識及國家意識等的教育和學習前提下，就不難理解為何其國家觀念、民族情感與國家身份認同日益淡薄了。如何彌補和強化自身政治素質，是當代香港民間商會等愛國愛港社團領袖急需解決的問題。

6. 現有制度制約，政治參與途徑受限

香港民間商會政治功能受限不僅來自於歷史傳統、社會環境、自身能力、政治素質等因素的影響，而且還來自於制度安排等體制方面因素的制約。

例如香港潮州商會是香港一百多萬潮籍鄉親中歷史最悠久及最具代表性的工商團體，會員均來自香港各行各業的潮籍精英，是香港潮商的代表。從香港潮州商會章程可知，其入會門檻較高，如果是團體會員，該團體必須是已經依照香港法例註冊過的團體；如果是商號會員，不論是否組織成為法人的，都必須是在香港經營六個月以上的商號；如果是個人會員，必須在香港居住及從事正當職業或經營正當工商業達一年以上，並且一定要品行端正的人。但事實上，能成為該商會的個人會員，其條件及門檻要比章程所擬的高得多。

> 商會入會門檻高，不是有錢就能進來的，我們都是經過嚴格考核的，要對他的人品、生意是否正路、正派進行考察，如果他原來的歷史不乾淨都進不來的，你現在有錢了，（但是）你原來賺的錢不是很正當的渠道，我們都不收。

從對個案的觀察以及與商會首長 GPX 的訪談中可以發現，個人會員入會時，一般都是香港工商界或社會各行業的精英，除了必須事業有成、具有相當的經濟實力外，還重點考察其人品以及社會貢獻。

事實上，香港潮州商會在發展個人會員時寧缺毋濫、嚴格把關，不在於追求絕對數量，迄今為止，其個人會員人數仍然控制在三千多人。GPX 首長還提及到：

> 我們商會是香港 120 多萬潮籍鄉親中最具代表性的工商團體之一，代表着香港約六分之一的人口。它有一個特點，就是我們幾十屆的會長，社會上沒有非議，這個厲害，這是潮州商會最值錢的地方，一百年這樣走過來，每一任會長在社會上都沒有被人非議過的，沒有問題出過……

商會裏每一位成員，不管是會員還是首長，本身都擁有相應的社會資源以及資源整合的優勢。但是，在現有的制度安排下，商會被視為一個相當於地級市級別的民間商會組織，在參加港區全國人大代表選舉和全國政協委員推舉時，其代表名額和數量受到較大的限制。

同樣的，由於上述原因，香港潮州商會成員在擔任內地省及地方人大代表和政協委員時，其規模及人數同樣受到制約，這些使其政治參與和政治功能發揮受到一定程度的限制。可見，從目前相關制度安排來看，對香港民間商會等愛國愛港社團重視程度主要參照其祖籍地所在行政層級從高到低，即由省到地區，再到市、縣來劃分，而不是側重根據香港作為一個移民城市，以不同族群所佔人口比例的多寡來劃分。因此，這一定程度上會影響或制約香港那些被視為祖籍地行政層級不高，但實力不俗的民間商會政治參與的積極性以及功能發揮。

二、新時期增強香港民間商會社會治理功能的思考

香港民間商會是當代香港社會治理中民間力量的重要組成部分，作為香港多元社會治理主體之一，其扮演的角色與獨特的功能在香港社會治理中發揮着積極的、不可或缺的作用，在維護市場秩序以及促進香港社會正常運作方面的作用不容置疑。尤其回歸以後，香港愛國愛港民間商會組織政治態度和政治立場發生了根本性轉變，其政治參與程度明顯增強，但是，其在香港社會治理中功能的發揮也面臨新的挑戰。因此，當下探討進一步增強香港民間商會組織社會治理功能的對策思考刻不容緩，這既順應了新時期香港經濟社會發展的潮流，也符合香港民主政制發展的需要。

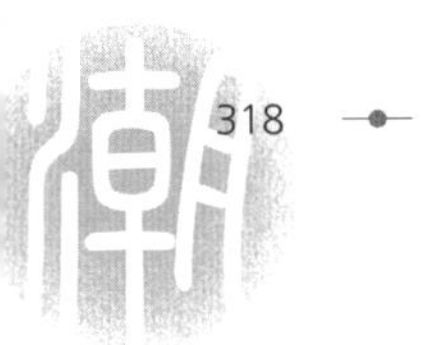

1. 加強國民教育，增強國家和民族認同

香港民間商會等愛國愛港社團要發揮其在社會治理中的功能，需要一批熱愛祖國、熱愛香港，有相同價值觀的志同道合者。面對社會政治泛化以及「港獨」喧囂日上，必須加強港人，尤其香港青少年的中國歷史與國民教育，強化香港年輕一代的國家認同和民族認同。首先，要堅決反對和決不允許一國之內出現特殊的「香港型」身份認同，堅決為被污名化的「國民教育」正名，變「擱置」為「力推」，恢復「國民教育」課綱，堅持「非學科化」，科學設置教學內容，將「國民教育」融入滲透到多學科中去，引導香港青少年不斷消除舊的隔閡，客觀認識「國民身份」的重要性；其次，要加強中國歷史教育，採用香港青少年熟悉的語言風格和易接受的敍事方式，在教材和實踐中加大中國歷史教育比重，還原公民教育中國家應有的角色和身份，引導香港青少年從中國歷史中感受民族自豪感和國家榮譽，增強國家認同感；再者，就「國民身份」進行各種實踐體認，而香港的愛國愛港社團也應積極吸納青年人，透過組織形式多元的活動，搭建各種線上線下平台和合作機制，推動香港青年學生與內地學生加強學習交流與互動，在逐漸融合中增強愛國愛港熱情。

2. 優化商會領袖能力結構，獲取廣泛社會認同

作為在港的愛國愛港社團領袖，在當下香港特殊和複雜的社會背景下，更需要優化自身的能力結構，以更好地發揮其號召力和引領力，第一，要加強政治素質培養，政治素質不僅決定着自身的發展方向，而且也決定了其政治悟性以及政治敏感性的高低，是民間商會等愛國愛港社團領袖應具備的首要素質。具體來説，可從以下三方面入手提高。首先，提高政治思想覺悟，要有堅定的政治方向和政治立場，即要熱愛祖國，支持「一國兩制」和《基本法》在香港全面貫徹落實，堅定不移地支持香港特區政府依法施政，堅決反對任何形式的「港獨」思想與行為，身體力行，帶領成員投身香港社會服務；其次，提高政策水平，即要學習國家憲法和相關法律、了解執政黨的大政方針以及國家的發展戰略、發展步驟和各時

期發展規劃以及香港《基本法》、香港政制發展等；再次，提高政治思想品質，要確立「報效祖國、服務社群、無私奉獻」等高尚理念和精神，要樹立高度的社會責任感和培養堅忍不拔的意志品質。第二，要提升能力素質，能力素質主要由創新能力和綜合能力構成，創新能力具體來説，包括洞察力、預見力、應變力、決斷力、推動力等，即當下所説的審時度勢，順勢而為的能力；綜合能力主要包括溝通協調、組織指揮、資源動員以及利益整合等能力。第三，要強化個人的人格魅力，通常商會等社團領袖因「自信、戰略遠見、不凡能力、高尚品質、不同尋常的勇敢行為以及充沛的精力」等被社團成員評價為「富有魅力」而成為他們的榜樣和表率，自然而然擁有強大的人格力量，也就能夠有效發揮其在社會治理中的作用和功能了。

3. 加強制度建設，建立政治人才培養體制機制

香港愛國愛港民間商會等社團領袖以及青年骨幹人才，不僅是維護當下香港社會繁榮穩定的重要力量，而且也是未來在香港政制發展中發揮重要作用的角色或人物。因此，培養愛國愛港社團領袖和青年政治人才迫在眉睫。但是，要實現愛國愛港社團領袖的培養及其人才儲備的良性循環，必須以制度建設作為保證，這需要包括人才培養體制及其機制的建立和落實。具體來説，第一，建立體制內的政治人才（包括社團領袖在內）培養體制和機制，即是説香港特區政府相關職能部門要建立與社團管理人才相對接的培養體制和機制，例如可由對口部門牽頭成立相應的負責培養政治人才（包括社團領袖在內）的專責機構負責制定培養計劃，同時建立運行機制具體落實和定期舉辦學習班。第二，建立與內地政府相關部門或高校等教育機構合作的政治人才培養（包括社團領袖在內）體制和機制。例如可通過內地與港澳對口的政府職能部門合作，委託內地各級行政學院或普通高校通過定期培訓班或相關專業的學歷及學位教育等方式培養和儲備政治人才。第三，建立與社會機構合作或委託的政治人才（包括社團領袖在內）培養體制和機制，例如可以和香港或內地有資質的社會民間智庫、高

校智庫或社會服務機構合作，舉辦定期或不定期的訓練營，培養愛國愛港社團領袖等政治人才。

4. 拓寬參與渠道，推動社團領袖參政議政

引導和鼓勵香港愛國愛港商會等社團及其領袖參政議政，並通過拓寬有效的渠道和途徑，使他們得以代表集體合理發聲，這有助於他們在商會成員以及市民之中樹立威望，發揮作用和功能。首先，可配合上述體制內培養政治人才（包括社團領袖）的體制和機制，有步驟和有計劃地選拔重點培養對象或表現突出的優秀人才充實到政治系統之中，使之能夠有直接參政議政的資格和渠道，並發揮重要的影響力和作用；其次，香港特區各諮詢部門可一定程度上吸納有條件的香港愛國愛港社團領袖，這不僅能充分發揮他們的專業技術專長和在行業的影響力，而且也拓展其參政議政的途徑；再者，內地各級人大、政協、僑聯、工商聯、青聯等部門也可吸收一定比例的香港愛國愛港社團領袖，以發揮他們參政議政的積極作用，增強他們的政治責任感和服務社會的熱忱。作為社團領袖能夠在政治參與過程中建言獻策，這有利於香港與內地的深度融合與發展，使之更能有效發揮其在社會治理中的功能。

5. 注重發揮智庫作用，提高決策的科學性與回應性

智庫，也稱「思想庫」，是專門從事開發性研究和政策諮詢的研究機構，彙聚各領域的專家學者，以盛產「金點子」為著，應充分運用其智慧和才能，為民間組織以及社團領袖提供政策建議或決策參考。香港愛國愛港商會等社團領袖不管在日常的會務領導工作中，還是在參政議政中都要善於與社會各界，尤其是要與香港本土或內地資質良好的智庫進行交流和良性互動，以拓展視野和思路，與時俱進，獲取更廣泛、更專業、更合理、更有回應性和建設性的對策建議，提高自身發聲的質量和建言獻策的公信力和社會影響力。善用智庫的增益功能與作用，有利於增強社團自身的能力和影響力。

6. 改革選拔晉升制度，緩解社團領袖老化局面

長期以來，熱衷參與香港民間商會等愛國社團活動的人士以年長者較多，其首長也以長者居多。於是，會員年齡偏大、結構老化、活動陳舊，缺乏吸引力等成為香港社團普遍存在的問題；然而，進入新時期，由於晉升機會、薪酬體系以及工作時間等原因，香港愛國社團一般還是由社會中較為有名望的人士擔任領袖和中層骨幹，使得整個社團內青年人才相對匱乏，缺乏活力，後勁不足，面臨青黃不接的挑戰。因此，在新時代背景下，尤其香港已進入由治及興的發展時期，亟需改變香港愛國愛港社團以往的人才選拔與晉升制度，扭轉香港愛國社團領袖老化、基層組織力量薄弱的局面。

首先，改革香港愛國愛港社團傳統的排輩論資做法，適當啟用年輕的、高學歷的、有內地或海外學習及教育工作經驗的愛國愛港人士，為香港愛國愛港社團注入新思維、新動力。其次，香港愛國愛港社團應加強青年人才選拔工作，為一些願意付出、有能力的青年盡可能多地提供社團內的職位，讓更多有為青年在社團內有向上流動的機遇，提高青年參與社團事務的積極性，增強香港愛國社團青年骨幹團隊力量，有效擴大香港愛國陣營的影響力。再次，如上所述，社團應注重培養新一代政治精英和社會治理人才，將青年幹部發掘培養與社團組織建設和領袖建設同謀劃、同部署，用心建好「蓄水池」，建設好社團儲備人才庫，增強香港愛國社團青年骨幹團隊力量，推動社團青年骨幹融入地區事務，為愛國愛港社團參與社會基層治理做好人才和力量準備。

總之，新時代當務之急是要抓緊培養一支既有堅定的愛國愛港政治立場、有政治抱負擔當、熟悉基層和社區工作，又有實際領導能力的年輕管治團隊；重視從基層培養愛國愛港社團的青年骨幹，緩解社團領袖老化，年輕接班人斷層的局面；注重社團全面向下「紮根」，着力構建適合年輕人的新型社團，壯大和發展愛國愛港統一戰線的人才隊伍。

參考文獻

中文書目

B · 蓋伊 · 彼得斯著：《政府未來的治理模式》，北京：中國人民大學出版社，2001 年。

NPO 信息諮詢中心主編，黎佳等譯：《非營利組織的治理》，北京：中國書籍出版社，2008 年。

S.M. 李普塞特：《政治人：政治的社會基礎》，上海：上海人民出版社，1997 年。

《大不列顛百科全書》（國際中文版），北京：中國大百科全書出版社，1999 年。

山西財經大學晉商研究院編：《晉商研究》2008 年第一輯（總第一輯），北京：經濟管理出版社，2008 年。

中國（海南）發展研究院：《中國反貧困治理結構》，北京：中國經濟出版社，2002 年。

中華全國工商業聯合會編：《中外商會運作規範比較》，北京：中華工商聯合出版社，2007 年。

丹尼爾 · W · 布羅姆利：《經濟利益與經濟制度 —— 公共政策的理論基礎》，上海：上海人民出版社，1996 年。

《公共論叢》，第 3 輯，北京：三聯書店，1997 年。

戈丹著，鍾震宇譯：《何謂治理》，北京：社會科學文獻出版社，2010 年。

戈德 · 史密斯等著，孫迎春譯：《網絡化治理：公共部門的新形態》，北京：北京大學出版社，2008 年。

王日根：《明清民間社會的秩序》，長沙：嶽麓書社出版，2003 年。

王名：《民間組織通論》，北京：時事出版社，2004 年。

王名：《中國非營利評論》，北京：社會科學文獻出版社，2007 年。

王名、劉國翰：《中國社團改革：從政府選擇到社會選擇》，北京：社會科學文獻出版社，2001 年。

王建芹：《非政府組織的理論闡釋：兼論我國現行非政府組織法律的衝突與選擇》，北京：中國方正出版社，2005 年。

王建芹等：《從自願到自由 —— 近現代社團組織的發展演進》，北京：群言出版社，2007 年。

王紹光：《多元與統一：第三部門國際比較研究》，杭州：浙江人民出版社，1999 年。

王翔：《話説浙商》，北京：中華工商聯合出版社，2008 年。

古塔・弗格森編著，駱建建、袁同凱、郭立新譯：《人類學定位：田野科學的界限與基礎》，北京：華夏出版社，2005 年。

可兒弘明：《香港艇家的研究》，香港：香港中文大學新亞書院研究所，1967 年。

田玉榮主編：《非政府組織與社區發展》，北京：社會科學文獻出版社，2008 年。

安・格雷著，許夢芸譯：《文化研究：民族志方法與生活文化》，台北：韋伯文化國際出版有限公司，2008 年。

安東尼・吉登斯：《第三條道路：社會民主主義的復興》，北京：北京大學出版社，2000 年。

托馬斯・海貝勒：《作為戰略群體的企業家 —— 中國私營企業家的社會與政治功能研究》，北京：中央編譯出版社，2003 年。

朱炳祥：《土家族文化的發生學闡釋》，北京：中央民族大學出版社，1999 年。

朱炳祥：《社會人類學》，武漢：武漢大學出版社，2004 年。

朱炳祥：《村民自治與宗族關係研究》，武漢：武漢大學出版社，2007 年。

朱英：《近代中國商會、行會及商團新論》，北京：中國人民大學出版社，2008 年。

朱英：《近代中國經濟發展與社會變遷》，武漢：湖北人民出版社，2008 年。

朱英、鄭成林主編：《商會與近代中國》，上海：華中師範大學出版社，2005 年。

朱國雲：《組織理論：歷史與流派》，南京：南京大學出版社，1997 年。

朱莉・費希爾：《NGO 與第三世界的政治發展》，北京：社會科學文獻出版社，2002 年。

亨廷頓：《變化社會中的政治秩序》，北京：三聯書店，1989 年。

何增科：《公民社會與第三部門》，北京：社會科學文獻出版社，2000 年。

余暉等著：《行業協會及其在中國的發展 —— 理論與案例》，北京：經濟管理出版社，2002 年。

吳巧瑜：《行政領導學》，北京：清華大學出版社，2016 年。

吳南生：《潮汕文化論叢（初集）》，廣州：廣東高等教育出版社，1992 年。

李亦園：《一個移植的市鎮 —— 馬來西亞華人市鎮生活的調查研究》，台北：中研院民族學研究所，1970 年。

李金強、陳潔光、楊昱升：《福源潮汕澤香江：基督教潮人生命堂百年史述 1909－2009》，香港：商務印書館，2009 年。

李珍剛：《當代中國政府與非營利組織互動關係研究》，北京：中國社會科學出版社，2004 年。

李培德：《繼往開來 —— 香港廠商 75 年（1934－2009）》，香港：商務印書館，2009 年。

李培德編：《香港史研究書目題解》，香港：三聯書店，2001 年。

李培德編：《近代中國的商會網絡及社會功能》，香港：香港大學出版社，2009 年。

李培德編：《商會與近代中國政治變遷》，香港：香港大學出版社，2009 年。

李開文、劉霽堂：《自強不息：廣東潮汕人的膽氣》，廣州：廣東人民出版社，2005 年。

李鐵紅：《新九大商幫：當代中國商業的領跑者》，北京：中國三峽出版社，2010 年。

杜贊奇：《文化、權力與國家》，南京：江蘇人民出版社，1994 年。

沈衛紅：《僑鄉模式與中國道路》，北京：社會科學文獻出版社，2009 年。

冼玉儀：《香港文化與社會》，香港：香港大學亞洲研究中心，1998 年。

周大鳴：《鳳凰村的變遷：華南的鄉村生活追蹤研究》，北京：社會科學文獻出版社，2006 年。

周佳榮、鍾寶賢、黃文江：《香港中華總商會百年史》，香港：商務印書館，2002 年。

林濟：《潮商史略》，北京：華文出版社，2008 年。

阿米・古特曼等著，吳玉章、畢小青等譯：《結社：理論與實踐》，北京：三聯書店，2006 年。

俞可平：《中國公民社會的興起與治理的變遷》，北京：社會科學文獻出版社，2002 年。

俞可平：《中國治理變遷 30 年（1978－2008）》，北京：社會科學文獻出版社，2008 年。

俞可平主編：《治理與善治》，北京：社會科學文獻出版社，2000 年。

洪濤等著：《行業協會運作與發展》，北京：中國物資出版社，2005 年。

郁建興：《民間商會與地方政府 —— 基於浙江省溫州市的研究》，北京：經濟科學出

版社，2006 年。

郁建興、江華、周俊：《在參與中成長的中國公民社會：基於浙江溫州商會的研究》，杭州：浙江大學出版社，2008 年。

郁建興、黃紅華、方立明等著：《在政府與企業之間 —— 以溫州商會為研究對象》，杭州：浙江人民出版社，2004 年。

香港城市大學中國文化中心編：《考察香港 —— 文化歷史個案研究》，香港：三聯書店，2005 年。

香港科技大學華南研究中心、華南研究會合編：《經營文化 —— 中國社會單元的管理與運作》，香港：香港教育圖書公司，1999 年。

孫柏瑛：《當代地方治理 —— 面向 21 世紀的挑戰》，北京：中國人民大學出版社，2004 年。

徐茂明：《江南士紳與江南社會（1368－1911）》，北京：商務印書館，2004 年。

格爾茲著，納日碧力戈譯：《文化的解釋》，上海人民出版社 1999 年版。

浦文昌：《市場經濟與民間商會——培育發展民間商會的比較研究》，北京：中央編譯出版社，2003 年。

袁方主編：《社會研究方法教程》，北京：北京大學出版社，1997 年。

馬克斯．韋伯：《經濟與社會》，北京：商務印書館，1997 年。

馬凌諾斯基著，梁永佳等譯：《西太平洋的航海者》，北京：華夏出版社，2002 年。

馬敏、朱英：《傳統與近代的二重變奏：晚清蘇州商會個案研究》，成都：巴蜀書社出版，1993 年。

馬敏、肖芃主編：《蘇州商會檔案叢編》第四輯，上海：華中師範大學出版社，2009 年。

高紅：《城市整合 —— 社團、政府與市民社會》，南京：東南大學出版社，2008 年。

國際潮汕書畫總會編：《楊文波先生八十大壽紀念：文海波光》，2008 年。

婁勝華：《轉型時期澳門社團研究 —— 多元社會中法團主義體制解析》，廣州：廣東人民出版社，2004 年。

康曉光：《權力的轉移 —— 轉型時期中國權力格局的變遷》，杭州：浙江人民出版社，1999 年。

張文宏：《中國城市的階層結構與社會網絡》，上海：上海人民出版社，2006 年。

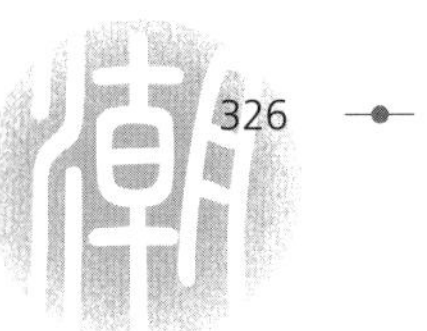

張江虹：《晉商成敗的 66 個細節》，北京：世界知識出版社，2008 年。

張更義：《最富是潮商：華商第一族群發達模式解密》，廣州：廣東人民出版社，2005 年。

張炳良等：《香港經驗：文化傳承與制度創新》，香港：香港大學亞洲研究中心、商務印書館聯合出版，2009 年。

張苗熒等：《溫商轉型升級對策研究》，北京：人民郵電出版社，2009 年。

張國榮：《深圳民營經濟發展報告》，深圳：海天出版社，2006 年。

張捷等：《商會治理與市場經濟 —— 經濟轉型期中國產業中間組織研究》，北京：經濟科學出版社，2010 年。

張學軍、孫炳芳：《直隸商會與鄉村社會經濟（1903-1937）》，北京：人民出版社，2010 年。

張靜：《法團主義》，北京：中國社會科學出版社，2005 年修訂版。

張靜：《現代公共規則與鄉村社會》，上海：上海書店出版社，2006 年。

章開沅：《章開沅演講訪談錄》，上海：華中師範大學出版社，2009 年。

陳志明、丁毓玲、王連茂主編：《跨國網絡與華南僑鄉：文化、認同和社會變遷》，香港：香港中文大學香港亞太研究所，2006 年。

陳國申：《從傳統到現代：英國地方治理變遷》，北京：中國社會科學出版社，2009 年。

陳剩勇：《在政府與企業之間 —— 以溫州商會為研究對象》，杭州：浙江人民出版社，2004 年版。

陳剩勇、汪錦軍、馬斌：《組織化、自主治理與民主 —— 浙江溫州民間商會研究》，北京：中國社會科學出版社，2004 年。

陳煥溪：《潮人在香港》，汕頭：潮汕歷史文化研究中心，2006 年。

陳麗君等：《香港人價值觀念研究》，北京：社會科學文獻出版社，2011 年。

陳驊：《海外潮人》，廣州：廣東人民出版社，2007 年。

陳驊、楊群熙：《海外潮人慈善業績》，廣州：花城出版社，1999 年。

陶慶：《福街的現代「商人部落」—— 走出轉型期社會重建的合法化危機》，北京：社會科學文獻出版社，2007 年。

傑弗里·菲佛、傑勒爾德·R·薩蘭基克：《組織的外部控制：對組織資源依賴的分析》，北京：東方出版社，2006 年。

程昔武：《非營利組織治理機制研究》，北京：中國人民大學出版社，2008 年。

萊斯特 · M · 薩拉蒙：《走向公民社會：全球結社革命和解決公共問題的新時代》，香港：香港社科出版社，2001 年。

萊斯特 · M · 薩拉蒙等著，賈西津等譯：《全球公民社會：非營利部門視界》，北京：社會科學文獻出版社，2002 年。

費孝通：《鄉土中國 生育制度》，北京：北京大學出版社，1998 年。

費孝通：《江村經濟》，上海：上海人民出版社，2006 年。

賀立平：《讓渡空間與拓展空間 —— 政府職能轉變中的半官方社團研究》，北京：中國社會科學出版社，2007 年。

馮筱才:《在商言商:政治變局中的江浙商人》,上海:上海社會科學院出版社，2004 年。

黃孟復：《中國商會發展報告》，北京：社會科學文獻出版社，2004 年。

黃紹倫編：《中國宗教倫理與現代化》，香港：商務印書館，1991 年。

黃湛利：《論港澳政商關係》，澳門：澳門學者同盟出版，2007 年。

黃綺文、宋佩華：《潮人同鄉社團遍全球》，汕頭：汕頭大學出版社，1997 年。

奧利弗 · E · 威廉森著：《治理機制》，北京：中國社會科學出版社，2001 年。

新華通訊社、香港聯合出版（集團）有限公司編輯策劃：《香港 · Hong Kong》，北京：新華出版社，1997 年。

楊奇：《香港概論（續編）》，北京：中國社會科學出版社，1993 年。

楊奇主編：《香港概論》，香港：三聯書店，1993 年。

楊冠瓊：《政府治理體系創新》，北京：經濟管理出版社，2000 年。

楊懋春：《一個中國村莊：山東台頭》，南京：江蘇人民出版社，2001 年。

葉燕斐、黃琳等編譯：《商會管理》，成都：四川人民出版社，2007 年。

虞和平：《商會與中國早期現代化》，上海：上海人民出版社，1993 年。

詹姆斯 · P · 蓋拉特：《21 世紀非營利組織管理》，北京：中國人民大學出版社，2003 年。

詹姆斯 · 克利福德、喬治 · E · 馬庫斯編，高丙中等譯：《寫文化 —— 民族志的詩學與政治學》，北京：商務印書館，2006 年。

詹姆斯 · 羅西瑙：《沒有政府統治的治理》，劍橋大學出版社，1995 年。

賈西津：《第三次改革 —— 中國非營利部門戰略研究》，北京：清華大學出版社，2005 年。

賈西津、沈恒超、胡文安等：《轉型時期的行業協會 —— 角色、功能與管理體制》，北京：社會科學文獻出版社，2004 年。

翟鴻祥主編：《行業協會發展理論與實踐》，北京：經濟科學出版社，2003 年。

趙克進：《香港潮商簡史》，香港：香港潮州商會出版，2001 年。

趙黎青：《非政府組織與可持續發展》，北京：經濟科學出版社，1998 年。

劉兆佳、尹寶珊、李明方、黃紹倫編：《社會轉型與文化變貌：華人社會的比較》，香港：香港中文大學香港亞太研究所，2001 年。

劉培峰：《結社自由及其限制》，北京：社會科學文獻出版社，2007 年。

劉曼容：《港英政府政治制度論：1841－1985》，北京：社會科學文獻出版社，2001 年。

劉曼容：《港英政治制度與香港社會變遷》，香港：香港各界文化促進會，2007 年。

劉華光：《商會的性質、演進與制度安排》，北京：中國社會科學出版社，2009 年。

劉蜀永主編：《簡明香港史（新版）》，香港：三聯書店，2009 年。

廣東省青年企業家協會、廣東省青年商會編：《粵商發展報告》，廣州：廣東人民出版社，2008 年。

樂承耀：《近代寧波商人與社會經濟》，北京：人民出版社，2007 年。

鄭宏泰、周振威：《香港大老 —— 周壽臣》，香港：三聯書店，2006 年。

鄭宏泰、黃紹倫：《香港大老 —— 何東》，香港：三聯書店，2007 年。

鄭杭生主編：《社會學概論》（第三版），北京：中國人民大學出版社，2003 年。

魯籬：《行業協會經濟自治權研究》，北京：法律出版社，2003 年。

黎軍：《行業組織的行政法問題研究》，北京：北京大學出版社，2002 年。

《澳門特區政府組織架構》，澳門：澳門區域公共管理研究學會，2008 年。

應莉雅：《天津商會組織網絡研究（1903－1928）》，廈門：廈門大學出版社，2006 年。

謝明編著：《公共政策案例分析》，北京：中國人民大學出版社，2009 年。

邁克爾．麥金尼斯：《多中心體制與地方公共經濟》，上海：上海三聯書店，2000 年。

藍宇蘊：《都市里的村莊 —— 一個「新村社共同體」的實地研究》，北京：三聯書店，2005 年。

魏文亨：《中間組織 —— 近代工商同業公會研究（1918－1949）》，上海：華中師範大學出版社，2007 年。

羅布特 · 帕特南：《使民主運轉起來》，南昌：江西人民出版社，2001 年。

羅納德 · 博特：《結構洞：競爭的社會結構》，上海：格致出版社，2008。

羅琅：《潮州話故錄》，香港：宏圖出版社，1972 年。

龔詠梅：《社團與政府的關係 —— 蘇州個案研究》，北京：社會科學文獻出版社，2007 年。

中文期刊

巴戰龍：〈人類學家鄉研究的反思與辯護 —— 基於兩項教育民族志的研究〉，《北方民族大學學報》，2009 年第 2 期。

毛天祥：〈公共管理需要社會化〉，載於鄭州大學公共管理學院網站：http://www2.zzu.edu.cn/gggl.

王玉珍：〈商會的生成機制及有效性理論綜述〉，《南開經濟研究》，2005 年第 5 期。

皮埃爾 · 布爾迪厄：〈社會資本隨筆〉，《社會科學研究》，1980 年第 1 期。

何佩然：〈地方經濟力量的興起與衰落 —— 香港新界沙田商會的個案〉，《華中師範大學學報》（人文社會科學版），2009 年第 3 期。

吳巧瑜：〈轉型期民間商會組織的角色與功能 —— 從合作主義的理論視角分析〉，《學術研究》，2007 年第 4 期。

吳巧瑜、董尚朝、楊愛平：〈民間商會參與地方治理的有效性研究 —— 基於深圳市寶安區沙井商會的個案分析〉，《新華文摘》，2011 年第 5 期。

李培林：〈20 世紀上半葉社會學的「中國學派」〉，《社會科學戰線》，2008 年第 12 期。

李培德：〈香港華商總會選舉的政治風潮〉，《商會與近現代中國國際學術討論會》，2004 年第 9 期。

李寶梁：〈中國民間商會透析〉，《天津社會科學》，1997 年第 5 期。

汪向陽、胡春陽：〈治理：當代公共管理理論的新熱點〉，《復旦學報》（社會科學版），2000 年第 4 期。

阿里 · 法拉茲曼得：〈全球化和公共行政〉，《公共行政評論》，1996 年第 6 期。

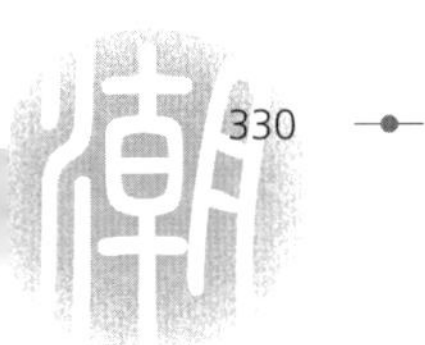

姚福喜：〈非政府組織（NGO）與企業〉，《內蒙古財經學院學報》，2003 年第 4 期。

郁建興：〈民間商會的發展與政府職能轉變〉，《中國行政管理》，2005 年第 9 期。

郁建興、呂明再：〈溫州商會的興起：溫州模式研究的政治社會學範式轉型〉，《學術月刊》，2004 年第 5 期。

徐家良：〈治理結構、運行機制、與政府關係：非營利組織有效性分析〉，《北京行政學院學報》，2005 年第 4 期。

徐越倩：〈民間商會與地方治理：理論基礎與國外經驗〉，《中共浙江省委黨校學報》，2005 年第 5 期。

格里・斯托克：〈作為理論的治理：五個論點〉，《國家社會科學》（中文版），1999 年第 2 期。

浙江工商大學管理學院：〈民間商會與地方政府〉，《中共浙江省委黨校學報》，2006 年第 3 期。

浦文昌：〈政府行政體制改革和行業組織發展——民間商會論壇 2006 年年會專家觀點綜述〉，《中國改革》，2006 年第 11 期。

馬斌、徐越倩：〈民間商會的治理結構與運行機制 —— 以溫州民間商會自主治理為個案的研究〉，《理論與改革》，2006 年第 1 期。

張璋：〈治理：公共行政的新理念〉，《人大複印資料（公共行政）》，2000 年第 3 期。

郭萬超：〈中國民間組織現狀發展〉，《北京社會科學》，2002 年第 2 期。

陳盛勇：〈溫州民間商會——一個制度分析學的視角〉，《浙江大學學報》，2003 年第 3 期。

陳盛勇、馬斌：〈溫州民間商會——民主價值與民主發展的困境〉，《開放時代》，2003 年第 3 期。

陳經緯：粵港澳大灣區合作將成為經濟增長新動力，國際在線，http://www.010lm.com/roll/2017/0309/5174202.html.

陳廣勝：〈試論政府與非政府組織的治理重心〉，《中共浙江省委黨校學報》，2007 年第 3 期。

陳憲：〈社會中介組織「三性」論〉，《上海改革》，2001 年第 5 期。

曾鯤：〈論非營利組織的雙重管理體制〉，《行政論壇》，2004 年第 3 期。

萊斯特・薩拉蒙：〈非營利部門的崛起〉，《馬克思主義與現實》，2002 年第 3 期。

楊瑩：〈治理視野下我國第三部門培育〉，《行政與法》，2005 年第 10 期。

葉勁松：〈市民社會視野下民間商會及其政治參與〉，《浙江社會科學》，2005 年第 7 期。

詹姆斯・科爾曼：〈社會資本在人力資本創造中的作用〉，《美國社會學》，1988 年第 1 期。

趙蕾：〈多元治理模式與 NGO 角色複位〉，《學術探索》，2004 年第 5 期。

劉大洪：〈政府失靈語境下第三部門研究〉，《法學研究》，2005 年第 6 期。

鄧湘琳：〈試論第三部門的發展對中國政府改革的啟示〉，《前沿》，2005 年第 9 期。

鄭江淮：〈行業協會職能配置與政策創新〉，載於香港中文大學中國研究服務中心網站：http:// www.usc.cuhk.edu.hk/wk.asp.

鄭慧：〈企業的需求與商會的俱樂部產品供給分析〉，《溫州大學學報》，2006 年第 6 期。

邁克爾・愛德華茲：〈公民社會與全球治理〉，《國際政治》，2002 年第 10 期。

羅西瑙：〈21 世紀的治理〉，《全球治理》，1995 年第 1 期。

羅茨：〈新的治理〉，《政治學研究》，1996 年第 154 期。

香港潮州商會相關文件及檔案資料

香港潮州商會編製：《旅港潮州商會三十周年紀念特刊》，1951 年版。

香港潮州商會編製：《香港潮州商會成立四十周年特刊》，1961 年版。

香港潮州商會編製：《香港潮州商會五十周年紀念特刊》，1971 年版。

香港潮州商會編製：《香港潮州商會六十周年紀念特刊》，1981 年版。

香港潮州商會編製：《香港潮州商會七十周年紀念特刊》，1992 年版。

香港潮州商會編製：《香港潮州商會八十周年紀念特刊》，2002 年版。

香港潮州商會編製：《香港潮州商會會訊》（2008 年 1 月第 59 期—2011 年 3 月第 76 期）。

香港潮州商會編製：《香港潮州商會有限公司章程》，1956 年 8 月通過。

香港潮州商會編製：《香港潮州商會有限公司章程》，1960 年 6 月通過。

香港潮州商會編製：《香港潮州商會有限公司章程》，1970 年 3 月通過。

香港潮州商會編製：《香港潮州商會慶祝香港回歸祖國暨第四十屆會董就職典禮大

會》，1997 年版。

香港潮州商會編製：《香港潮州商會第四十二屆會董就職典禮》，2001 年版。

香港潮州商會編製：《香港潮州商會第四十三屆會董就職典禮》，2003 年版。

香港潮州商會編製：《香港潮州商會第四十四屆會董就職典禮》，2005 年版。

香港潮州商會編製：《香港潮州商會第四十五屆會董就職典禮》，2007 年版。

香港潮州商會編製：《香港潮州商會第四十六屆會董就職典禮》，2009 年版。

香港潮州商會編製：《香港潮州商會 2010 年度宴賀鄉彥》，2010 年版。

香港潮屬社團總會編製：《香港潮人盂蘭勝會》，2010 年版。

香港潮屬社團總會編製：《香港潮屬社團總會第五屆會董就職典禮》，2010 年版。

香港潮屬社團總會編製：《香港潮屬社團總會成立緣起》，2009 年版。

第八屆國際潮團聯誼年會編製：《潮人開拓與國際潮團聯誼年會》，1995 年版。

國際潮團聯誼年會報告書編輯委員會編製：《第十四屆國際潮團聯誼年會報告書》，2009 年版。

國際潮團聯誼年會編製：《第十屆國際潮團聯誼年會特刊》，1999 年版。

國際潮團聯誼年會編製：《第十一屆國際潮團聯誼年會紀念刊》，2002 年版。

國際潮團聯誼年會編製：《潮人在線》，2008 年版。

國際潮團聯誼年會編製：《世界潮商》，2008 年版。

國際潮團聯誼年會編製：《國際潮訊》，1985 年第 3 期。

國際潮團聯誼年會編製：《國際潮訊》，1990 年第 11 期。

廣東省僑聯編製：《海外及港澳台友好社團簡介》，2008 年版。

廣東省海外交流協會編製：《第二屆世界廣東同鄉聯誼大會僑情交流文集》，2002 年版。

潮僑年刊編輯委員會編製：《潮僑年刊》，1976 年版。

潮僑年刊編輯委員會編製：《潮僑年刊》，1978 年版。

潮僑年刊編輯委員會編製：《潮僑年刊》，1980 年版。

潮州通鑒出版社編印：《潮僑通鑒：1971-1972》，1980 年版。

潮汕歷史文化研究中心、汕頭大學潮汕文化研究中心合編：《潮學研究》（第 1 輯），1993 年版。

潮汕歷史文化研究中心、汕頭大學潮汕文化研究中心合編：《潮學研究》（第 2 輯），

1994 年版。

潮汕歷史文化研究中心、汕頭大學潮汕文化研究中心合編：《潮學研究》（第 3 輯），1995 年版。

潮汕歷史文化研究中心、汕頭大學潮汕文化研究中心合編：《潮學研究》（第 4 輯），1996 年版。

潮汕歷史文化研究中心、汕頭大學潮汕文化研究中心合編：《潮學研究》（第 5 輯），1997 年版。

潮汕歷史文化研究中心、汕頭大學潮汕文化研究中心合編：《潮學研究》（第 6 輯），1998 年版。

潮汕歷史文化研究中心、汕頭大學潮汕文化研究中心合編：《潮學研究》（第 7 輯），1999 年版。

潮汕歷史文化研究中心、汕頭大學潮汕文化研究中心合編：《潮學研究》（第 8 輯），2000 年版。

潮汕歷史文化研究中心、汕頭大學潮汕文化研究中心合編：《潮學研究》（第 9 輯），2001 年版。

潮汕歷史文化研究中心、汕頭大學潮汕文化研究中心合編：《潮學研究》（第 10 輯），2002 年版。

潮汕歷史文化研究中心、汕頭大學潮汕文化研究中心合編：《潮學研究》（第 11 輯），2003 年版。

潮汕歷史文化研究中心、汕頭大學潮汕文化研究中心合編：《潮學研究》（第 12 輯），2004 年版。

潮汕歷史文化研究中心、汕頭大學潮汕文化研究中心合編：《潮學研究》（第 13 輯），2005 年版。

潮汕歷史文化研究中心、汕頭大學潮汕文化研究中心合編：《潮學研究》（第 14 輯），2006 年版。

潮汕歷史文化研究中心、汕頭大學潮汕文化研究中心合編：《潮學研究》（第 15 輯），2007 年版。

潮汕歷史文化研究中心、汕頭大學潮汕文化研究中心合編：《潮學研究》（第 16 輯），

2008 年版。

汕頭大學編印：《潮人風采》，2003 年版。

潮汕歷史文化研究中心編製：《潮學》，2001 年第 1、2 期合刊。

潮汕歷史文化研究中心編製：《潮學》，2002 年第 8 期。

潮汕歷史文化研究中心編製：《潮學》，2003-2004 年第 17、18 期合刊。

潮汕歷史文化研究中心編製：《潮學》，2005 年第 20 期。

潮汕歷史文化研究中心編製：《潮學》，2006 年第 23 期。

潮汕歷史文化研究中心編製：《潮學》，2007 年第 24 期。

潮汕歷史文化研究中心編製：《潮學》，2008 年第 26 期。

潮汕歷史文化研究中心編製：《潮學》，2009 年第 27、28 期合刊。

外文文獻

Alchian, A. A. and Demsetz, H. "Production, Information Cost, and Economics Organization", *The American Economic Review*, Vol. 62, no. 5 (1972).

Buchanan, J. M. "An Economic Theory of Clubs", *Economica*, Vol. 32, no. 125 (1965).

Cawson, A. *Corporatism and Political Theory*. Oxford: Basil Blackwell Ltd. 1986.

Charny, D. "Nonlegal Sanctions in Commercial Relationships", *Harvard Law Review*, Vol. 104, no. 2 (1990).

Coase, R. H. "The Nature of the Firm", *Economica*, Vol. 4, no. 16 (1937).

Cronin, P. *Game Theory, Business Association and the Promotion of Small Business Network in Northern Mexico*. London: Routledge, 2002.

Doner, R. F. and Schneider, B. R. "The New Institutional Economics, Business Associations and Development", Geneva: International Institute for Labor Studies, 1992.

Eikenberry, A. M. and Kluver, J. D. "The Marketization of the Nonprofit Sector: Civil Society at Risk?" *Public Administration Review*, Vol. 64, no. 2 (2004).

Gidron, B., Kramer, R. M., and Salmon, L. M. *Government and the Third Sector: Emerging Relationships in Welfare States*. San Francisco: Jossey-Bass. 1992.

Greif, A. "Contract Enforceability and Economic Institutions in Early Trade: the Maghribi

Traders' Coalition" , *The American Economic Review*, Vol. 83, no. 3 (1993).

Greif, A., Milgrom, P. and Weingast, B. R. "Coordination, Commitment, and Enforcement: The Case of the Merchant Guild" , *Journal of Political Economy*, Vol. 102, no. 4 (1994).

Hansmann, H. B. "The Role of Nonprofit Enterprise" , *The Yale Law Journal*, Vol. 89, no. 5 (1980).

Hollingsworth, J. R. and Boyer, R. ed. *Contemporary Capitalism: The Embeddedness of Institutions.* Cambridge, N.Y.: Cambridge University Press, 1997.

Hollingsworth, J. R., Schmitter, P. C. and Streeck, W. ed. *Governing Capitalist Economies: Performance and Control of Economic Sectors*. Oxford: Oxford University Press, 1994.

Larsson, R. "The Handshake between Invisible and Visible Hands: Toward a Tripolar Institutional Framework" , *International Studies of Management and Organization*, Vol. 23, no. 1 (1993).

McMillan, J. and Woodruff, C. "Private Order Under Dysfunctional Public Order" , *Michigan Law Review*, Vol. 98, no. 8 (2000).

Meyer-Stamer, J. and Seibel, S. "Cluster, Value Chain and the Rise and Decline of Collective Action: the Case of the Tile Industry in Santa, Catarina, Brazil" , 2002.

Olson, M. *The Logic of Collective Action*. Cambridge, MA: Harvard University Press, 1965.

Recanatini, F. and Ryterman R. "Disorganization or Self-Organization" , http: / /papers1 ssrn1com / s o13 /papers1 cfm? Abstract - id =2192681.

Richardson, G. B. "The Organization of Industry" , *Economic Journal*, Vol. 82, no. 327 (1972).

Schmitter, P. C. "Still the Century of Corporatism" , *Review of Politics*, Vol. 36. 1974.

Schofer, E. and Fourcade-Gourinchas, M. "The Structural Contexts of Civic Engagement: Voluntary Association Membership in Comparative Perspective" , *American Sociological Review*, Vol. 66, no. 6 (2004).

Standifird, S. S. and Marshall, R. S. "The Transaction Cost Advantage of Guanxi - Based

Bussiness Practice", *Journal of World Business*, Vol. 35, no. 1 (2000).

Streeck, W. and Schmitter P. C. *Private Interest Government: Beyond Market and State.* London: Sage, 1985.

Unger, J. "'Bridges': Private Business, the Chinese Government and the Rise of New Association", *The China Quarterly*, No. 147 (1996).

Weisbrod, B. A. "Toward a Theory of the Voluntary Nonprofit Sector in a Three-Sector Economy", in E. Phelps ed. *Altruism, Morality and Economic Theory*. New York: Russel Sage, 1974.

Williamson, O. E. "Transaction Cost Economics: The Governance of Contractual Relations", *Journal of Law and Economics*, Vol. 22, no. 2 (1979).

Williamson, O. E. *The Economic Institutions of Capitalism: Firms, Markets, Relational Contracting.* New York: The Free Press, 1985.

Williamson, O. E. *The Mechanisms of Governance*. New York: Oxford University Press, 1996.

附錄一
香港潮州商會歷屆會長、理事長名錄

第一屆（1921 － 1922 年）
會長：蔡傑士

第二屆（1922 － 1923 年）
會長：陳殿臣

第三屆（1923 － 1924 年）
會長：陳殿臣

第四屆（1924 － 1925 年）
會長：方養秋

第五屆（1925 － 1927 年）
會長：方養秋

第六屆（1927 － 1929 年）
會長：李澄秋

第七屆（1929 － 1931 年）
會長：陳子昭

第八屆（1931 － 1933 年）
會長：陳子昭

第九屆（1933 － 1935 年）
會長：馬澤民

第十屆（1935 － 1937 年）
會長：馬澤民

第十一屆（1937 － 1939 年）
會長：林子豐博士 OBE

第十二屆（1939 － 1941 年）
會長：洪鶴友

第十三屆（1941 －就職不久，香港淪陷，會務停頓）
會長：孫家哲

第十四屆（1944 － 1946 年）
會長：許友梅

第十五屆（1946 － 1948 年）
會長：馬澤民

第十六屆（1948 － 1950 年）
理事長：陳漢華

第十七屆（1950 － 1952 年）
理事長：馬錦燦

第十八屆（1952 － 1954 年）
理事長：沈瑞慶

第十九屆（1954—1956 年）
理事長：鄭植芝

第二十屆（1956 － 1958 年）
會長：馬澤民

第二十一屆（1958 － 1960 年）
會長：洪祥佩 太平紳士

第二十二屆（1960 － 1962 年）
會長：洪祥佩 太平紳士

第二十三屆（1962 － 1964 年）
會長：鄭光

第二十四屆（1964 － 1966 年）
會長：陳維信 BBS MBE

第二十五屆（1966 － 1968 年）
會長：廖烈文 GBS 太平紳士

第二十六屆（1968 － 1970 年）
會長：廖烈文 GBS 太平紳士

第二十七屆（1970 － 1972 年）
會長：廖烈文 GBS 太平紳士

第二十八屆（1972 － 1974 年）
會長：蔡章閣 太平紳士

第二十九屆（1974 － 1976 年）
會長：林思顯 CBE 太平紳士

第三十屆（1976 － 1978 年）
會長：林思顯 CBE 太平紳士

第三十一屆（1978 － 1980 年）
會長：廖烈武博士 LLD MBE 太平紳士

第三十二屆（1980 － 1982 年）
會長：陳有慶博士 GBS 太平紳士

第三十三屆（1982 － 1984 年）
會長：陳有慶博士 GBM GBS 太平紳士

第三十四屆（1984 － 1986 年）
會長：章志光

第三十五屆（1986 － 1988 年）
會長：劉世仁 MBE 太平紳士

第三十六屆（1988 － 1990 年）
會長：廖烈科 MBE 太平紳士

第三十七屆（1990 － 1992 年）
會長：廖烈科 MBE 太平紳士

第三十八屆（1992 － 1994 年）
會長：劉奇喆

第三十九屆（1994 － 1996 年）
會長：唐學元 BBS

第四十屆（1996—1998 年）
會長：葉慶忠 BBS BME 太平紳士

第四十一屆（1998 － 2000 年）
會長：周厚澄 GBS SBS OBE 太平紳士

第四十二屆（2000 － 2002 年）
會長：陳偉南 BBS

第四十三屆（2002 － 2004 年）
會長：蔡衍濤 MH

第四十四屆（2004 － 2006 年）
會長：莊學山

第四十五屆（2006 － 2008 年）
會長：馬介璋博士 SBS BBS

第四十六屆（2008 － 2010 年）
會長：許學之 BBS 榮譽大學院士

第四十七屆（2010 － 2012 年）
會長：陳幼南博士 SBS MH

第四十八屆（2012 － 2014 年）
會長：周振基教授 GBS SBS BBS 太平紳士

第四十九屆（2014 － 2016 年）
會長：張成雄 BBS

第五十屆（2016 － 2018 年）
會長：胡劍江

第五十一屆（2018 － 2020 年）
會長；林宣亮

第五十二屆（2020 － 2022 年）
會長；黃書鋭

第五十三屆（2022 － 2024 年）
會長：馬鴻銘博士 BBS 太平紳士

第五十四屆（2024 － 2026 年）
會長：高佩璇博士 BBS 太平紳士
榮譽大學院士

附錄二
訪談提綱

一、入會的動機與條件

1. 請問您何時加入香港潮州商會？您當時入會的原因或動力是什麼？
2. 現時加入香港潮州商會的條件是什麼？從商會創辦至今，入會的條件有沒有變化？
3. 您是否認為隨着社會變化，針對會員入會的條件應有所改變？（如職業、經濟條件、社會地位、社會貢獻及個人品德等方面。）
4. 您如何看待當代香港潮州商會會員、會董、常董等職業的多元化問題？例如現時有些會員、甚至是會董、常董他們並非只是工商界人士，有的是專業人士、有的是政界人士等。

二、潮州文化與潮商特質

1. 您認為潮州文化對潮商有何影響？
2. 請談談潮商精神的特質是什麼？
3. 為什麼要進行潮學研究？進行潮學研究與當代潮人、潮商以及潮人社團的發展有何關係？
4. 潮學與儒家思想有何異同？
5. 您認為當代潮商與近現代潮商相比，有何特色？

三、香港潮州商會的產生及其組織結構體系

1. 香港潮州商會產生的社會背景、創會的緣由及其發展歷程。（如人員變化、發展規模的變化、刊物、會歌等）
2. 香港潮州商會會董會的選舉制度及其演變（如選舉的相關制度、運作方式的變化等）？
3. 香港潮州商會的組織架構從成立到今天經歷了什麼樣的發展變化？（是否

可以理解為從會董會，理事會—監事會，又到會董會的演變？）

4. 香港潮州商會的運作在非常時期有何例外原則？如在什麼條件下會長可以兩屆或多屆連任？
5. 青年委員會成立的緣由、組織架構及其職能定位？
6. 青年委員會在商會中所起的作用？是否視其作為未來商會首長的後備力量加以培養？從成立至今，主要的成績或貢獻是什麼？
7. 香港潮屬社團總會是在什麼樣的社會背景下產生的？其創會是否可視為香港潮州商會組織結構得以拓展的表現？
8. 香港潮屬社團總會的成立是否意味着潮人社團組織結構網絡化發展的趨勢？或者說是香港潮商社會資本重新整合的標誌？
9. 香港潮屬社團總會成立以來有何建樹？其社會評價如何？
10. 國際潮團聯誼年會成立的社會背景？其成立是否可以視其為潮人社團組織走向國際化、網絡化發展的標誌？
11. 國際潮團聯誼年會為何於 2013 年更名為「國際潮團總會」？其扮演的角色與功能的發揮怎樣？請講述其主要的社會貢獻與社會評價。

四、香港潮州商會開展的各種會務及相關活動

1. 香港潮州商會在發展的歷程中出現過哪些重要歷史轉折點？（如章程的修改、組織架構的變更、政治立場的轉變等）
2. 在香港潮州商會發展的過程中出現過哪些具有重大意義或社會影響力的事件？
3. 您能跟我們講述香港潮州商會從 1921 年創會至 1949 年這個時期的發展狀況嗎？（因為我們至今找不到有關 1921 年貴會的創會特刊以及 1931 年至 1941 年貴會的二十周年紀念特刊、會刊或其他相關的文獻資料。）
4. 香港淪陷時期，貴會的會務怎樣開展？是否繼續還是中斷？在這期間主要做了哪些事情？
5. 請您簡述潮汕三市政協港澳委員聯誼會成立的社會背景，（首先何時何地由誰發起？）其對內地和香港有何積極作用？望能提供至今為止其召開

會議的次數及議程的相關材料。

6. 為何成立粵東四市經濟社會協作黨政聯席會議？（首先何時何地由誰發起？）其對於粵東四市社會發展有何推動作用？有哪些突出舉措和貢獻？

五、香港潮州商會與政府及社會的關係

1. 香港潮州商會與香港政府之間是怎樣的互動的關係？（剛成立時與港英政府的關係、回歸初期與特區政府的關係、現時與特區政府的關係怎樣？）
2. 香港潮州商會與內地政府保持怎樣的關係？（抗戰前與國民黨政府的關係或政治立場、抗戰時期與國共的關係或政治立場、光復時期與國共的關係及政治立場、解放後與內地政府的關係及政治立場？）
3. 香港潮州商會與香港的市民進行了怎樣的互動？
4. 您認為與其他民間社團組織相比，香港潮州商會擁有的特色是什麼？

六、香港潮州商會發揮的社會治理功能及其發展趨勢

1. 您認為當代的香港潮州商會具有什麼功能，在社會中扮演何角色與作用？
2. 您認為香港潮州商會創會至今的社會貢獻及其社會影響力？
3. 您如何看待香港潮州商會中精英的強強聯合問題？（如經貿之間或資本運作之間等方面的聯合。）
4. 您認為香港潮州商會現時是否存在亟需解決的或者是潛在的問題？
5. 你對香港潮州商會、國際潮團聯誼年會（國際潮團總會）乃至世界各地的華人社團組織未來的發展有何看法或建議？
6. 香港潮州商會從 1921 年成立至今近百年仍生生不息、歷經滄桑而愈顯蓬勃生機的最主要根源和動力是什麼？
7. 您如何看待 1997 年香港回歸以來，香港潮州商會參政議政功能的凸現及其成因？
8. 在「一帶一路」時代背景下，您認為香港民間商會應該主要發揮或強化

哪些方面的功能？

9. 在當前香港社會環境下，您認為香港民間商會組織的功能發揮受到哪些因素的影響或限制？
10. 您如何看待香港民間商會的老齡化問題及其具體表現？
11. 在新的歷史起點上，香港民間商會發展面臨的挑戰與機會是什麼？您對世界各地的華人商協會、社團組織未來的發展有何期待或建議？

附錄三
訪談對象基本情況

1.RZY，1917 年 8 月 9 日生於廣東潮安，聞名中外的漢學家、經學家、考古學家、古文字學家、翻譯家、文學家、書畫家、敦煌學及文化史學家，法國遠東學院院士、法蘭西學院銘文與美文學院外籍院士、國際歐亞科學院院士，曾擔任香港中文大學中國文化研究所暨藝術系榮譽講座教授、香港中文大學中文系榮譽講座教授，中央文史研究館館員，西泠印社社長。其藝術成就和學術貢獻使他成為享譽世界的國學大師、漢學家，素有「南饒北季」之稱。1949 年移居香港後任教於國內外多家著名大學，其在學術和藝術方面都有着卓越的成就，他的研究領域廣泛，貢獻深遠，2000 年獲香港特區政府頒授「大紫荊勳章」。

2.CWN，1919 年出生於廣東省潮州市潮安區沙溪鎮，1936 年畢業於省立韓山師範學校，1937 年赴香港謀求發展，香港屏山企業有限公司創辦人，著名愛國愛港愛鄉實業家。1980 年代開始關注商會，熱心襄助鄉邦發展文化教育和其他公益事業，曾捐助香港和內地多所學校，以推廣潮汕文化，並以大學為基地培訓粵東地區的人才。是第四十二屆香港潮州商會會長、香港潮屬社團總會創會主席，曾擔任香港特區第一屆政府推選委員會委員、廣東省第八屆人大代表、政協汕頭市委員會副主席、潮汕歷史文化研究傳播基金會永遠榮譽會長，並榮獲廣州、汕頭、潮州、揭陽四市授予「榮譽市民」稱號，以及獲香港特區政府頒授「銅紫荊星章」。

3.CYQ，1932 年出生，籍貫廣東省汕頭潮陽，香港商界翹楚，香港亞洲金融集團創辦人，原中國僑聯副主席。少時在香港讀書，1953 年前往美國紐約銀行學院專攻銀行及經濟學，1955 年奉其父（泰國盤谷銀行創始人，著名銀行家）之命從泰國到香港開拓金融業務；曾任香港亞洲金融集團主席、亞洲保險有限公司董事長、香港亞洲商業銀行董事長兼行政總裁。熱心公益事業和社會服務，1980 年至 1984 年連任第三十二屆和第三十三屆香港潮州商會會長，1981 年與東南亞潮團共同組建國際潮團

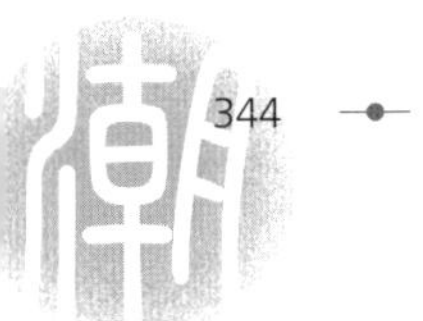

聯誼年會，並於香港舉行了首屆年會。除此之外，擔任過香港中華總商會會長、東華三院總理、香港銀行同業志同會會長、香港道德發展諮詢委員會主席、香港潮州會館永遠名譽主席、香港潮商互助社永遠榮譽社長、第七屆、第八屆全國人大代表等。1985 年獲港英政府委任為「太平紳士」，2018 年獲香港特區政府頒授「大紫荊勳章」。

4.XXZ，1930 年出生，廣東省汕頭市人，1948 年到香港從商，藥材界商業翹楚，香港隆昌行（集團）有限公司主席，第四十六港潮州商會會長，熱心社會公益事業，曾獲頒香港科技大學榮譽大學院士以及香港特區政府頒授「銅紫荊星章」。兼任中國紅十字會基金會高級顧問、中國僑商聯合會副會長、潮陽市教育基金會名譽理事、汕頭市海外聯誼會榮譽會長、汕頭市華僑聯合會榮譽主席。

5.LGZ，1934 年出生，福建省漳州人，金融家、經濟學家，1952 年開始從事金融行業，曾任福建省漳州市人民銀行行長、市委辦副主任。於 1959 年前往香港中國銀行工作，為香港中銀國際控股有限公司副董事長、香港福建社團聯會榮譽主席、香港中華總商會永遠名譽會長、旅港福建商會永遠榮譽會長、閩港經濟合作促進委員會副主任、香港公益金名譽副會長，第十屆全國人大代表。他以其為國家經濟建設、香港繁榮穩定和閩籍社團不斷發展壯大所作的重大貢獻，而獲「第十屆世界傑出華人獎」以及香港特區政府頒授的「銀紫荊星章」、「金紫荊星章」。

6.CJL，1949 年出生，廣東省汕頭人，原香港資深立法會議員、香港民主建港聯盟創會元老、原港區全國政協委員。1959 年赴港求學後從事船務工作，自 1988 年進入區議會開始從政，於 1995 年當選香港立法局議員，參與回歸立法工作。其在香港立法會二十一年的任職經歷跨越多個立法會委員會，涉及住房、經濟、金融和運輸等多個領域。2016 年，時任香港立法會財務委員會代主席的他果敢「剪布」，促使香港立法會通過廣深港高鐵追加撥款議案。與此同時，兼任香港潮州商會名譽顧問、香港房屋委員會委員、市區重建局董事會成員、香港按揭證券公司董事、證監會、機場管理局非執行董事、經濟及就業委員會委員、香港中文大學

以及香港理工大學校董等數個社會職務。2016 年交棒給年輕一代。他長期關注民生，服務香港社區，貢獻良多，先後被委任為「太平紳士」以及獲得頒授「銀紫荊星章」和「金紫荊星章」。

7.ZCX，籍貫廣東普寧，好世界飲食服務（中國）有限公司董事總經理、第四十九屆香港潮州商會會長、香港中華總商會副會長、香港潮屬社團總會常務會董、香港食品商會副會長、香港飲食業聯合總會副會長、香港潮僑食品業商會理事長、廣州地區政協香港委員聯誼會副會長。他長期以來對香港社會及公共服務領域無私奉獻，獲香港特區政府頒授「銅紫荊星章」。

8.GPX，女，1957 年出生，廣東省汕頭人，香港意得集團董事局主席，港區全國政協委員、香港潮州商會百年歷史以來首位女會長。1975 年赴香港與家人團聚，二十三歲在香港創辦信業紡織有限公司，1980 年代初帶頭到家鄉投資辦廠，1990 年代初遠赴遼瀋地區創辦瀋陽五愛市場服裝城，並使之成為改革開放後港商投資祖國東北的成功典範。她在商業取得成功的同時堅持報效祖國，回饋社會，參政議政，服務社群，現擔任香港民建聯顧問、香港潮屬社團總會首席會長、香港汕頭社團總會主席、香港大學饒宗頤學術館之友會長、饒學研究基金榮譽主席、九龍婦女聯會永遠榮譽會長兼常務副主席、香港新聞工作者聯會名譽會長、香港廣東社團總會永遠名譽會長、覺光法師慈善基金董事等社會職務。第五十四屆香港潮州商會會長。因無私奉獻和卓越貢獻，其被委任為「太平紳士」，並獲頒授世界傑出華人獎、黑龍江大學滿族研究院名譽院長、香港嶺南大學榮譽大學院士、香港公開大學榮譽大學院士、香港科技大學榮譽大學院士以及香港特區政府「銅紫荊星章」。

9.CYN，1950 年出生，籍貫廣東潮州，香港屏山企業有限公司董事總經理，第四十七屆香港潮州商會會長，國際潮團總會執行主席。1969 年於香港聖保羅書院預科畢業，隨後赴外國升學，1977 年取得美國普林斯頓大學化學工程博士學位，之後回港經營家族企業，並開始服務社團。擔任國際潮青聯誼年會創會主席及榮譽主席、國際潮籍博士聯合會理事長、香

港中華總商會副會長、香港僑界社團聯會副會長、汕頭市政協常委等社會職務。先後獲「廣州市榮譽市民」稱號、「羊城友誼獎」，以及獲香港特區政府頒授「銀紫荊星章」。

10.LZM，廣東潮州人，香港宗成集團有限公司主席。多年來奉獻於社團活動與公益事業，曾擔任香港潮州商會常務會董、香港汕頭商會會長、香港潮商互助社理事長、香港庵埠同鄉會會長、香港潮屬社團總會副主席、香港黑龍江經濟合作促進會會長、香港中華總商會常務會董、香港廣東社團總會常務會董、黑龍江省政協委員、全國政協委員等社會職務。

11.CJG，籍貫廣東潮陽，香港大學李嘉誠醫學院何善衡夫人堂經理，香港大學職員協會會長。自 1992 年成為大學選區民選議員後，連續五屆當選區議會議員，積極參與社會服務，曾擔任香港潮州商會常務會董、中西區區議會副主席、古物諮詢委員會委員、共建維港委員會委員、房協監理會成員、社會福利署老人服務質素監察委員及社署復康服務質素監察委員、市政上訴委員會委員、市建局（中西區）諮詢委員、醫管局港島區諮詢委員會成員等。被委任為「太平紳士」和獲頒授「銅紫荊星章」。

12.LL，1931 年出生，廣東汕頭人，香港潮州商會資深會員。1950 年代起，在香港參加出版和貿易工作，1960 年代創辦宏圖出版社、宏圖圖書文具公司，擅長寫作，業餘為《文匯報》、《大公報》、《新晚報》、《華僑日報》等寫專欄。曾任爐峯雅集會長、香港作家聯會副會長、世界華文文學聯會副會長、香港藝術發展局審批員。

13.LZL，廣東潮陽人，怡昌行亞洲有限公司董事長，上海畢新夾具製造有限公司董事長，愛國實業家。自幼在香港成長，香港理工大學畢業之後，到加拿大學習經濟管理，從事汽車工程行業，在關注民族工業的同時，積極投身慈善事業和參與地方建設。擔任過香港潮州商會會董、香港潮陽同鄉會副會長、香港東華三院推選委員、上海市政協委員、上海科技成果轉化促進會會員、香港華都獅子會會長、政府委任特首政策組專家級成員等社會職務。

14.HSR，廣東潮州人，香港柏寶集團有限公司董事會主席，香港愛國實業

家，第五十二屆香港潮州商會會長。他在移居香港之後，主要從事電子、通訊、軟件等行業的發展，熱心服務香港社群，擔任香港廣東社團總會常務副會長、香港潮屬社團總會名譽會長；積極推動家鄉發展，先後捐建了潮州牌坊街之恩光洊錫坊、金驪中學、鎔金小學及其他所學校配套設施，參與捐建陳偉南文化館、潮安區人民醫院、饒學館基金會、「金銀星」獎學金，被授予「潮州市榮譽市民」稱號並榮獲「南粵慈善獎」等。

15.YJN，女，1940 年出生，廣東饒平人，香港源興行珍珠有限公司董事長。1977 年移居香港，1983 年開辦珍珠廠，1990 年代初創辦源興行珍珠有限公司。在香港珍珠業界奠定自己商業地位的同時，她愛國愛港愛鄉，積極參加香港和家鄉的社會活動，曾擔任香港潮州商會會董、香港潮屬社團總會副主席、香港汕頭商會會長、香港潮商互助社理事長、香港饒平同鄉會會長。2009 年，她擔任第三十一屆香港汕頭商會會長，成為香港百多個潮屬社團中的首位女會長，2010 年獲香港特區政府頒授「榮譽勳章」。

16.WZX，1949 年出生，籍貫廣東汕頭澄海，香港世聰集團主席、廣東世聰集團董事局主席，愛國愛港愛鄉實業家。1979 年赴港定居，1992 年開始回家鄉投資建廠，1995 年再投鉅資興建澄海世聰製衣實業有限公司，被評為廣東省、汕頭市、澄海區納稅大戶。長期以來，他熱心社會公益和奉獻慈善事業，擔任過香港潮州商會常務會董、香港潮屬社團總會副主席、香港潮商互助社理事長、香港澄海同鄉聯誼會永遠榮譽主席、中國羽絨工業協會副理事長、廣東省政協常委、汕頭市政協常委、廣東省海外聯誼會副會長、廣東外商公會副主席、汕頭市總商會副會長、香港廣東社團總會副主席、香港九龍東潮人聯會會長等社會職務。先後獲「汕頭市榮譽市民」稱號，香港特區政府頒授「榮譽勳章」和被委任為「太平紳士」。

17.LFL，籍貫廣東潮州，資深社團工作者，長期從事香港潮籍社團的管理工作。歷任香港潮州商會秘書長、會務顧問、香港潮屬社團總會副秘書長兼總幹事、國際潮團總會常設秘書處執行秘書長、香港汕頭社團總會秘書長、香港中國商會秘書長、國際潮籍博士聯合會顧問等職務。幾十年如一日為服務桑梓、服務社會，做了許多細緻的實際工作，並榮獲香港

特區政府頒授「榮譽勳章」。

18.HJJ，籍貫廣東汕頭潮陽，出生成長於香港，曾留學、生活於國外，現為香港胡良利珠寶集團主席。1986 年回香港加入家族生意，擔任香港胡良利珠寶有限公司董事總經理，熱心社團工作和社會公益事業，是第五十屆香港潮州商會會長、香港潮屬社團總會名譽會長、香港經民聯監事委員會副主席與執行委員、香港胡氏宗親會永遠名譽會長、香港潮陽同鄉會永遠名譽會長、香港潮州會館中學校董及香港有品董事會成員、深圳市潮汕青年商會榮譽會長；與此同時，積極參政議政，擔任港區全國政協委員、第十四屆全國政協提案委員會委員、安徽省政協委員等社會職務。

19.WSP，律師，1997 年回歸前加入香港潮州商會，曾擔任香港潮州商會會董兼調查部副主任、曾任香港律師會檢控主任。

20.ZZR，香港大學畢業，獲頒法律學士學位及社會科學（公共行政）碩士學位，香港「周卓如律師行」高級合夥人、中國委託公證人。現為香港潮州商會常務會董及法律顧問、香港潮陽同鄉會會董及法律顧問，亦是香港潮屬社團總會、饒宗頤學術館之友及其他多個社團的法律顧問。獲香港特區政府頒授「銅紫荊星章」和委任「太平紳士」。

21.ZJY，1970 年出生，籍貫廣東普寧，美國康奈爾大學碩士，香港盛國集團有限公司主席。1992 年加入香港潮州商會，熱心社會服務和參政議政，擔任香港潮州商會常務會董兼青年委員會主任、第十三屆港區全國人大代表、香港基本法推廣督導委員會委員、國際潮青聯合會執行會長、經民聯執行委員兼青委會顧問、香港城市大學校董會成員、香港區塊鏈學會創會主席。獲香港特區政府頒授「榮譽勳章」和委任為「太平紳士」。

22.GYM，華中師範大學中文系畢業，香港資深傳媒人，香港意得集團主席高級顧問、香港潮州商會會務顧問、香港汕頭社團總會秘書長。曾任香港《新報》總編輯、《成報》副社長兼總編輯、鳳凰衛視評論員、恒基（中國）主席高級顧問等。獲內地暨南大學、華中師範大學、華僑大學、黑龍江大學等聘為客座教授或兼職教授，現連任香港新聞工作者聯會副主席。

附錄四
〈為反對政府重估地稅政策呈輔政司署文〉

謹呈者：自政府一九六九年五月卅一日，發表一份與地契有關之「綜合公佈」後，本會屢接會員投訴，以政府重估地稅，驟增千數百倍，等於變相着令承批人再付一次地價之慘重負擔，此不獨本會有關會員，咸表驚異，而本港各界，無不輿論譁然！蓋前田土廳簽發可續期之官契，原有明文規定：「批期屆滿續期時，承批人無須繳付罰金或補價；至於地稅，則由工務司以公平不偏之原則合理評定之」。細察原意，當時承批人所付出之巨大價款後，經已取得該幅土地之使用權，且包括續期之期間在內；惟在續期之始，需要重估地稅而已。現政府重估地稅之計算方法，乃以土地市價，加息五厘為基礎；結果續約七十五年之地稅，變成土地市價約四倍之巨，此項計算方法，乃承批人當日於付出地價時所無法想到，亦不可能想到者。如此重估地稅，事實係變相由政府片面指定高貴地價，迫使承租人再付一次地價；與公平不偏之原則，相去之遠，實不可以里程計。復查政府歷年拍賣土地，向有標明底價若干，每年地稅若干，其中「地價」與「地稅」兩項，顯屬不同。地價為具有土地之經濟價值，而地稅素屬輕微，其理明矣。又青山道某廠，面積三萬方呎，現時應繳地稅為每年四百一十四元，因政府重估地稅，近接通知，於一九七二年下半年地契續期後，每年須付地稅二十五萬三千一百肆十九元，否則須一次過補繳地價四百餘萬元。事果非虛，則似不勝駭異。即以七十五年前之民生必需品而論，衡之今日，其漲價幅度，亦未有如是驚人。以情以理，應根據政府近年來各別地區拍賣土地時所定地稅比率為標準，則庶幾近矣。況自太平洋戰事結束後，政府為蘇民困，且立例凍結舊樓租值；嗣對新樓加租，亦一再立例管制。是政府既已為安定民生於前，今則不恤民困於後，愛民之道，非所宜也。竊以此種重估地稅之計算方法，每加以千數百倍，受者之苦，不問可知。若不另行考慮，則影響所及，後果堪虞。茲謹就劇增地稅為害之大者數端，列舉如次：

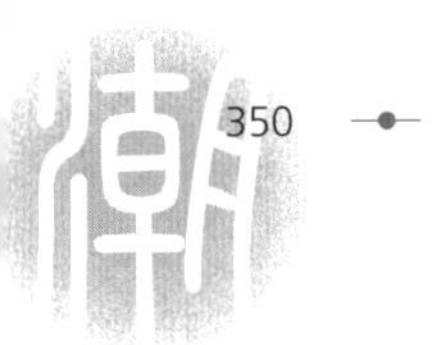

一、打擊工商各業　本港素乏資源，工業原無根基，廿餘年來，所以有此優良之成績，實有賴於官民之合作，運用機智而努力；復憑充沛之人力，與廉宜之工資，及聯邦特惠稅之維護等等優良條件。然比年以來，此種優良之條件，已在次第消失；而鄰邦工資低廉之地區，正與本港之工業產品，於國際市場展開角逐，競爭維艱，為不可否認之事實。若於此難關重重之時，政府對本港工業，不予加意扶植，反對廠房用地，課以重稅，不獨使外來投資者，聞風裹足；而本港原有之小型工廠，恐將無力負擔，難免被迫停業；較具規模之廠房，亦以廠房地稅，負荷過巨，陷於無利可圖，勢將遷移或分散於有利地區發展。即銀行對重負地稅之地產，授信必將緊束，導致資金之運轉，倍形困難，打擊工商業之發展，自屬意料中事。

二、阻窒經濟繁榮　比年以來，本港經濟之繁榮，端賴工商業之發達，然有利條件，既已漸趨消失，倘地稅又急劇增加，工商業界為彌補損失，當以付出之巨大數字，加於成本之上。是則在國際市場之角逐，益感困難，引致外銷萎縮，阻窒本港經濟之繁榮，可斷言也。

三、導致工人失業　如上所言，大廠他移或分散，小廠停業，產品價增，外銷萎縮，繼之而來者則為工人失業，自屬不易之理。本港居民四百萬，向賴工商業以維持生存，若部分市民失業，則日常生活，既失憑藉，挺而走險，為數當多。反觀中外古今之歷史，社會之亂源，每起於國民經濟之恐慌，故民生問題，與整個社會之治亂，關係至巨，殊足引為殷鑒。

四、加重市民負擔　查本港屋租，較諸東南亞各埠，向屬昂貴，居民月入，對屋租項下之負擔，所佔數字之大，已非合理。設由是而引起屋租激增，則租客必於工值或其他方面，予以取償。近以旺盛地區之工商樓宇，因租值倍增，已有人主張應予立例管制，苟因此而反使租值增加，導致物價高漲，當無疑義。至於升斗市民，每以多年辛勞之積蓄，用分期付款辦法，購得一棲身之所，按月供款，已感困難，若再增加地稅，勢將不勝負擔，因而影響每月繳付分期攤還銀行之樓價計劃，使家庭預算，頓失平衡，進退維谷。如是加重市民負擔，為害殊大。

五、物價惡性飛漲　若政府施行劇增地稅政策，導致工人失業，租值激增，工資倍漲，造成百物騰貴，而惡性循環之後果，影響社會之不安，似難避免。且此風之起，無異由於政府之領導。蓋聞燎原之火，起於星星；方其熾烈之時，欲謀遏止，恐非可能。凡此種種，絕非杞人之言，有識之士，諒有同感？

六、威脅社會安寧　本港年來，飛禍橫行，劫殺頻聞，社會秩序，飽受威脅。若政府不加審慎，實行此項政策，則失業市民，違法走險，為無可避免之事。警方對目前飛禍與劫殺等案件，尚且無法根治；而對被迫走險，日益增加之失業者，勢將更感棘手，對整個社會之安寧，威脅益大，治安堪虞，可想見矣！

綜觀上列各點，政府對重估地稅政策，若弗體民困，不加自制，祇顧庫存，非但病民，抑亦害政，竊期期以為不可。本會為本港經濟之安定與繁榮計，為社會之安寧憂，謹集合全體同人之公意，痛陳管見，對政府重估地稅之計算方法，冒瀆反對。敬祈俯順輿情，鄭重考慮，按照原契，不收罰金，不補地價之規定，釐訂公平合理之辦法，藉體民困，而利施行，公德兩便。[1]

1　《香港潮州商會 60 周年特刊》，香港潮州商會出版，1981 年，第 246－248 頁。

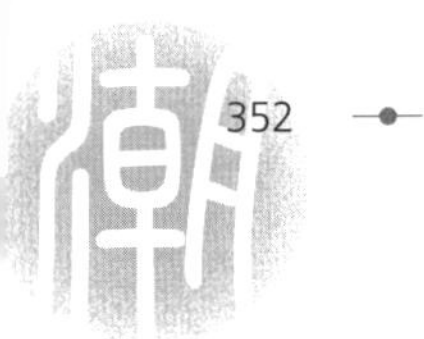

後　記

在書稿即將付梓成書之際，回首寫作這十五年的過程，可謂百感交集、感慨萬千，而這其中，我最想表達的就是「感恩、感謝」四字。本書的完成實在包含着太多人的支持和幫助，在此只能簡言致謝，而感激之情久久存於心際！

2008 年 8 月，當我首次到香港香港潮州商會調研時，就對這個具有近百年歷史、有豐富內涵、有厚實文化積澱的精英薈萃的商會團體產生了濃厚的興趣，並決定將其作為本人博士論文的個案研究對象。為此本人借 2010 年到香港大學訪學六個月的契機，在取得香港潮州商會的同意和協助下，對其進行了為期半年的田野工作，即透過直接體驗、參與觀察與深度訪談三種方式來對研究對象展開田野研究。其一，直接體驗香港潮州商會開展的各種會務活動；其二，參與觀察商會的具體運作；其三，與商會若干具有代表性的首長、資深會員、社會相關人士進行深度訪談，獲取珍貴的第一手資料。與此同時，利用在商會期間，廣泛搜集和整理與研究對象相關的各種出版物、特刊、會訊、收文、發文、請柬、活動通知、新聞稿、講辭、登報廣告等資料。

在運用上述一手資料和相關文獻資料基礎上，本人於 2011 年 5 月完成了《民間商會社會治理功能的變遷研究——以香港潮州商會為例》的博士論文，並順利通過答辯。隨後，我的博士導師朱炳祥教授希望我能夠將博士論文修改成書出版，商會也很支持本書能夠集結成冊，但是本人覺得條件不夠，仍需進一步積累和沉澱。自此，要將探討商會在三個不同時代的發展模式及其百年社會治理功能的變遷邏輯撰寫成書，就成為了我不懈追求的學術願望。因此，在隨後這十多年間，本人對研究對象依然保持高度關注，適時跟進其發展變化，不斷積攢條件。2024 年 8 月恰逢我非常

敬佩的傑出女性——高佩璇小姐即將成為香港潮州商會第五十四屆會長，也是香港潮州商會百年歷史上首位女性會長。為此，這給了我加快完成本書修改、補充、完善以及於 2024 年底香港潮州商會第五十四屆會董就職典禮舉辦前出版的決心與信心。

今日本書能夠順利完成並將於中華書局（香港）有限公司出版，要感恩和感謝以下機構及人士給予的鼎力支持與幫助。

感恩香港潮州商會及其秘書處為我提供到會進行田野研究的機會，感謝時任香港潮州商會許學之會長、張成雄副會長等多位商會首長以及林楓林秘書長、林梅主任等秘書處諸位工作人員對我的大力支持與幫助；感謝彼時商會黃書鋭副會長和吳哲歆常務會董為本人到商會實地調研創造了良好的條件，使我能夠在有限時間裏獲得需要的各種研究資料。

感恩二十二位訪談對象接受我的訪問，令我受益良多，獲得豐富的一手材料。尤其感恩饒宗頤教授、陳有慶主席、陳偉南會長、林廣兆主席、羅琨先生等前輩回顧和還原商會一百年崢嶸歲月，讓我更加了解旅港潮商們團結互助、艱苦奮鬥、勇於拓荒、敢於競爭、誠信為本的海洋底色，以及發達之後不忘回饋社會、弘揚文化、養老善終、扶危濟困、服務社群的優秀秉性。隨着了解的深入，本人對繼續探索潮商及其商人團體的志趣愈加濃烈。

感恩時任香港潮州商會副會長的高佩璇小姐的無私分享。2017 年本人有幸參加高小姐《服務社會四十年》回憶錄的整理工作，一個個鮮活的事例、一頁頁詳實的數據……記錄着她四十年來將個人事業發展與國內改革開放大業緊緊聯繫在一起，在每個重要的歷史節點上始終站在時代的前沿，聽從祖國的召喚，演繹並書寫着一位小女子憑藉家國情懷、過人膽魄與不屈意志，終於創造了改革開放後港商投資東北商業成功典範的故事。與此同時，她把造福社群、服務社會當作其人生的第二事業，幾十年致力於愛國愛港，解決民困，重教興學，傳承文化，以商弘法，慷慨捐輸等。這可以看作是旅港潮商的一個縮影和榜樣，更增強了我寫作本書的力量和勇氣。

感恩香港潮州商會名譽顧問、前香港立法會議員陳鑑林先生的不吝賜教，每次與之交流都令我倍感珍惜，使我愈加深刻領悟到當代（尤其香港回歸後）潮商在香港政制發展與社會政治生態變化之下，改變以往「在商言商、不參預政治」的政治態度以及開始積極參政議政，凸現其在政治領域的功能與作用，並彰顯其社會責任與時代擔當。

感謝我的博士導師朱炳祥教授，是他指引和鼓勵着我，並給予了我不懈追求學術的勇氣和不畏困難的力量。我還要感謝王金紅教授、林濟教授、李培德教授等學者以及有着香港社團豐富管理經驗的林楓林秘書長，他們在我寫作本書過程中都給予過精心的指導和無私的幫助，尤其是在我迷茫、彷徨之時為我撥正思路、指點迷津。在此，深表謝意！

感謝我的工作單位華南師範大學為本書提供出版資助，正是這筆經費，促使本書得以公開出版。感謝中山大學曹旭東教授引薦中華書局（香港）有限公司予我，感謝中華書局（香港）有限公司周建華總經理兼總編輯對本書出版給予的大力支持和幫助，同時感謝黎耀強副總編輯以及他們的團隊，不辭勞苦，精益求精，為本書提供專業的編輯、審稿、設計和印刷等出版工作。感謝香港潮州商會會務顧問、香港新聞工作者聯會副主席郭一鳴先生為書稿修改提出寶貴意見，並積極推動本書的出版。

謝謝程燕露、楊威、周曉耿、康菲、李海平、徐瑞鈺、李曉敏多位研究助理為本書搜集相關文獻資料或整理訪談資料時都盡了自己最大的努力；謝謝陳詩琦、覃怡溪、吳詩敏、冼宇鋒、張雅坤和陳沛瑩多位研究生對本書初稿校對工作的認真與負責。此外，本書寫作過程中還參考了其他社團組織的相關資料以及國內外有關學者的研究成果，在此一併表示謝意。

最後要特別感謝陳有慶先生、李焯芬先生和高佩璇小姐三位德高望重的前輩為本書賜序。

早在 2016 年本人再到香港潮州商會調研時，恰逢陳有慶先生來商會參加會議，我在商會辦事處和他進行訪談，並懇請他可否為本書寫序，聽説我正在寫作本書並打算出版，他非常支持和贊同，欣然表示願意為本書

作序，時隔不久即於 2016 年秋便把序言贈送與我。大紫荊勳賢陳有慶主席作為香港潮州商會永遠名譽會長，服務香港潮州商會逾一甲子，是香港商界翹楚和愛國愛港社團領袖、香港亞洲金融集團創辦人、原中國僑聯副主席，陳主席為本書賜序，使本書彌足珍貴，「斯人已逝，風範猶存」。

大紫荊勳賢李焯芬院士是香港高等教育界的傑出領袖、中國工程院院士，同時也是香港中華文化促進中心理事會主席，致力於推動和傳承中國傳統文化。因此，與饒公在工作上有交集並結下不解之緣，被稱為走進饒公學術世界最深的人。所以，儘管李院士並非潮汕人，卻與潮汕人很有淵源，經常應邀參加潮州商會的活動。本人在港調研期間，有幸與李院士有過幾面之緣，也曾就商會研究徵詢他的意見並承蒙得到指點。李院士作為原香港大學副校長、香港大學饒宗頤學術館館長為本書寫序二，本人深感榮幸，感激之情，難以言表。

感謝今年 8 月剛上任的香港潮州商會會長、港區全國政協委員、香港意得集團董事局主席高佩璇小姐為本書作序三，高會長作為香港潮州商會 103 年歷史的第一位女掌門人，由她作序，更為本書增添別樣的光彩和特色。借此，再次感謝高會長長期以來對本人從事學術研究的理解和支持，感謝她為本書寫作以及出版所作出的努力和幫助。

由於時間和能力有限，本書寫作難免有疏漏和不正之處，敬請各位專家學者、鄉親賢達以及廣大讀者尚祈見諒。

吳巧瑜

2024 年 10 月於華南師範大學

□ 責任編輯：黎耀強
□ 封面設計：簡雋盈　陳佩珍
□ 排　　版：陳美連
□ 印　　務：劉漢舉

香港潮州商會社會治理功能百年變遷研究

□
著者
吳巧瑜

□
出版
中華書局（香港）有限公司
香港北角英皇道 499 號北角工業大廈一樓 B
電話：(852) 2137 2338　傳真：(852) 2713 8202
電子郵件：info@chunghwabook.com.hk
網址：http://www.chunghwabook.com.hk

□
發行
香港聯合書刊物流有限公司
香港新界荃灣德士古道 220-248 號
荃灣工業中心 16 樓
電話：(852) 2150 2100　傳真：(852) 2407 3062
電子郵件：info@suplogistics.com.hk

□
印刷
美雅印刷製本有限公司
九龍觀塘榮業街 6 號海濱工業大廈 4 樓 A

□
版次
2024 年 11 月第 1 版第 1 次印刷

□
規格
16 開（230 mm × 170 mm）

□
ISBN：978-988-8862-97-9